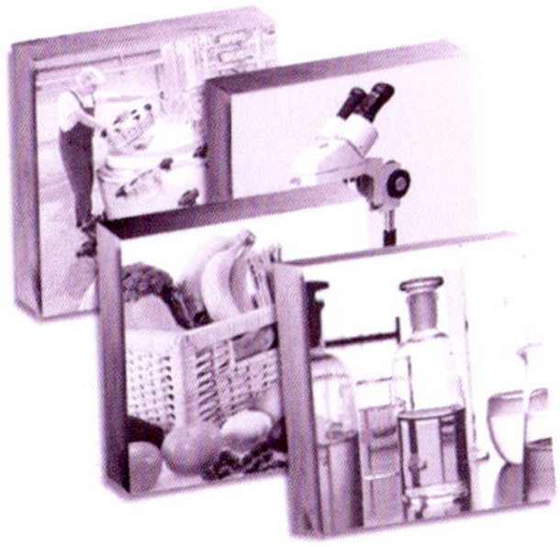

제3개정판

Food Analysis

NEW 식품분석

이론 및 실습

지구문화사
JIGU PUBLISHING Co.

개정판을 내면서

오늘날 눈부신 과학의 발달은 식품분야에도 많은 발전을 가져와 식품의 분석방법도 새로운 방법들이 개발되고 있으며, 실제로 적은 량의 시료로도 단시간에 실험결과를 얻을 수 있는 기기분석(機器分析)이 응용되고 있습니다.

식품분석에서 중요한 것은 무엇보다도 시료의 특성에 따라 정밀도와 재연성을 높이기 위해 알맞은 분석방법을 선택하여야 하며, 또한 그 분석방법에 대한 원리와 분석할 때의 주의사항 등을 숙지하는 일입니다.

이 책에서는 식품성분의 분석 또는 품질관리를 하는데 필요한 화학분석 및 기기분석의 기초이론과 식품분석 실험을 위한 기초사항은 물론, 식품의 일반성분 및 특수성분의 분석과 품질평가 등에 대하여 여러 표준적인 방법들을 수록하였습니다.

구성은 분석방법마다 원리를 상세하게 설명하여 이해하기 쉽도록 노력하였고, 실험조작방법을 자세하게 그림으로 나타내어 분석실무에 도움이 되도록 하였으며, 데이터 및 결과에 대한 예를 들어 실제로 실무에 적용할 수 있도록 편집하였습니다. 또한 2012년 식품산업기사에 출제되었던 식품제조공정과 식품분석관련 응용실험, 그리고 실기 출제문제를 실험사진과 함께 실어 식품(산업)기사 시험 식품분석 실기에 대비토록 하였습니다. 또한 〈부록〉으로 물질의 비중과 농도 등을 다루어 식품분석의 기본단계를 공부하는 데는 부족함이 없도록 노력하였습니다.

그러나 필자들의 완숙하지 못한 지식으로 내용 중의 오류나 미비한 점들이 있으리라 사료됩니다. 앞으로 개정을 계속하여 보완하여 나아가겠습니다. 선후배 교수님들과 독자 여러분의 아낌없는 충언과 편달을 부탁드립니다.

끝으로 이 책이 햇빛을 보게 되기까지, 참고할 많은 저서를 편찬하여 주신 선배님들과 애써주신 모든 분들에게 진심으로 사의를 표하는 바입니다.

정유년 성하에

필자 대표

차례

PART I 식품분석의 기초사항

Chapter 1. 실험의 기초지식

Chapter 2. 일반조직법

Chapter 3. 용량분석

CONTENTS

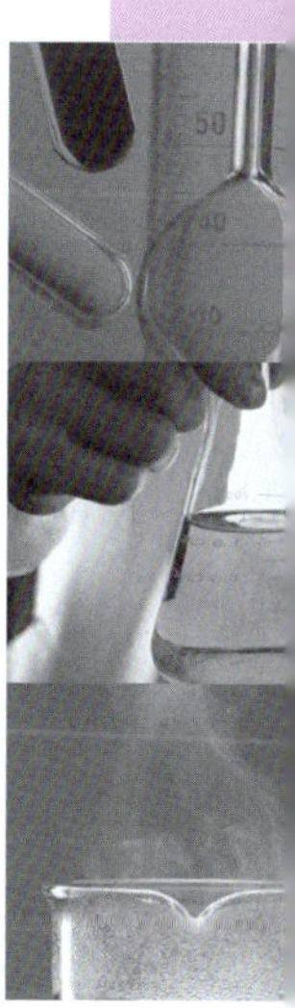

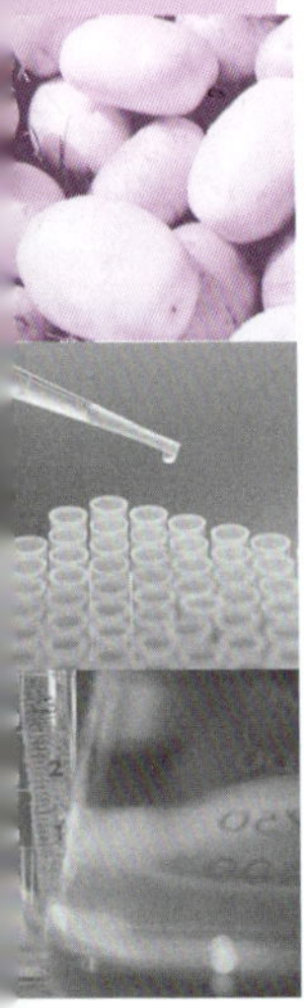

Chapter 7. 수분의 정량

Chapter 8. 단백질의 정량

Chapter 9. 탄수화물의 정량

Chapter 10. 지질의 정량

Chapter 11. 회분과 무기질의 정량

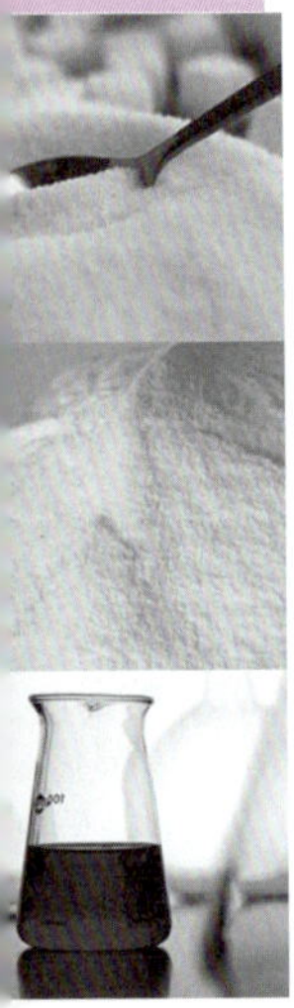

PART Ⅳ 식품의 부패시험법

Chapter 16. 어육 및 수육의 신선도 판정법

Chapter 17. 특수식품의 신선도 판정법

Chapter 18. 식품용수 분석

PART V 식품기기의 분석

Chapter 19. 가시 자외선 분광광도법

Chapter 20. 적외선 분광분석법

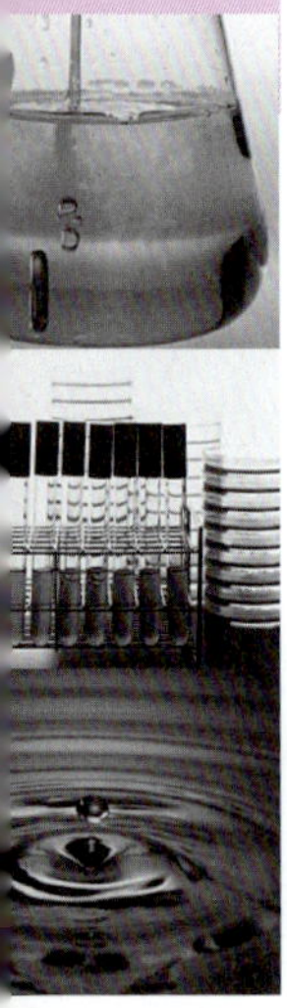

PART Ⅵ 식품분석 실험

[식품(산업)기사 실기문제]

부록

Food Analysis

PART I

식품분석의 기초사항

Chapter 1. 실험의 기초지식

2. 일반조작법

3. 용량분석

4. 비색분석

5. pH의 측정법

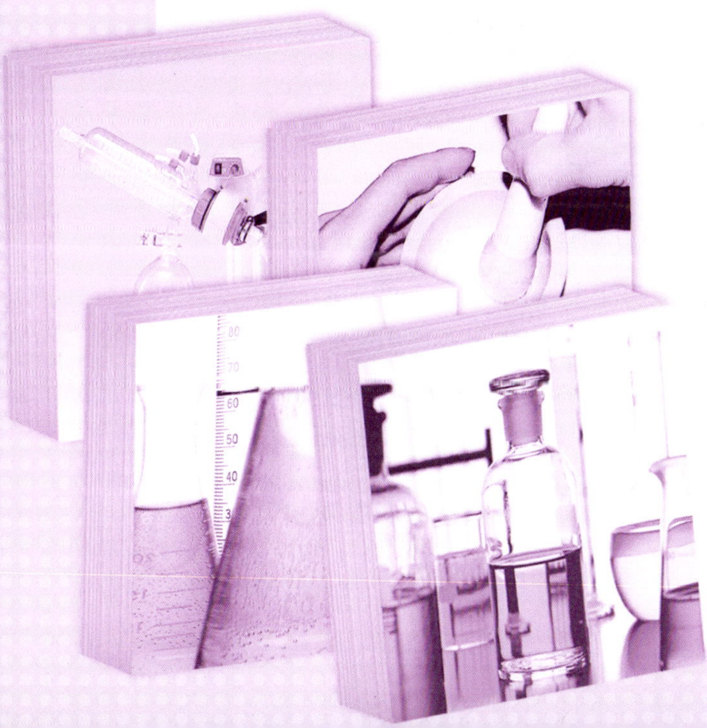

Chapter 1. 실험의 기초지식

제1절 실험상의 예비지식

1. 식품분석에 입문하기

식품분석(food analysis)에 처음으로 입문하기 위해서는 실험 및 실험실에서의 기초지식과 주의사항들을 먼저 숙지하여야 한다. 또한 식품분석의 정의, 목적과 용도, 실험방법과 실험결과를 해석할 수 있어야 한다.

식품분석은 섭취하는 식품의 품질과 가치를 판단하기 위해 식품을 구성하고 있는 화학적 조성이나 성질을 알아내는 조작과정을 말하며, 이를 연구하는 학문을 식품분석학이라 한다.

넓은 의미에서의 식품분석이란 식품의 가치를 평가하기 위하여 식품의 기호성, 영양성뿐만 아니라 안정성과 위생, 저장성과 경제성, 그리고 편리성에 바탕을 두고 식품의 성상과 화학적 구성성분을 조사하는 과정을 말한다. 그러나 어떤 식품에 대해서 위와 같은 전반적인 내용을 모두 나타내는 것은 어려움이 많다.

따라서 일반적으로 좁은 의미에서 식품의 영양적인 측면에 가치평가의 중점을 두고 이루어지는 화학적 분석법을 식품분석이라고 한다. 즉, 식품 속에 어떤 화학성분과 물질이 얼마만큼 함유되어 있는지를 구하는 과정을 말한다.

식품분석은 크게 식품 속에 어떤 성분이 존재하고 있는지를 알아내기 위한 정성분석(qualitative analysis)과 이들 성분이 얼마나 많이 존재하는지를 알아내기 위한 정량분석(quantitative analysis)으로 나누어진다. 또한 정량분석과정은 정량하고자 하는 물질의 양을 부피로 측정하는 부피분석(용량분석, volumetric analysis)과 정량하고자 하는 물질의 양을 무게로 측정하는 무게분석(gravimetric analysis), 그리고 기기분석(instrumental analysis) 등으로 나눌 수 있다.

2. 실험 및 실험실에서의 주의사항

화학실험실에서 행하여지는 실험들은 한순간의 실수와 잘못에 의해 큰 인명사고를 초래할 수 있다. 특히, 학생실험에서는 동시에 많은 인원이 실험조작을 행하므로 더욱 위험하다. 그러므로 실험자는 실험실에서 발생할 수 있는 위험요인에 대하여 숙지하고 실험실에서 지켜야 할 안전수칙을 반드시 지켜야 한다.

안전시설이 제대로 갖추어져 있지 않은 실험실에서는 언제나 사고가 발생할 수 있으므로 실험실은 실험 중 발생할 수 있는 여러 위험요인들을 미연에 방지할 수 있는 시설을 갖추고 있어야 한다.

교육과학기술부에서도 연구활동종사자 및 연구실 안전관리자의 실천적 지식과 안전기술업무 관리능력을 향상시킴으로써 실험실 안전사고를 예방하고 연구 · 실험 · 실습활동에 전념할 수 있는 환경을 조성하기 위하여 '연구실 안전환경 조성에 관한 법률(2006. 4. 1)'을 제정하여 시행하고 있다.

다음은 실험실에서 반드시 지켜야 할 기본적인 사항들이다.

(1) 실험자의 개인 안전

① 식품분석실에서 실험하는 경우에는 항상 개인실험복을 단정히 착용하여야 하며, 필요시 보호장갑과 보안경, 마스크 등을 착용하여야 한다.

② 실험실 내에서는 앞쪽이 막혀있는 신발을 착용하여야 하며, 굽이 높은 구두나 발등이 보이는 신발은 착용하지 않는다.

③ 긴 머리는 언제나 단정하게 묶은 후 실험에 임한다.

④ 실험실에 들어갈 때는 화장, 귀걸이, 콘택트렌즈 등의 사용을 자제한다.

⑤ 실험실에서는 흡연하거나 음식을 먹지 말아야 하며, 음식물을 실험실 내 시약 저장 냉장고에 보관하지 말아야 한다.

⑥ 실험실에서는 실험중인 학생과 농담하거나 뛰어다니는 장난 등 실험과 관계없는 행동을 해서는 안된다.

⑦ 유해물질 등의 시약과 용액은 직접 손으로 만지거나, 입을 대거나 냄새를 맡지 말아야 한다.

⑧ 유해한 강산, 강염기 또는 유기용매 등을 취급할 때는 후드 내에서 실험하여야 한다.

⑨ 실험자는 실험실 내 샤워장치, 세안장치, 소화기, 소화전, 화재경보기, 완강기 등 안전장비 및 비상구의 위치를 잘 알고 있어야 한다.
⑩ 실험을 마치고 실험실을 나갈 때에는 비누로 손을 깨끗이 씻도록 한다.

(2) 실험실의 안전관리

실험실은 실험 중에 발생할 수 있는 여러 가지 위험요인에 대비하여 완벽한 안전시설을 갖추고 있어야 한다. 예를 들면 실험중 또는 화학약품으로부터 발생할 수 있는 몸에 해로운 기체를 실험실 밖으로 배출하기 위한 fume hood, 실험 중 옷에 강산이 엎질러졌을 때 이를 신속히 희석시키기 위한 safety showers, 위험한 화학물질이 눈에 접촉하였을 때 빠른 시간 내에 씻어낼 수 있는 eye wash station, 그 밖에 소화기와 소화장비, 그리고 여분의 보안경과 방독면 등 여러 가지 안전장치를 갖추고 있어야 한다.

그밖의 실험실 안전을 위해 관리해야 할 일들은 다음과 같다.

- 실험대, 실험후드, 안전통로 등은 항상 깨끗하게 유지하여야 하며 실험기구, 화학시약 등은 잘 정리되어 있어야 한다.
- 실험실에는 사고시 비상연락망 및 대피경로를 부착하고, 출입구는 비상시 항상 피난이 가능한 상태로 유지하여야 한다.
- 소화기는 눈에 잘 띄는 위치에 비치하고 소화기 사용법을 숙지하여야 한다.
- 유해가스를 발생하는 화학약품을 사용할 때에는 반드시 hood를 사용한다.
- 실험실 내에는 필요한 시약을 필요한 양만 보관하고 나머지는 별도의 시약장에 보관하도록 한다.
- 시약병은 깨끗하게 유지하고 라벨에는 시약명, 농도, 제조날짜, 제조자를 기록해 두어야 한다.
- 유해물질이 누출되었을 경우에 싱크대나 일반 쓰레기통에 버리지 말고 폐액수거용기에 안전하게 버려야 한다.
- 실험이 종료된 후에는 실험실 뒷정리를 완전하게 하도록 한다.

(3) 실험대 및 주변 정리정돈

실험은 지정된 시료, 시약을 사용하여 여러 가지 반응 현상을 관찰 · 측정하는 것으로 소정의 시약과 기구 이외의 것은 실험대 위에 놓지 말고, 사용하지 않는 것은 안전한 보관장소로 옮기고 사고가 나지 않도록 잘 보관해 두지 않으면 안된다.

실험실에 들어가서는 실험대 위를 정돈하고 실험대를 깨끗이 닦은 후에 실험할 준비를 갖춘다. 항상 실험이 시작되기 전에 정돈을 하고 마음가짐을 단정히 한다.

(4) 시약취급 방법과 정리

식품화학 실험실에서는 유기화학 실험과 같이 위험한 시약을 사용하는 경우가 적으므로 크게 사고를 일으킬 가능성이 있는 시약류는 보통 사용하지 않으나, 그 취급에 있어서는 충분한 주의를 할 필요가 있다.

시약은 사용 후 즉시 정해진 장소에 갖다 두어야 하는데, 이렇게 하지 않으면 실험대 위가 복잡해져 실험조작의 실패, 사고의 원인이 된다.

조제시약은 조제 후 라벨을 반드시 붙이고, 라벨에는 시약명, 농도, 용도, 날짜, 조제자명을 기입하여 보관한다.

액체 시약을 시약병으로부터 꺼낼 때는 병 입구를 이용하여 직접 다른 용기에 옮기는 경우가 많다. 이때는 라벨이 부착되어 있는 부분을 손으로 잡아서 라벨 부분을 위로 오게 하여 취급하면 라벨이 시약용액에 젖거나 더럽혀지는 일이 없다.

시약병으로부터 시약을 옮긴 후에는 즉시 시약병 마개를 닫아야 한다. 이것을 열어두면 증발 및 흡습에 의하여 시약용액의 농도가 변화하며, 유해증기가 발산하여 인체에 해롭게 되고 또 실험대에 쏟을 우려가 있다.

시약이 분말 또는 고체일 때는 시약스푼을 사용하여서 꺼낸다. 이 스푼은 청결하며 건조한 상태여야 한다. 스푼에 이물질(異物質)이 묻어 있으면 시약 전체가 오염되어 시약을 사용할 수 없다.

(5) 실험폐액의 처리방법

일반적으로 실험실에는 실험에 사용된 유산지, 거름종이 등의 종이류, 부서진 초자류, 사용후 남은 시약과 용액 등이 많이 발생한다. 실험실에서 발생하는 폐기물은 일반쓰레기와 구분하여 처리하여야 한다. 특히 실험실 폐액을 버릴 때에는 폐산, 폐알칼리, 폐유기용제(할로겐족, 비할로겐족), 폐유, 감염성 폐기물 등 종류별로 구분하여 처리하여야 한다. 폐액에 의하여 유독가스 발생, 발열, 폭발 등의 위험을 초래할 수 있으므로, 최대한 주의하면서 처리하여야 한다.

실험실 내의 폐액용기는 직사광선을 피하고 통풍이 잘되는 곳에 비치하며 복도 및 계단 등에 방치하여서는 안된다.

(6) 사고의 처리

식품분석실험은 일반 유기화학실험에 비하여 위험 · 유해한 약품을 취급하는 경우가 적으므로 커다란 사고는 거의 일어나지 않는다. 그러나 작은 사고는 습관적으로 발생하기 쉬우므로 충분한 주의가 필요하다.

화재사고는 유기용제의 취급 부주의로 인하여 많이 일어날 수가 있다. 에테르, 석유에테르, 벤젠, 아세톤 등을 사용할 때는 근처에서 화기를 사용해서는 안 된다. 실내에서 버너 등을 사용할 때는 배기가 좋은 드래프트(draft)실 등에서 유기용매를 사용하는 것이 좋다.

산이나 알칼리가 피부점막에 닿지 않도록 주의가 필요하다. 만일 접촉할 경우 흐르는 물에 잘 씻고 1% 중탄산나트륨 또는 1% 식초산 용액을 솜에 적셔 접촉한 부분을 잘 닦아주면 좋다. 의복에 산이나 알칼리가 접촉되었을 경우도 같은 방법으로 닦아주면 된다. 산일 경우 중탄산나트륨으로 중화시키며 알칼리일 경우는 초산으로 중화시킨다.

강알칼리는 피부에 침투하는 성질을 가지고 있으므로 특히 빨리 처리할 필요가 있다. 이 처리법은 약알칼리의 경우에 해당되나 입속으로 들어간 경우, 또는 눈속으로 들어간 경우에 흐르는 물로 여러번 씻은 다음 의사에게 치료를 받을 필요가 있다.

화상은 작은 사고로서 종종 일어난다. 가스, 열탕 등 실험실에서 화상이 일어날 가능성은 많다. 따라서 반드시 세심하게 주의하여 실험하는 것이 필요하며 실험기술의 미숙 때문에 사고가 일어나지 않도록 사전에 기술습득을 해야 한다.

유리기구의 파손으로 일어나는 사고도 있다. 유리기구를 씻을 때 파손이 자주 일어나는데 파편에 다치지 않도록 주의하여야 한다. 파손된 기구는 흐르는 물에 흘려보내지 말고 깨끗이 쓸어서 쓰레기통에 넣어 청소한다.

비커에 액을 가득 담았을 경우 가장자리에 액이 흘러내리지 않도록 하며 또 손에 묻지 않도록 주의깊게 다루어야 한다.

유리관, 온도계 등을 코르크마개 및 고무마개에 꽂을 경우는 온도계나 유리관을 가까이 붙들고 꽂는 것이 파손을 방지할 수가 있다.

유리관이나 온도계가 파손되었을 경우에는 다치지 않도록 파편을 잘 수거하고, 천천히 온도계를 회전시키면서 빼내도록 한다. 부상을 당하였을 경우는 우선 지혈을 시킨 후에 의사의 치료를 받는 것이 좋다. 출혈이 많을 경우는 구급처치가 필요하다.

3. 실험 노트

실험기록은 단지 관찰하고 메모한 것이 아니라, 실험을 전면적으로 검토하는 귀중한 자료이자 결국에는 실험보고의 기초가 되는 것이다. 따라서 학생실험이라는 생각을 항상 염두에 둘 필요가 있다.

실험목적의 요지로서 재료, 시약 및 농도, 방법, 측정치, 기타 관찰사항을 세밀히 기록하여 두는 것이 좋다. 또한 실험조작이 끝나면 바로 정리해 두는 습관을 가져야 한다

정리한 기록은 계산이나 실험결과의 고찰에 필요한 것이기 때문에 믿을 수 있도록 기록하여야 한다. 기록은 실험을 할 때 현장에서 쓴 것으로 명확히 요점을 기입하는 것이 좋고, 이때 실험 데이터 등을 기록해 두는 것이 좋다.

예를 들면 실험 중에 일어난 이상한 상태, 온도, 습도의 외적요인 등은 나중에 고찰할 때 귀중한 자료가 되므로 세밀한 기록을 해두는 것이 바람직한 일이다. 기록은 반드시 실험노트를 이용하고 다른 종이에 써두면 분실할 염려가 있기 때문에 피해야 한다.

(1) 실험노트 작성시 유의사항

사람의 기억력에는 한계가 있기 때문에 실험을 할 때에는 반드시 실험노트를 준비하여 실험 중 발생하는 모든 일과 실험결과를 정확히, 있는 그대로 기록해 두어야 한다.

일반적으로 실험노트를 작성할 때에는 다음과 같은 사항에 유의한다.

① 먼저 실험노트는 단단하게 묶여져 있는 것을 사용하여야 한다. 만약 그렇지 않으면 실험 중 기록하여 놓은 중요한 결과를 분실할 가능성이 있기 때문이다.

② 실험결과가 얻어지면 그 결과는 즉시 실험노트에 기록해야 한다. 얻어진 실험결과를 이용하여 어떤 계산을 한 후에 그 계산값만을 노트에 기록하면 계산의 오류가 확인되었을 때 그 실험결과를 찾을 수 없기 때문이다.

③ 실험노트를 작성하면서 실험과정, 실험결과를 잘못 기록하였더라도 지우지 말고 보기 쉽게 표시하여 두어야 한다. 왜냐하면 똑같은 실수를 해결하거나 방지하는 데 도움을 주기 때문이다.

④ 실험노트는 다음과 같은 내용이 반드시 기록되어 있어야 하며, 짜임새 있게 작성되어야 한다.

- 실험자의 이름과 날짜가 기록되어 있어야 한다.
- 이 실험을 왜 하는지, 어떠한 결과를 얻기를 원하는지 등의 실험목적이 기록되어 있어야 한다.
- 실험과정 및 실험 중 얻어진 결과는 즉시, 있는 그대로 기록하여야 한다. 위에서 언급한 바와 같이 어떠한 내용도 지워져서는 안 되며, 실험 중 발생한 모든 일들을 짜임새 있게 기록하여야 한다.
- 실험결과를 계산하고 그림이나 표를 작성한다.
- 실험결과에 관하여 고찰하고 실험목적과 관련지어 나름대로의 결론을 내린 후 실험에 관한 의문점이나 문제점 등을 기록한다.

(2) 실험보고서 쓰는 요령

보고서의 형식은 실험의 제목, 목적, 실험방법, 실험결과, 고찰을 순서있게 쓰는 것이 일반적이다. 보고서는 기록과 다른 것이다. 보고서는 타인이 보는 것이므로 독자가 이해하기 쉬운 문장으로 써야 한다. 특히 학생의 연습실험 등은 실험기록을 그대로 보고하는 경우가 있으나 이것은 보고의 의의를 알지 못하는 행위이다.

보고는 지금까지 행하지 않았던 실험결과를 실험자가 총정리하여 고찰한 것을 발표하는 유일한 수단이며, 때로는 실험자의 견해, 사상 등을 호소하는 수단이다. 단지 기록적인 데이터를 나열하여 독자에게 호소하는 일이 없도록 쉽고 명확한 문장을 써서 보고하는 것이 가장 이상적이다.

실험실습 보고서

(The experimental report)

실험일자 : . . . 학번 : 이름 :

실험실(호)	실험조교	담당교수	평가

1. 제 목(Subjet)

2. 재료 및 기구(Materials and Apparatus)

3. 실험방법(Methods)

보고서의 일반적 형식은 다음과 같다.

① 실험제목(년, 월, 일)
② 실험자명
③ 실험의 목적(원리)
④ 실험장치, 재료 및 시약
⑤ 실험방법
⑥ 실험결과
⑦ 고찰
⑧ 실험의 요지
⑨ 참고 문헌

4. Hazard Symbols

Division 3: 생물학적 위험의 전염성 물질

Class E: 부식성 물질

Class F: 위험하게 반응하는 물질

Class A: 압축가스

Class B: 가연성 물질

Class C: 산화성 물질

Class D: 유독성 · 전염성 물질

Division 1: 직접적이며 심각한 독성 효과를 일으키는 물질

Division 2: 다른 독성 효과를 일으킴

5. 식품분석의 단위

실험에서 얻어진 결과값을 표시할 때 어떤 수치의 종류와 크기를 정확하게 나타내는 것이 무엇보다 중요하다. 식품분석 실험에서 얻어진 측정값의 단위는 다른 과학적 측정값과 같이 C.G.S.(centimeter, gram, second) 단위로 표시되고 있다. 부피의 단위로는 liter(L)와 milliliter(mL)가 사용되는데 1L란 4°C, 1기압에서 순수한 물 1kg이 차지하는 용적을 말하며 1mL는 1L의 1/1,000이다.

무게의 단위인 gram(g)은 질량의 기초단위인데 10^{-3}g을 mg, 10^{-6}g을 μg이라 하며 식품분석기술의 급진적 발전으로 10^{-9}g을 나타내는 ng, 10^{-12}g을 나타내는 pg도 자주 사용되고 있다. 정밀분석기기의 등장으로 식품공전 등에 ppm(parts per million)이나 ppb(parts per billion)와 같은 단위도 자주 사용되는데, 표 1-1에 식품분석에 이용되는 각종 단위를 나타내었다.

표 1-1 식품분석에 이용되는 단위

• 길이 단위

Units	cm	m	in	ft	yd
1cm	1	0.01	0.3937	0.0328	0.0109
1m	100	1	39.37	3.2808	1.0936
1 in	2.54	0.0254	1	0.0833	0.0278
1 ft	30.48	0.3048	12	1	0.3333
1 yd	91.438	0.9144	36	3	1

• 부피 단위

Units	m^3	Gallon	Quart	Liter	cm^3
m^3	1	264.2	1056.8	1×10^3	1×10^6
Gal	0.003785	1	4	3.785	3785
Quart	0.000946	0.25	1	0.946	946
L	1×10^{-3}	0.264	1.057	1	1×10^{-3}
cm^3	1×10^{-6}	0.264×10^{-3}	1×10^{-3}	1.60934	1

• 무게 단위

Units	Grams	Ounces	Pounds	Kilograms	Tons
Grains	0.0648	0.0023	1.428×10^{-4}	6.48×10^{-5}	6.48×10^{-3}
g	1	0.0353	0.0022	0.001	1×10^{-6}
oz	28.3495	1	0.0625	0.0283	2.835×10^{-5}
lb	453.592	16	1	0.454	4.54×10^{-4}
kg	1.000	35.27	2.204	1	1×10^{-3}
Ton	1×10^6	35.270	2.204	1.000	1

단위와 관련된 접두어

Meaning	Abbreviation	Prefix	Meaning	Abbreviation	Prefix
10^{18}	E	Exa	10−18	a	Atto
10^{15}	P	Peta	10^{-15}	f	Femto
10^{12}	T	Tera	10^{-12}	p	Pico
10^9	G	Giga	10^{-9}	n	Nano
10^6	M	Mega	10^{-6}	μ	Micro
10^3	k	Kilo	10^{-3}	m	Milli
10^2	h	Hecto	10^{-2}	c	Centi
10^1	da	Deca	10^{-1}	d	Deci

제2절 일반기구 및 기기의 종류

(1) 일반기구 : 일반적으로 식품분석 실험에 많이 이용되는 기구는 표 1-1, 1-2와 같다.

(2) 일반기기 : 일반적으로 식품분석 실험에 많이 이용되는 기기는 표 1-3과 같다.

표 1-1 일반기구(1)

명 칭	처리 및 사용방법	규격 및 사이즈	용도/기타
시험관		길이 180mm 외경 18mm	일반시험
공전시험관	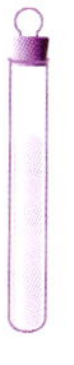	길이 180mm 외경 18mm 공전 ST 15/25	비타민류, 아질산염
비커와 유리막대		50, 100, 200, 300, 500, 1,000mL	일반 시험
삼각플라스크		300, 500, 1,000mL	일반 시험
공전삼각플라스크		100mL, ST 15/25 500mL, ST 29/40	일반 시험
깔때기		직경 5, 6, 7cm	일반시험

표 1-1 일반기구(2)

명 칭	처리 및 사용방법	규격 및 사이즈	용도/기타
공전침전관		30mL Ŧ 24	비타민 C
공전광구병		높이 75mm 직경 100mm	시료보존용
칭량병		직경 30mm 높이 30mm	수분측정, 시약조제
평면바닥증발접시		직경 50, 70mm	수분측정
둥근바닥증발접시	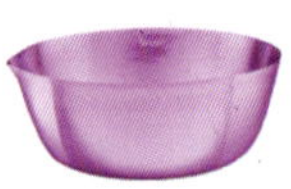	직경 45m	색소시험
자제막자와 막자사발		직경 120mm	시료처리, 시료조제
코니컬 비커	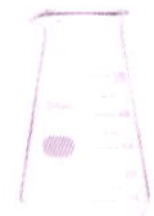	200, 300mL	단백질측정, 일반시험
Kjeldahl 플라스크		200mL	단백질, 비소측정
세구시약병		백색 100, 200, 500, 1,000mL 갈색 100, 500, 1,000mL	시료보존
광구시약병		백색 200mL 갈색 100mL	시약, 시액보존

표 1-1 일반기구(3)

명 칭	처리 및 사용방법	규격 및 사이즈	용도/기타
색소병		백색 유창스포이드 부착	지시약액보존
마조니아추출관	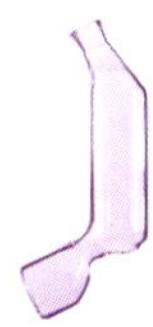	공병 Ŧ 24/40	지방측정
분액깔때기		300mL 공병 Ŧ 24/40	용매추출 · 혼합
세정병		폴리에틸렌 500mL	순수용기
데시케이터		중판직경 160, 210mm	수분, 지방측정
속슬렛 지방추출기수기		평량병 Ŧ 19/30	지방측정
비중계 및 우유용비중계		눈금범위 0.700~2.000 7본조 1.015~1.040	시약조정 우유비중측정
희석병(용해병)		100, 250mL	일반세균수 대장균군시험

표 1-1 일반기구(4)

명 칭	처리 및 사용방법	규격 및 사이즈	용도/기타
다람관		내경 10mm 외경 12mm 길이 45mm	대장균군시험
페트리접시		직경 10cm 깊이 1.5cm	일반세균수 대장균군시험
알미캣프		알미늄제 20mm 길이 30mm	대장균군시험
살균함(상형)	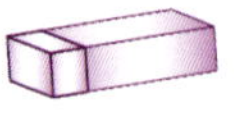	길이 30cm 10×7.5cm	일반세균수 대장균군시험
살균함(원통형)		동제 길이 40cm 직경 8.5cm	일반세균수 대장균군시험
바구니		스텐레스 높이 20cm 깊이 20cm, 폭 20cm	일반시험용
약숟가락		스텐레스 길이 220mm	시료조제
집게		길이 250mm	수분, 회분측정
핀셋		스텐레스 길이 150, 210mm	
삼각대		철제 직경 95mm 높이 120mm 직경 120mm 높이 200mm	
뷰렛대	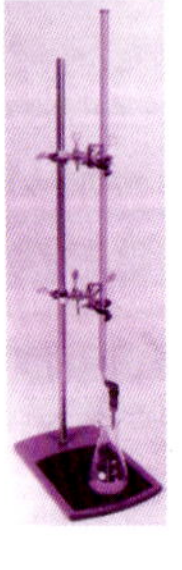	금속제 자제	단백질 비타민 C 측정

표 1-2 측정용 기구(1)

명 칭	처리 및 사용방법	규격 및 사이즈	용도/기타
뷰렛		백색 25, 50mL 넣은것	적정시험
메스피펫		0.5, 1, 2, 5, 10, 20mL	시험액, 시약 등의 일정량 채취
홀 피펫		1, 2, 5, 10, 15, 20, 25, 30, 50mL	일정량 채취
구입피펫		고무캣프 붙인 것 1, 2, 5, 10mL	시약 등의 채취
미량(마이크로)피펫		0.01, 0.02, 0.1, 0.2, 1.0mL	시험액, 시약의 미량 채취
눈금피펫		5, 10mL	강산, 강알칼리 일정량 채취용 (우유의 이화학시험)

표 1-2 측정용 기구(2)

명 칭	처리 및 사용방법	규격 및 사이즈	용도/기타
메스실린더		10, 20, 25, 50, 100, 200, 250, 500, 1,000mL	시약의 정량 채취
메스플라스크		백색 50mL 마개 𝕿 9 100mL 𝕿 13 200mL 𝕿 16 250mL 𝕿 16 500mL 𝕿 19 1,000mL 𝕿 22	시험액의 엄밀한 정용량화
액량계		50, 100,mL	시약의 정량 채취
겔벨유지계		규격검정합격품	유지방의 측정

표 1-3 일반기기(1)

명 칭	처리 및 사용방법	규격, 용도/기타
접시저울	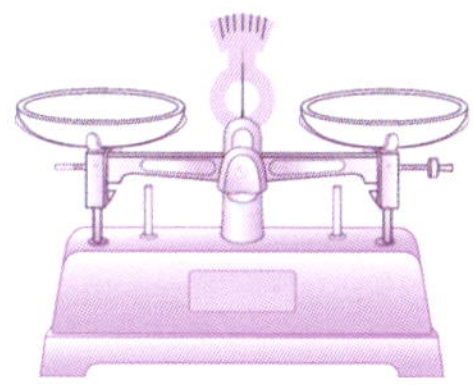	100g용, 500g용
직시천평	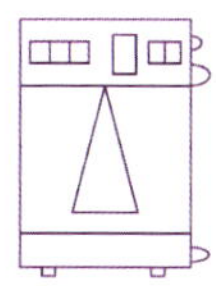	최고칭량 160g 읽을 수 있는 최소한계 0.5mg
전기정온기 (전기건조기)	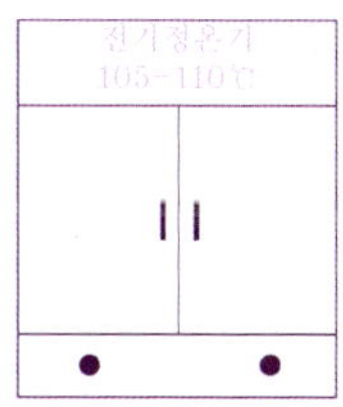	최고온도 200°C 수분, 지방시험용 40×40×40cm(1.5kw) 기구건조용 60×50×50cm(2.5kw)
중탕냄비(수욕기)	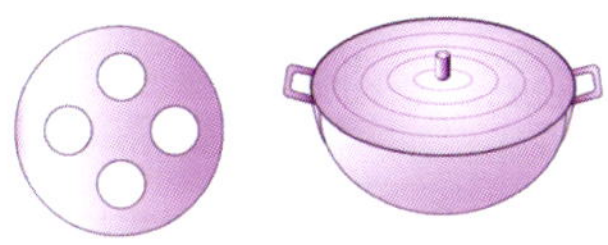	동제 : 직경 240mm 뚜껑 : 직경 60mm의 구멍이 4개 있는 것
항온수조	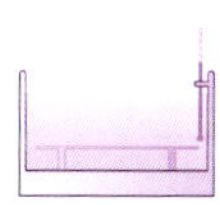	지방시험용 80×20×14cm(1.5kw) 일반용 원형 25~30×30~18cm(1.5kw) (내경×깊이)
세미마이크로킬달 질소분해장치	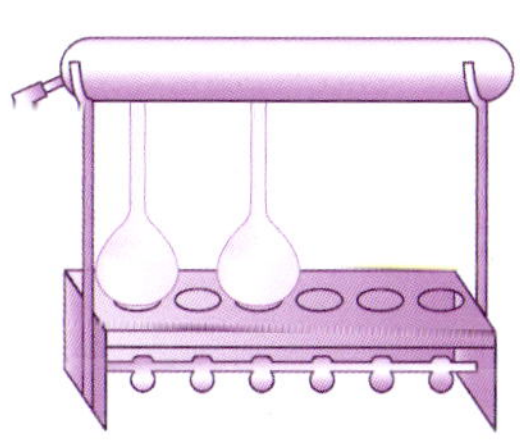	단백질정량
질소증류장치	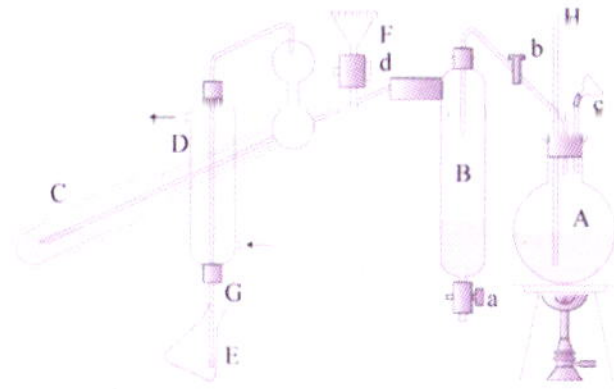	단백질징량 상부접촉부위 ⊤ 34/35

표 1-3 일반기기(2)

명 칭	처리 및 사용방법	규격, 용도/기타
속시렛 지방추출기		지방정량 하부접촉부위 $ 19/30
광전비색계		후이루다식, 회절격자식, 프리즘식 파장범위 400~700μm
겔벨유지방분리기	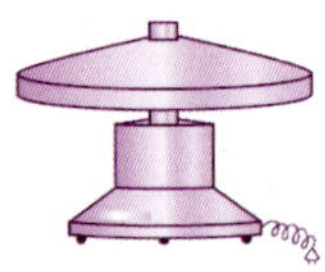	전동식 유지계 8본
부란기	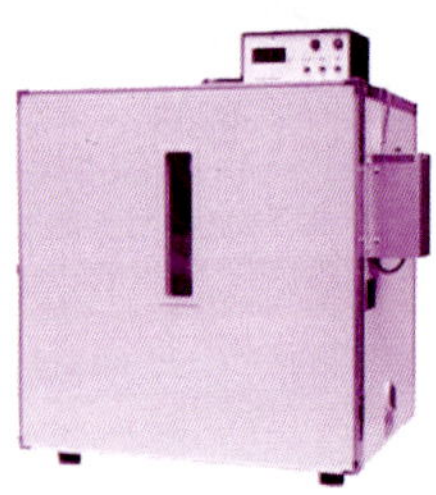	50×35×45cm(400W) (간격×내부크기×높이)
고압살균기 고압증기멸초기		30~40×60cm (직경×높이) 전기 또는 가스가열식
전기냉장고		내용적 200L 이상

제3절 기구의 세척과 건조

유리기구를 세척할 때는 묻어있는 물질의 성질을 알아야 한다. 왜냐하면 그것에 따라서 세척하는 방법이 나르기 때문이다.

무기물 또는 수용성 유기물은 물로만 씻어도 되는 경우가 있으나, 비누액을 이용하면 더욱 깨끗하게 씻을 수가 있다. 유성(油性)이 묻어있을 경우는 비누액을 사용한다. 이것을 기계적으로 솔, 수세미, 스폰지 등으로 문질러 묻은 유성 물질을 제거한다. 가루비누와 비누액을 병용하여 묻은 유성물질을 씻으면 쉽게 잘 닦인다.

일반적으로 유기물이 묻은 경우는 크롬황산에 담근 후에 솔로 씻는데, 크롬황산에 담가 1~2시간 동안 실온에 방치하면 완전히 제거된다.

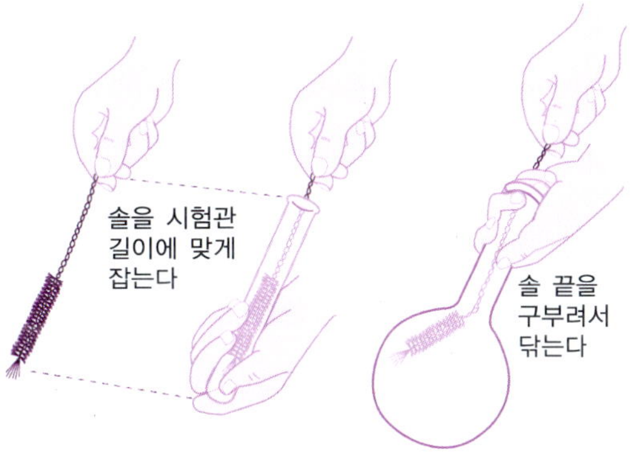

그림 1-4 세징 brush

단백질이 변성한 상태에서 부착된 것은, 가성소다 분말을 소량 넣고, 물을 조금 가한 후에 솔로 씻어 주면 제거된다. 자제 도가니의 오염은 신한질산 또는 왕수를 가하여 가열하면 잘 제거될 수 있다.

깨끗이 씻은 유리기구는 세척병을 이용하여 증류수로 헹구어 물이 떨어지는 건조대에서 자연건조시킨다. 자연건조는 시간이 걸리므로, 급히 건조할 경우는 열풍건조를 시킨다. 또 에탄올, 에테르의 순으로 조금 씻어낸 후에 에테르를 증산(蒸散)시켜서 건조하는 저비점 용매를 이용하는 건조법 등이 있다.

일반초자로 가열건조가 가능하나 측정용 기구들의 가열건조는 될 수 있는 대로 낮은 온도에서 하는 것이 좋다. 눈금이 새겨져 있는 용기류(메스실린더, 피펫, 뷰렛, 메스플라스크 등)는 절대 가열건조해서는 안된다. 왜냐하면 가열하면 유리가 팽창하여 냉각하여도 완전히 원상태로 복원되지 않는 경우가 있기 때문이다.

Chapter 2.

일반조작법

제1절 유리세공

유리관이나 유리봉을 절단할 때는 그림 2-1과 같이 줄로 가볍게 금을 그은 후, 금의 반대편에 엄지를 대어 관을 잡고 좌우로 약간 당기면서 힘을 주어 부러뜨린다. 이때 유리의 절단부분은 예리하므로 줄이나 열로써 둥글게 만들어 준다.

관을 구부릴 때는 구부리고자 하는 부분을 불꽃의 가장 온도가 높은 부분에 가까이 하여 약간씩 돌리면서 가열한 뒤 유리관의 양단을 잡아서 급각도가 생기지 않도록 천천히 구부린다(그림 2-1).

모세관을 만들 경우는 사용목적에 따라 관의 굵기나 길이 등을 염두에 두고 가열부분의 넓이, 잡아당기는 힘을 가감해야 한다. 감압 증류용 모세관을 만들 때는 모세관의 길이가 길기 때문에 세공은 2단으로 행한다(그림 2-2). 즉 제1단에서는 1~2mm의 것을 만들고(그림 2-2의 a부분), 제2단에서는 약한 불에서 가열하여 한번 더 잡아당긴다(그림 2-2의 b부분).

비등석으로 사용하는 모세관은 2~3cm 정도로 잘라서 한쪽 끝을 밀폐하여 사용한다. 그리고 융점측정용의 경우는 모세관 굵기를 가능한 균일하게 해야 하며, 직경 1~5mm, 길이 6~8cm 정도로 한다.

유리관을 밀폐할 때에는 한쪽 끝을 가열하여 밀폐해도 좋지만 다음과 같이 하여 마무리하면 깨끗하게 된다. 밀폐하려고 하는 유리관과 다른 유리관을 함께 가열해서 다른 관의 끝에 밀폐하려고 하는 유리관을 접촉시키고 전체를 돌리면서 유리관을 잡아당긴다. 다음에 불을 약하게 하여 가늘게 된 부분을 열로서 봉한다.

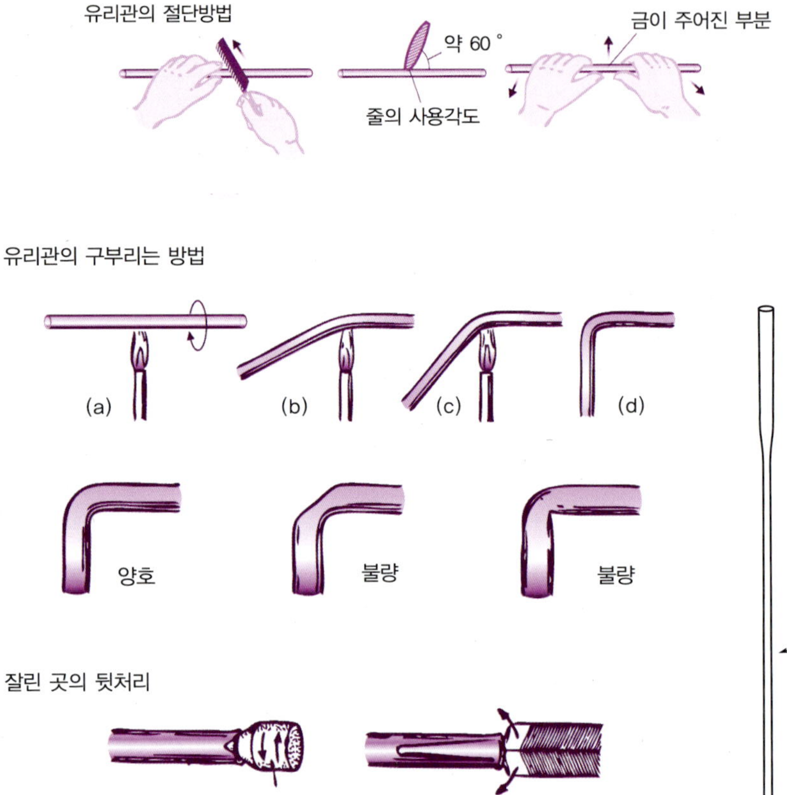

그림 2-1 유리세공의 조작

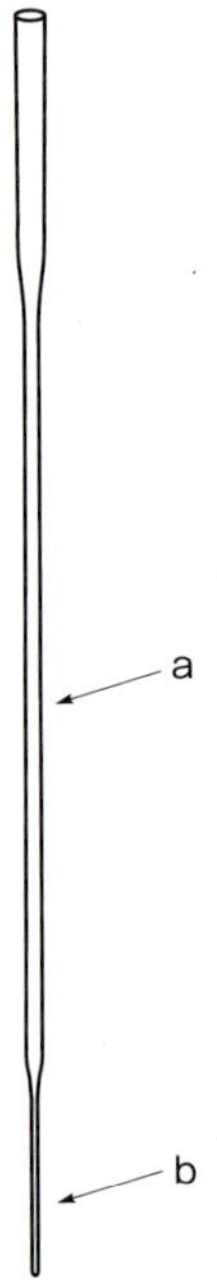

그림 2-2 감압증류용의 모세관

한편 유리관이나 유리봉을 고무관에 끼울 때 유리봉을 쉽게 끼우기 위해서 고무관 내부에 습기를 주입하는데, 이때 증기를 불어넣거나 또는 물을 넣어서 행하는 것이 좋다.

다음에 끼울 유리봉의 한쪽 끝을 잡아서 유리관을 회전시키면서 주입하면 훨씬 편리하다. 고무관의 경우도 같은 방법으로 행하는 것이 좋다(그림 2-3).

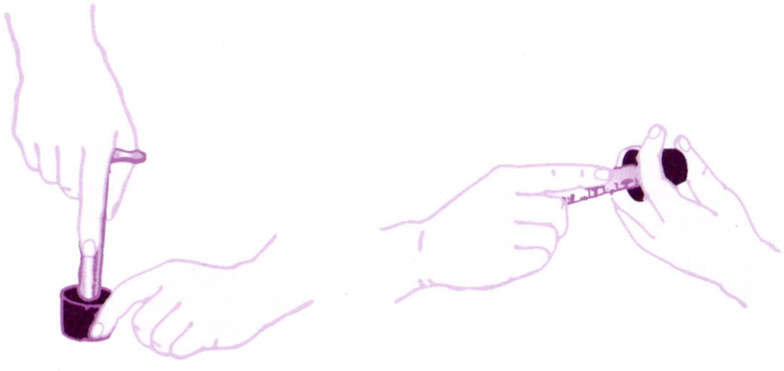

그림 2-3 고무관의 구멍 뚫기

제2절 천칭의 조작법

식품화학실험에 있어서 계량(計量)은 보통 상명천칭(上皿天秤)과 화학천칭(化學天秤)을 사용하고 있다.

상명천칭은 0.05g 정도까지, 화학천칭은 0.0001g까지 측정할 수 있다. 천칭으로 측정할 수 있는 최대무게를 칭량이라고 하며 최소무게를 감량이라고 한다. 천칭은 실험물의 중량과 분동을 좌우에다 놓고 지침이 중앙에 놓이도록 하여 중량을 구할 수 있다.

1. 상명천칭(上皿天秤)

먼저 조절나사를 조절하여 지침이 눈금판의 영점(中心)을 가리키게 한다. 좌측의 접시(pan)에 시료를 넣고 우측의 접시(pan)에 분동을 놓아 지침이 눈금판의 중심 위치에 오게 한다. 이때 분동의 중량이 시료의 중량이 된다. 분동을 접시에 놓을 때는 무거운 순으로 둔다.

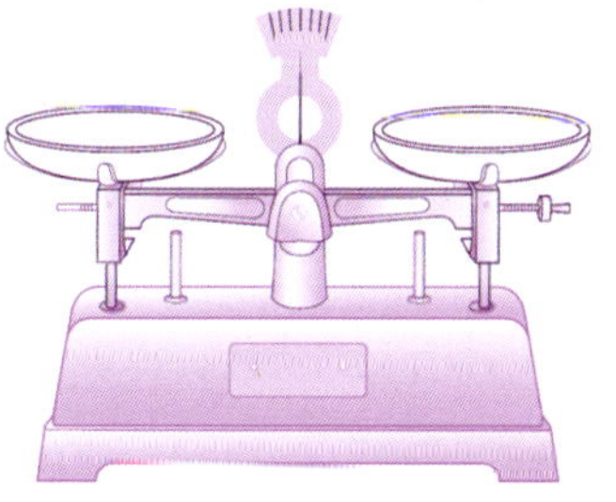

그림 2-4 상명천칭

2. 화학천칭(化學天秤)

(1) 영점(Zero point)의 측정

화학천칭의 구조는 그림 2-5와 같고 분동의 형태는 그림 2-6과 같다.

a, b, c : 받침
d : 핸들
e, f : 접시
g : 눈금판
h : 지침
i, j, k : knife edge
l : rider 눈금
m : 중심조절나사
n : arm
o : arm 조절나사
p : 이동봉

그림 2-5 화학천칭

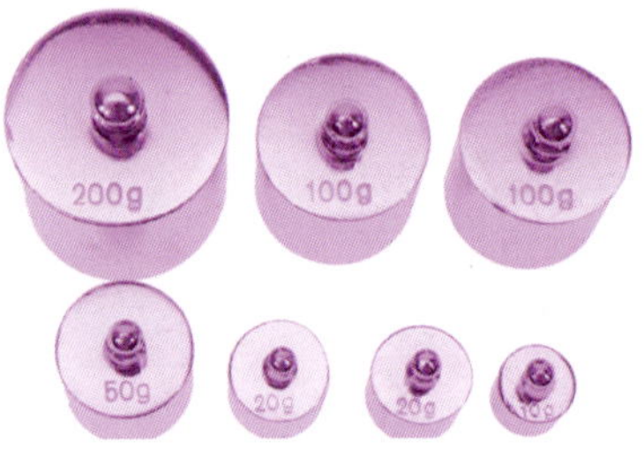

그림 2-6 분동

표 2-1 영점의 측정 예

	왼쪽(左)	오른쪽(右)
	−6.1	+6.2
	−5.8	+5.9
	−5.2	
평균치	−5.7	+6.1

$$0점 = \frac{-5.7+6.1}{2} = +0.2$$

측정방법은 천평을 수평에 놓고 접시(pan)에 아무것도 놓지 않은 채 핸들을 천천히 회전하면서 조절해 본다.

지침의 방향이 중심에 위치하는 지를 확인한다. 1회 왕복하는 지침의 좌우 눈금을 읽는다. 눈금 읽는 방법은 눈금판의 중앙을 0으로 하고, 우측을 +, 좌측을 −로 정해서 좌우의 수치 앞에 + 또는 −를 표시한다.

이와 같은 조작을 5회~7회 정도 하고 한 눈금의 1/10까지 읽는다. 핸들을 천천히 원래대로 돌려서 정지시킨다. 표 2-1의 측정 예와 같이 나타낸다.

Zero point가 ±0.5 정도 되면 조정할 필요가 없으며 이 이상일 경우는 천칭의 최상방에 있는 나사를 움직여 조절한다. Zero point는 양쪽 접시에 아무것도 놓지 않은 상태에서의 정지점이다.

(2) 물체의 측정

미리 상명천칭으로 대략의 무게를 측정한 물체를 좌측 접시에 놓고, 우측 접시에는 물체보다 무거운 분동을 놓고서 천천히 핸들을 회전시킨다. 이때 지침이 좌로 강하게 기울어지는 경향이 있으면 핸들을 천천히 원래대로 정지시켜 가벼운 분동으로 바꾼다.

분동은 무거운 것에서부터 가벼운 순으로 사용하고 접시상의 분동은 무거운 것은 중심에, 가벼운 것은 주위에 나란히 놓아 중량의 중심이 반드시 접시 중심에 오도록 한다.

이와 같이 분동을 교환해 가면서 물체와 균형이 되도록 조절한다. 10mg 분동까지 사용하며, 1mg 단위의 분동은 rider를 사용한다. rider는 접시를 지지하고 있는 횡축의 봉과 결합한 눈금봉 위에 걸려있는 침금의 분동으로 되어있다.

분동의 조절이 끝나면 핸들을 회전시켜 양쪽 접시의 평형을 맞추어 지침이 흔들리게 한다. 그렇게 하여 표 2-1과 같이 정지점을 구한다. 다음에 분동을 1mg 증감하여 재정지점을 구한다. 이 두 개의 정지점이 zero point가 되게 하면 완전하다고 할 수 있다. 그러나 정지점이 영점과 일치하면 그때의 분동의 합계가 물체의 중량이지만 일반적으로는 일치하지 않는다. 그래서 감도를 구하게 된다.

감도란 천칭을 수평으로 하고 한쪽 접시에 1mg의 분동을 올려 놓았을 때 지침이 영점에서 이동되는 눈금판의 눈금수이다. 감도를 구할 때는 앞에서 정지점을 구할 때의 분동중량에 대해서 rider를 이용하여 1mg의 중량을 증감해서 그때의 정지점을 구하는 것이 좋다. 이때 분동의 중량이 물체의 중량보다 무거우면 1mg을 줄이고 가벼울 때는 1mg을 증가시킨다.

표 2-2 물체의 칭량 예

	0g		26.164g		24.163g	
	왼쪽(左)	오른쪽(右)	왼쪽(左)	오른쪽(右)	왼쪽(左)	오른쪽(右)
	−6.1	+6.2	−6.2	+4.4	−5.6	+7.8
	−5.8	+5.9	6.0	+4.2	−5.5	+7.6
	−5.7		−5.8		−5.4	
평균	−5.7	+6.1	−6.0	+4.3	−5.5	+7.7
	영점 $=\frac{-5.7+6.1}{2}=+0.2$		정지점 $=\frac{-6.0+4.3}{2}=-0.9$		정지점 $=\frac{-5.5+7.7}{2}=+1.1$	

영점과 두개 사이의 정지점을 측정하면 그 두개의 정지점의 차이가 1mg의 분동에 대응하는 눈금치가 된다. 가벼운 쪽 중량의 정지점으로부터 zero point까지의 눈금차가 x mg에 상당하는 것으로 비례식에서 x를 구할 수가 있으며 이것을 가벼운 분동의 중량에 더한 것이 물체의 중량이다.

[계산 예] 칭량병의 중량을 측정해서 표 2-2와 같은 결과를 얻었다. 칭량병의 중량은 얼마인가?

[풀이] 무거운 쪽과 가벼운 쪽의 정지점의 차이는 (+1.1)−(−0.9)=2.0이다.
이때의 감도는 2.0이다. 그리고 가벼운 쪽과 영점과의 차이는
(+1.1)−(+0.2)=0.9이다.
따라서 1mg의 분동에 대응하는 가벼운 쪽과 영점과의 차이를 비례식으로 풀면

$$2.0 : 1 = 0.9 : x$$

$$\therefore x = 0.5\text{mg}$$

따라서 칭량병의 중량은

$$= 24.163 + 0.0005 = 24.1635\text{g}$$

(3) 취급주의

화학천칭은 대단히 정밀도가 높으므로 그 취급에 각별한 주의를 요한다. 먼저 천칭의 칭량 이상의 중량을 측정해서는 안된다. 저울대를 받치고 있는 칼날이 마모되어 천칭의 수명을 짧게 하기 때문이다.

분동은 천칭에 포함되어 있는 것을 사용하며 다른 천칭의 분동을 사용해서는 안된다. 분동을 원래대로 갖다 놓을 때는 반드시 핸들을 돌려 원상태로 천칭을 고정시킨 후에 분동을 내린다.

물체는 반드시 좌측에 놓는다. 청결한 유리기구, 자기, 녹슬지 않는 금속 등은 천평접시에 그대로 두어도 지장은 없지만 다른 물질은 용기에 담아서 측정하는 것이 천평의 수명을 길게 보존할 수가 있다.

핸들의 조작은 주의깊게 천천히 하고 특히 원래대로 할 때는 지침의 진폭이 급격히 변하지 않도록 해야 한다. 아주 천천히 회전하면서 천평에 무리가 없도록 하는 것이 좋다.

3. 전자자동천칭에 의한 칭량

전자자동천칭(electronic balance, model AP 250 D)에 의해 물체나 시료를 간편하게 칭량하고자 할 때 순서는 다음과 같다(그림 2-7 참조).

① MODE 를 눌러 사용할 칭량단위를 선택한다. 보통 원래 제조회사에서 그램(grams)단위로 세팅되어 있다.

② ON TARE 를 눌러 제로가 표시되도록 한다.

③ 칭량할 물체나 시료를 접시(pan) 위에 올려 놓는다.

④ 안정표시(stability indicator)가 나타날 때까지 기다린 후 표시판의 중량을 읽는다.

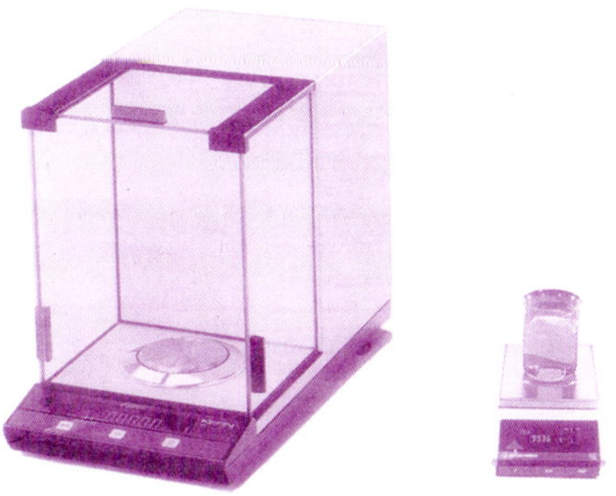

그림 2-7 전자자동천칭의 구조

[용기를 사용하여 칭량할 경우의 조작순서]

① 빈 용기를 접시 위에 올려놓는다. 그의 중량이 표시된다.

② ON TARE 를 누른다. 표시가 제로를 나타내고 용기의 중량이 메모리에 저장된다.

③ 용기에 칭량할 시료를 넣는다. 시료가 가해질 때 그 시료 자체만의 중량이 표시된다.

④ 용기와 시료를 접시로부터 제거하면 천칭에 용기의 중량이 마이너스 숫자로 표시된다. ON TARE 를 다시 누를 때까지 용기의 중량은 천칭의 메모리에 남는다.

제3절 버너 취급법

중량분석은 버너를 사용하여 회화하는 방법이 많이 사용되고 있다. 버너에는 그림 2-8의 분젠 버너가 사용되고 있다. A는 가스량을 조절하는 코크, B는 공기 조절 코크이다. 버너에 점화할 때 B를 닫고 A를 조금 열어 가스를 내면서 공기를 도입하여 가스를 완전연소시킨다.

공기도입량은 가스량에 의해서 정해지지만 그림 2-9에 나타나는 것과 같이 공기도입량이 부족하면 불꽃 끝이 빨갛게 되며 도입량이 적당하면 버너의 입부분에 파란색의 이등변삼각형이 되어 이것이 담색의 불꽃에 의해서 싸여지는 상태로 된다. 이 담색의 불꽃 부분은 온도가 가장 높으므로 가열 등을 할 경우에는 이 부분에 가열하는 물체를 닿게 하면 된다.

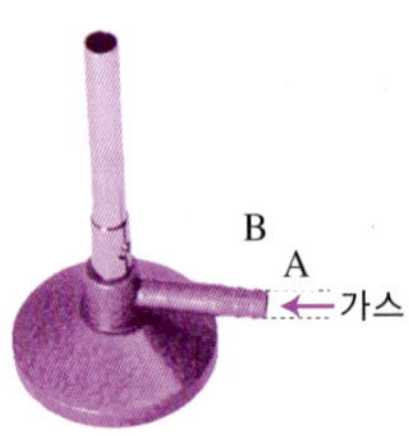

그림 2-8 Bunsen burner

그림 2-9 불꽃의 종류

제4절 여과(filteration)

고체와 액체의 혼합물을 분리하는 조작을 여과라 한다. 여과법의 종류는 자연 **여과**(상압여과), **흡인여과**(감압여과) 및 **가압여과** 등으로 분류할 수 있다.

여과 전에 ① 여과잔유물 ② 여액 ③ 잔유물과 여액 모두 3가지 가운데 어느 것이 필요한가? ④ 액은 휘발하기 쉬운가? ⑤ 액의 점도가 높지 않은가? 등의 여과하는 고체와 액체의 성질을 잘 알고 여기에 적합한 여과방법을 선택해야 한다.

만약 액이 ethanol이나 ehter 등의 휘발성이 큰 물질이라면 흡인여과보다는 가압여과를 행하는 것이 편리하다.

1. 자연여과(상압여과)

(1) 여과지의 선택

상압에서 하는 보통여과이다. 여과제로서는 **여과지**(filter paper)를 사용하는 것이 보통이다. 여과지의 종류는 대단히 많으나 실제로 쓰이는 것에는 회분 함량의 많고 적음에 따라 정성용과 정량용으로 나눌 수가 있다.

정성용에는 No.1, No.2, No.101, No.103이 있으며, 정량용에는 No.3, No.4, No.5A, No.5B, No.5C, No.6, No.7 등이 있다. 목적에 의해서 적당한 여과지를 선택해야 한다. 정성용에는 No.2, 정량용에는 No.5B가 가장 많이 사용되고 있다.

(2) 여과지 접는 방법

원형의 여과지를 이등분하고 이것을 다시 이등분하여 4절로 접은 후에 원추형으로 만들어 깔대기에 밀착시킨다(그림 2-10).

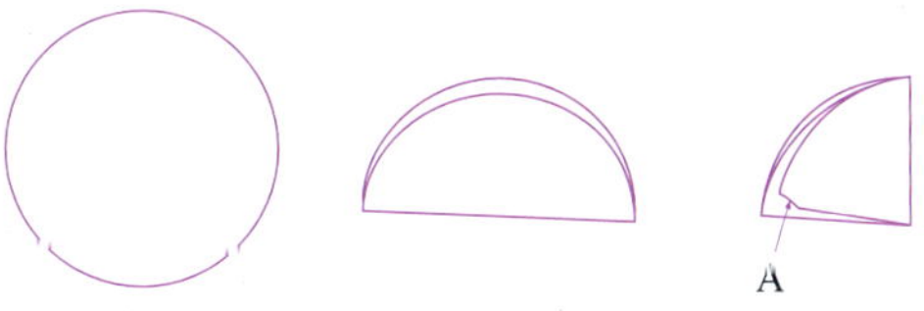

그림 2-10 여과지 접는 방법

4절 여과지의 경우는 여과면적이 원형의 반밖에 되지 않으므로 여과면적을 크게 할 목적으로 깔때기에 맞추어서 약간 편 후 깔때기에 밀착시킨다.

여과지를 밀착시킨 깔대기는 여과액을 받을 용기의 기벽에 끝이 접촉되도록 해둔다.

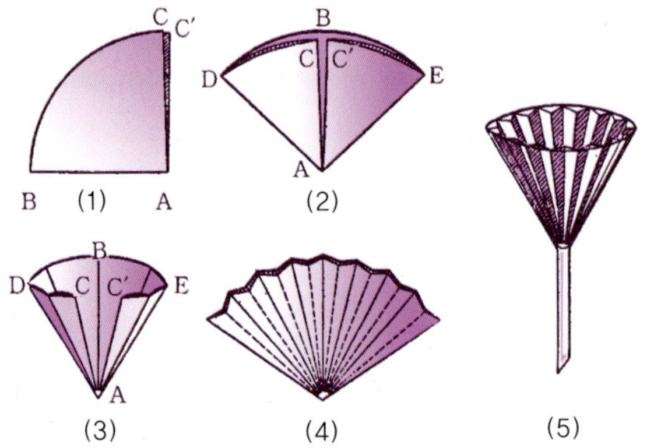

그림 2-11 주름여과지 접는 방법

다른 방법으로는 여과면적을 크게 할 목적으로 주름지게 여과지를 접는 방법이 있다(그림 2-11). 이것은 앞에서 설명한 보통여과지 접는 법과 같이 4등분하고 이것을 펴서 그림 2-11의 (2)와 같이 CA, C′A를 BA에 맞추어 DA와 EA를 만든다.

다음에 이것을 펴서 (2)와 동일하게 CA는 DA에, DA는 BA에, C′A는 EA에, EA는 BA에 양쪽에서부터 내부로 접어 (3)과 같이 만든다. 다시 이것을 펴서 반원형으로 하여 (4)와 같이 역방향에서 접어 32등분이 되게 한다.

2. 흡인여과(감압여과)

흡인여과는 감압여과라고도 하는데 이것은 여액의 수기내를 감압하면 감압에 의해서 여과기 중의 액면에 대기압이 가해져서 여과를 촉진시키는 방법이다. 따라서 이 조작은 다량의 액을 단시간 내에 여과시키고, 여과하기 어려운 경우에 여과속도를 촉진하기 위해서 사용된다.

흡인여과장치에는 주로 Buchner 깔때기, 여과병, 진공펌프 혹은 aspirator 등이 부착되어 있으며, 또 역류를 방지하기 위해서 여과장치와 펌프 사이에 안전병이 장치되어 있다(그림 2-12).

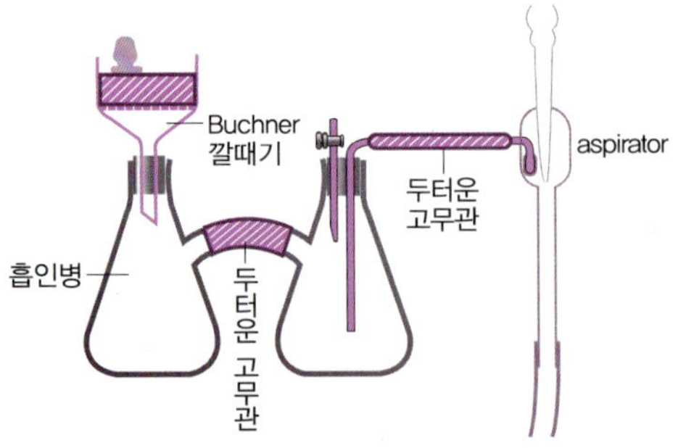

그림 2-12
흡인여과장치

침전의 양 및 질에 따라서 Buchner 및 여지의 선택을 달리하여야 하고, 흡인 중에 여지가 파손될 경우가 있는데 이런 경우에는 흡인의 정도를 약하게 하든지 2중 여지를 선택하는 것이 좋다.

강알칼리 등과 같이 여지를 용해시키는 경우는 유리여과기(glass filter)를 사용한다. 유리여과기는 침전을 여과, 세정하여 그대로 평량할 수 있고, 또 침전을 그대로 강산 등으로 재용해시킬 수 있는 이점이 있다.

유리여과기는 그림 2-13과 같이 1G4, 3G4, 17G3 등의 부호가 붙어 있는데 좌측에서부터 용량(숫자가 크면 용량도 큼), 유리의 품질, 여과판의 다공도의 크기(1이 가장 크고 4가 가장 세밀)이다. 정량분석에는 1G4가 보통 많이 사용되고 있다.

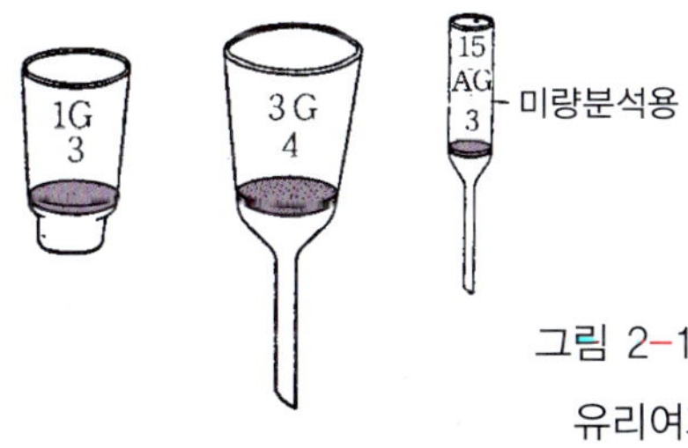

그림 2-13
유리여과기

3. 막분리법 〈2012년 식품산업기사 식품재료공정〉

막분리법은 상변화 없이 물질을 분리하는 기술로 연속조작이 가능하며, 열이나 pH에 민감한 물질을 분리할 수 있으므로 열손상이 없고 휘발성 성분의 손실이 적다. 특히 냉각수가 필요없으며 다른 농축방법보다 에너지 요구가 적은 편이다. 막분리 기술에는 hyperfiltration이라 부르는 **한외여과**(ultrafiltration, UF), **역삼투**(reverse osmosis, RO), **투석**(dialysis), **정밀여과**(microfiltration) 등이 있다.

표 2-3 막분리기술의 특징

막분리법	막기능	물질투과	효 과	추진력
확산투법(Dialysis)	확산에 의한 선택 투과성	용질분자 ; 물	용질상호간 분리	농도차
전기투석(Electtrodialysis, ED)	이온성 물질의 선택 투과성	이온성 물질 ; 물	이온과 비전해질의 분리	전위차
정밀여과(microfiltration, MF)	막외경에 의한 입자크기의 분배	용질분자 ; 물	미립자나 미생물의 분리	압력차
한외여과(Ultrafiltration, UF)	막외경에 의한 분자크기의 선별	용질분자 ; 물	콜로이드, 고분자와 저분자의 분리	압력차
역삼투(Reverse Osmosis, RO)	막에 의한 용질과 용매의 분리	물	물분리	압력차

제5절 증류(Distillation)

순수한 물질은 일정한 압력하에서 고유의 비점을 가지고 있기 때문에 증류조작에 의해서 정제할 수 있다. 그러나 비점이 다른 두 종류 이상의 물질이 함유되어 있는 경우는 정확한 비점에서 유출(留出)되는 것은 없고, 비점 이하 또는 그 이상의 온도에서 유출된다. 그래서 증류조작 중 비점 이하의 유분(留分)을 **초유액**(初留液), 목적물질의 유분을 **주유액**(主留液), 비점 이상을 **후유액**(後留液)이라 한다.

증류에는 상압증류, 감압증류, 수증기증류 등 3종류가 있다.

1. 상압증류

저비점 물질인 ether 등과 같이 인화성이 있는 물질은 열원과 유출부를 가능한 한 분리시키는 것이 필요하기 때문에 냉각관을 설치한다. 냉각관은 리비히보다는 사관냉각관이 좋다.

열원은 탕욕 중에서 조용히 가열하며, 유출액의 증발을 방지하기 위해서 수기에 솜을 넣어두는 것이 좋다.

고비점 물질의 증류에는 탕욕 대신 유욕(油浴), 사욕(砂浴) 등이 사용되지만 직화로서 행하는 경우도 있다.

이때에는 바람에 의해서 불이 흔들려 증류기내의 온도가 불균일하게 되는 경우가 있기 때문에 충분한 주의가 필요하다. 고비점의 물질이기 때문에 강하게 가열해야 되지만 욕(浴)의 온도와 물질의 비점과의 차가 너무 큰 것도 좋지 않다.

이 차이는 되도록이면 20°C~40°C정도가 적합하다. 가지달린 플라스크(flask)의 가지가 달린 장소가 높은 것도, 낮은 것도 있지만 저비점의 경우는 높은 것을 사용하는 것이 좋다. 또 증류 중의 돌비를 방지하기 위하여 비등석을 사용한다(그림 2-14).

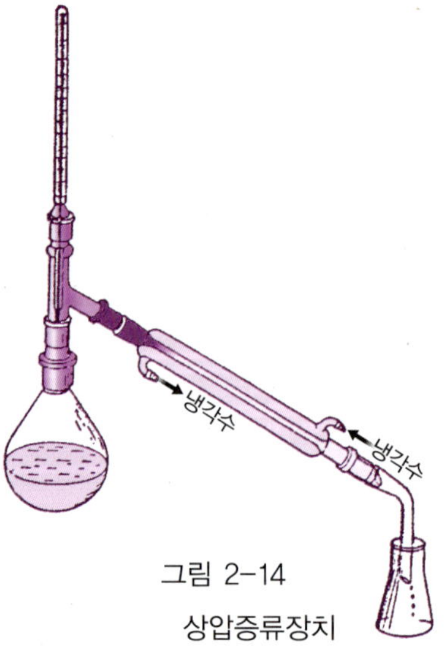

그림 2-14
상압증류장치

2. 감압증류

감압증류는 상압에서 높은 비점을 갖는 물질로서 높은 온도로 가열하면 분해되기 쉬운 물질을 증류하는 방법이다. 내부가 감압으로 되기 때문에 상압증류에 비해서 특별한 장치가 필요하다. 코르크마개는 사용하지 말고 고무마개를 사용해야 되지만 보통 결합부가 있는 장치가 있으면 편리하다.

증류플라스크는 그림 2-15와 같이 클라이젠 플라스크를 사용하여, a 부분은 모세관을, b 부분은 온도계를 삽입한다. 감압에는 진공펌프, 수류(水流)펌프 등을 사용한다. 수류펌프는 취급이 간단하고 15~20mmHg 정도까지 감압 가능하다.

감압의 경우에 사용하는 모세관은 상압증류에서 사용한 비등석에 상당하고, 액체의 내부에 미세한 공기를 불어넣어 이것을 핵으로 해서 비등을 원활하게 해준다. 감압증류를 중지하기 위해서는 가열을 멈추고, 어느 정도 냉각한 후 서서히 안전핀의 코크를 열고 상압으로 한다.

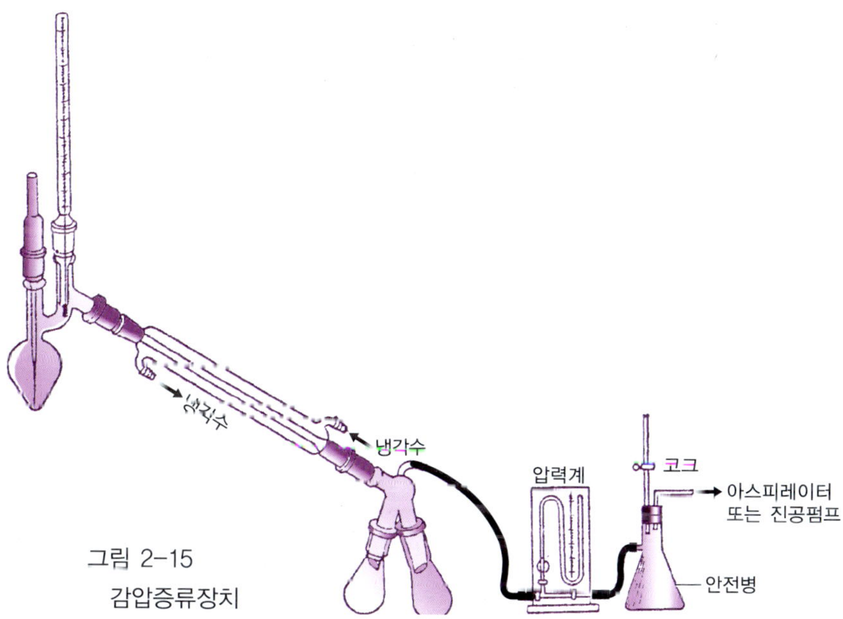

그림 2-15
감압증류장치

3. 수증기증류

비점이 높은 물질 또는 높은 온도에서 쉽게 분해되는 물질이나 물에 용해되지 않는 물질은 수증기를 직접 불어넣어 낮은 온도에서 증류할 수 있는 방법이다.

그림 2-16과 같은 장치를 만든다. 수증기 발생기는 구리나 알루미늄제의 2~3L의 크기로, 상부입구의 코르크마개에 한개의 유리관을 수증기 발생기의 바닥까지 삽입시켜 안전관으로 한다. 증류플라스크는 바닥이 둥근 것으로 1L 정도의 크기로써 45°C 정도 경사지게 고정한다. 증류하는 액은 플라스크 용량의 1/2~1/3 정도까지 채운다.

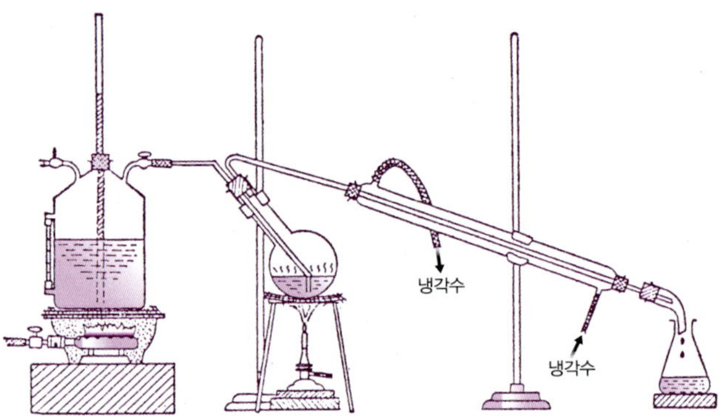

그림 2-16 수증기증류장치

냉각기는 보통 리비히 냉각관을 사용한다. 냉각이 불완전한 경우도 고려해서 냉각관의 끝부분을 수기 입구의 내부까지 넣거나, adaptor를 부착한다. 수증기 발생기, 증류플라스크, 냉각기 및 수기 사이는 유리관을 적당히 세공하여 연결한다.

조작방법은 먼저 수증기 발생기의 코크를 열어서 충분히 가열하여 비등시킨다. 별도로 증류플라스크도 약한 불로 예열해 둔다. 이것은 증류의 원활, 촉진은 물론이고 증기와 찬(冷) 플라스크와의 접촉에 의한 파손을 방지하기 위함이다. 비등이 시작하면 코크를 닫고 증기를 플라스크 쪽으로 도입한다. 수증기 발생기와 증류플라스크와의 가열은 증류가 어느 정도 시작되면 가감한다. 특히 증류플라스크 쪽은 약한 불로 항상 가열한다.

증류를 중지하기 위해서는 먼저 수증기 발생기의 코크를 열고 불을 끈다. 코크를 열지 않고 불을 끄면 역류하기 때문에 주의해야 한다.

Chapter 3.

용량분석

물질의 성분비율을 결정하는 것을 **정량분석**이라고 한다. 이 방법을 통하여 농도를 알고 있는 용액(표준용액)의 일정량과 반응하는 미지농도의 용액량을 알고 계산에 의해서 그 함량을 구하는 방법을 **용량분석**이라고 한다.

용량분석법의 문제점은 표준용액의 조제법, 측정기구의 사용법, 지시약의 선택 등이 있다. 이 방법의 특징은 조작이 간편하고 하나의 시약으로서 같은 종류의 분석을 반복해서 행할 수 있다.

제1절 용량분석 기구의 사용법

용량분석용 기구는 mess flask, pipette, burette 등 여러 종류가 있다.

계량기(計量器)에 들어간 액이 차지하는 용적을 나타내는 눈금이 있는 **수용**(受用)과 배출한 액의 용적을 나타내는 눈금이 있는 **출용**(出用)이 있다. 출용에서는 기구의 내벽에 부착되어 있는 부분도 계산에 넣은 것이다.

이와 같은 구별을 잘못하면 정밀실험은 큰 오차를 발생시키기 때문에 취급에 주의해야 한다. 법령에서 수용에는 "수(受)" 또는 E(Einguss)를, 출용에는 "출(出), 또는 A(Aus-guss)"의 문자를 외측에 붙여서 구별하는 것을 규정하고 있다.

1. 피펫(Pipette)

Pipette은 용량분석에 없어서는 안될 실험기구이다. Pipette은 일정량의 액을 채취하는 데 사용하는 기구로서 출용에 속한다. Pipette에는 그림 3-1과 같이 **whole pipette**과 **mess pipette**의 두 종류가 있다.

Whole pipette은 중간이 둥근 모양으로 둥근 상방에는 표선(meniscus)이 그어져 있으며, 그 표선까지 흡입하여 올린 액체를 전부 방출할 때 일정한 액량이 되는 것이다.

사용법은 다음과 같다. 충분히 세척한 피펫을 사용하여 액을 소량 넣은 비커(beaker) 내부의 액을 3cm 정도 빨아올려서 그 액으로 피펫의 내면을 돌려가면서 깨끗이 적신다.

이와 같은 조작을 2~3회 실시하고 다른 비커의 액 중에 피펫의 앞끝을 충분히 담그고 표선의 1cm 정도 이상이 될 때까지 빨아올려서 입을 피펫에서 뗀다. 그 후 오른 지시손가락으로 피펫을 막고, 수직으로 세워 피펫 내의 액을 방출시켜서 표선까지 맞춘다.

액면의 곡선 밑부분이 표선과 일치될 때 방출을 그치고 피펫의 앞끝을 다른 비커에 옮겨서 방출한다. 이때 피펫의 앞끝이 비커의 기벽에 접촉되도록 하여 피펫 내의 액을 전부 방출시킨다.

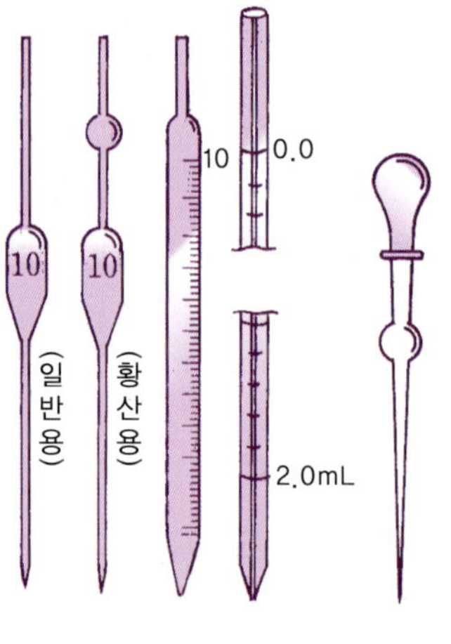

그림 3-1
Pipette의 종류

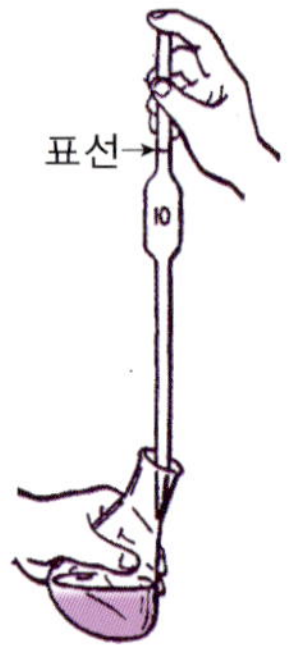

그림 3-2
Pipette 잡는 법

한편 mass pipette은 눈금이 있어서 임의의 액량을 채취할 때에 사용하는데 편리하다. 혹시 눈금을 잘못 보아서 오차가 발생하지 않도록 주의해야 한다. Mass pipette의 사용법도 whole pipette과 동일하다.

2. 뷰렛(Burette)

뷰렛은 유출하는 액량을 정확하게 측정하는 측용기(測容器)이다. 식품분석에서는 일반적으로 25mL 혹은 50mL의 용량이 많이 사용되고 있다. 뷰렛은 대체로 동일한 굵기의 관에 $\frac{1}{10}$mL 마다 눈금을 그어놓았다.

코크의 종류에 의해서 Geissler씨형(유리코크로 되어 있음)과 Mohr씨형(뷰렛 끝부분에 고무관을 붙여 그 내부에 유리구슬을 넣어 만든 것) 등이 있다.

보통 무색투명한 유리제이지만 질산은($AgNO_3$)이나 과망간산칼리($KMnO_4$) 등과 같은 감광성(感光性)이 큰 것과 유기물과 반응하기 쉬운 것을 적정하고자 할 때 갈색의 것을 사용한다. 그리고 조작에 편리하도록 고안된 자동식 뷰렛도 종종 사용한다(그림 3-3).

눈금을 읽을 때 눈의 위치에 따라서 차이가 생기는데 이것을 **시차**(視差, parallax)라 한다. 정확히 읽기 위해서는 그림 3-5와 같이 B 위치에서 읽어야 한다.

뷰렛의 눈금은 $\frac{1}{10}$mL까지 되어 있기 때문에 그 이하는 목측으로 읽어야 한다.

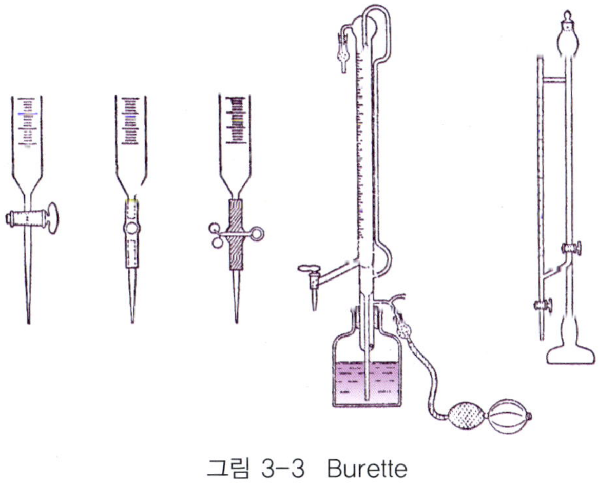

그림 3-3 Burette

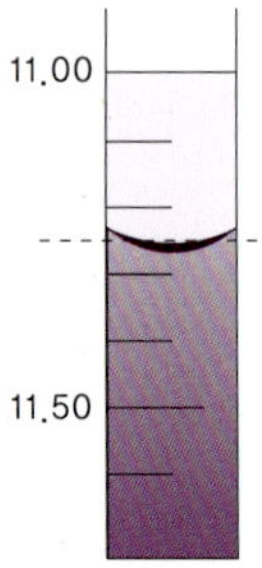

그림 3-4 시차(視差)

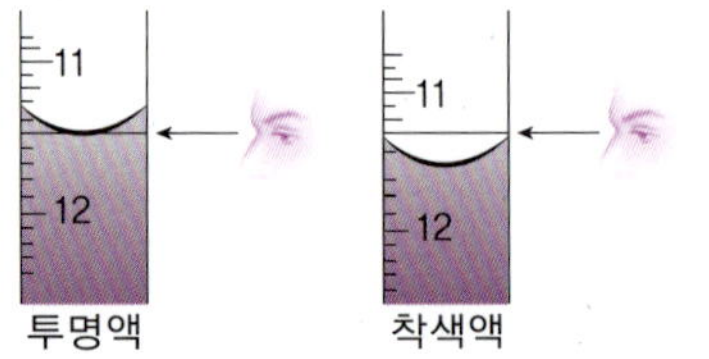

그림 3-5 눈금 읽는 방법

사용법은 다음과 같다.

① 깨끗이 세척된 뷰렛을 사용하여 cock 부위 또는 고무관 부위의 밀폐가 완전한가, 액이 새지 않는가 등을 먼저 확인한다.

② 다음에 사용직전의 액으로 2~3회 씻어낸다. 뷰렛에 액을 주입할 경우는 코크가 닫혀 있는지 확인한 후 깔때기를 사용하여 뷰렛을 약간 기울여서 서서히 주입한다. 주입이 끝나면 반드시 깔때기는 제거한다. 만약 깔때기를 제거하지 않으면 깔때기에 묻어 있는 액이 적정 도중에 흘러내려 오차가 생길 수 있기 때문이다.

③ 주입 후에는 잠시 방치하여 액면이 눈금과 일치하도록 한다. 이것과 동시에 개폐부위와 출구의 끝부분에 기포가 없도록 해야 하고, 끝부분에 액의 방울이 있으면, 여과지로 닦는다.

④ 이렇게 하여 적정하면 되지만, 적정하기 전에 뷰렛이 수직으로 되어 있는가, 액면의 눈금이 잘못되어 있지 않은가, 수기의 밑바닥에 백지는 있는가, 기포가 있는가 등의 것을 한번 더 확인한다.

적정이 완료되면 눈금을 읽고 기록해 둔다. 잠시후 다시 눈금을 읽고 앞의 것과 맞는지 확인한다. 반드시 2번 정도 눈금을 읽는 것을 잊어서는 안된다.

⑤ 실험 종료 후 깨끗이 세척해 둔다.

3. 매스 플라스크(Mass flask)

Mass flask는 그림 3-6과 같이 목이 긴 플라스크로서 표선이 일정한 부분에 새겨져 있고 이 표선까지 액을 채워서 소정의 액량이 되도록 하여 사용한다. 용량은 25, 50, 100, 250, 1000mL 등 여러 가지의 크기가 있다.

일반적으로 수용이지만 출용의 목적으로 쓰이는 것도 있다. 이 때에는 "A"의 부호로 표시한다.

그림 3-6 Mass flask

매스 플라스크는 표준용액의 조제, 정량의 목적으로 용액량을 일정하게 하기 위해서 사용하는 기구이며 용기 중에서 화학반응이 일어나지 않도록 해야 한다. 이 기구를 사용할 때에는 반드시 비커 등으로 용질을 용해하여 플라스크 내에 서서히 넣어야 한다.

매스 플라스크 중에서 가열 용해하는 것은 피해야 하고 또한 용해 및 혼합하는 중에 발열을 동반하는 경우는 가열과 같은 형태이기 때문에 주의해야 한다. 이때에는 Mass flask의 8할 정도의 증류수를 가하여 실온이 될 때까지 방치해 두었다가 표선까지 채운다. 표선을 넘지 않도록 하기 위해서 spoid나 세척병을 사용하여 주의깊게 채우며 정확히 표선까지 맞춘 후 밀봉하여 잘 혼합한다.

4 매스 실린더(Mass cylinder)

Mass cylinder는 그림 3-7과 같이 원통형의 눈금을 가진 유출용기인데 마개가 부속된 것도 있고 없는 것도 있다. 이것은 pipette이나 burette에 비해서 그 정밀도가 4~8배가량 부족하기 때문에 정확도를 필요로 하지 않는 경우에 사용한다.

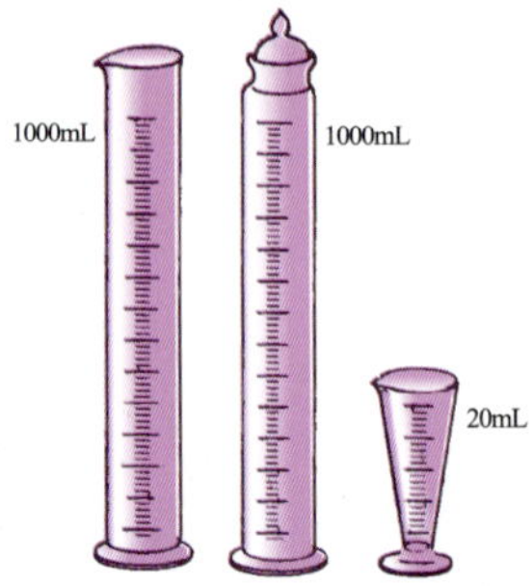

그림 3-7 Mass cylinder

제2절 용액의 조제법

용액은 농도의 표시법에 의해서 퍼센트 용액, 몰(mole) 용액, 규정용액 등이 있다.

1. 퍼센트용액 (percentage, %)

용질의 양과 용매의 양의 합에 대한 그 용질의 양을 백분율(%)로 표시한 것으로, 중량으로 사용하였을 때 중량 %, 용량으로 사용하였을 경우는 용량 %라고 한다. % 용액을 만들 때는 용매와 용질의 양을 각각 산출하여 용질에 서서히 용매를 가하여 교반하면서 용해한다.

2. 몰용액 (molarity, M) 및 규정용액 (normal, N)

용액 1L 중에 용해되어 있는 용질의 양을 mole(g 분자) 단위로 표시한 용액을 mole 용액이라고 하며, g 당량 단위로 표시한 용액을 규정용액이라고 한다.

mole 용액이나 규정용액을 만드는 데는 목적용액의 mole 수 또는 g 당량수에 상당하는 양을 평량하여 이것을 비커에 옮겨 소량의 용매에 용해시킨 다음에 Mass flask에 옮겨 용매를 가하여 일정용적으로 한다.

3. 용액의 농도변경

a%(또는 N)와 b%(또는 N)인 용액을 혼합하여 c%(또는 N) 용액 DmL를 만들 때는 다음과 같은 방법을 사용한다.

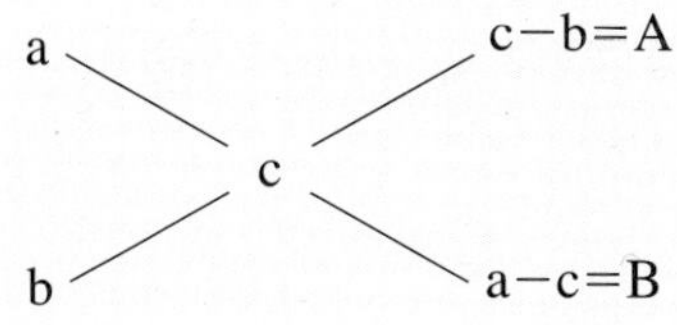

$$a\%\ 필요량 = \frac{A}{A+B} \times D$$

$$b\%\ 필요량 = \frac{B}{A+B} \times D$$

[예 1] 98% H_2SO_4와 20% H_2SO_4를 혼합하여 50% H_2SO_4 500mL를 제조하라.

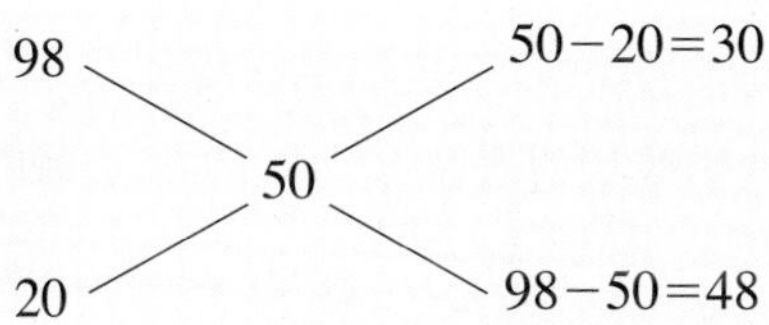

$$98\%\ H_2SO_4\ 필요량 = \frac{30}{30+48} \times 500 = 192.31(mL)$$

$$20\%\ H_2SO_4\ 필요량 = \frac{48}{30+48} \times 500 = 307.69(mL)$$

[예 2] 35% HCl을 희석하여 10% HCl 500mL를 제조하여라. 증류수로 희석하기 때문에 이때 b는 0이다.

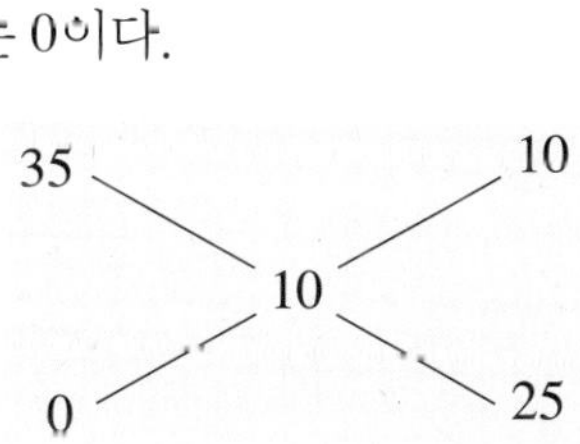

$$35\%\ HCl\ 필요량 = \frac{10}{35} \times 500 = 142.86(mL)$$

$$증류수의\ 필요량 = \frac{25}{35} \times 500 = 357.14(mL)$$

제3절 용량분석의 종류

용량분석법에는 여러 가지가 있지만 일반적으로 많이 이용하고 있는 방법은 **중화적정, 산화환원적정, 침전적정** 및 **요오드적정법** 등이 있다.

1. 중화적정

중화적정은 산과 알칼리의 중화반응을 이용하는 분석법으로, 산정량과 알칼리 정량으로 나눌 수 있다.

산정량은 미지농도의 산용액을 농도를 알고 있는 알칼리용액으로 적정중화하여서 산을 정량하는 방법이고, 알칼리정량은 그 역의 적정을 하는 것을 말한다.

산과 알칼리는 서로 화합해서 물과 염을 생성한다. 이 반응은 중화점 부근에서 급격한 pH의 변화가 있기 때문에 당량점 부근에서 변화를 나타내도록 시약, 즉 지시약을 첨가시키면 반응의 완결점을 알 수 있다. 중화반응에 사용되는 지시약에는 여러 종류가 있지만, 보통 많이 사용되는 것은 phenolphthalein, methyl orange, methyl red 등이 있다.

(1) $\frac{N}{10}$ 수산화나트륨(NaOH) 표준액의 조제

시판되는 순수산화나트륨 약 4g을 비커에 넣어서 평량한 후에 증류수를 가하여 용해시키고 Mass flask에 옮겨서 전량을 1L로 한다. 이 조제용액을 밀봉하여 탄산가스를 차단시켜서 보존한다.

역가(factor)의 측정은 다음과 같이 한다. 수산($C_2H_2O_4 \cdot 2H_2O$, 분자량=126.0700g) 6.3035g을 정확하게 칭량한 후에 증류수에 용해시키고 Mass flask를 사용하여 전량을 1L로 한다. 이것이 $\frac{N}{10}$ 수산용액이 되며 화학천칭에서 만일 6.3125g을 달았다면 수산의 정확한 농도는 $\frac{1}{10} \times \frac{6.3125}{6.3035} = 0.1001$ 규정농도로 된다.

따라서 역가(factor)는 1.001이다.

다음에 $\frac{N}{10}$ 수산화나트륨용액 25mL을 whole pipette으로 정확히 삼각플라스크에 취한 뒤 지시약으로서 phenolphthalein을 가한다. 그리고 $\frac{N}{10}$ 수산(oxalic acid) 기준액을 burette으로부터 적정하여서 미홍색이 되는 점을 종점(end point)으로 한다. 적정치로부터 수산화나트륨용액의 역가는 다음식으로 산출한다.

[계산 예] 수산화나트륨 25mL를 중화하는데 $\frac{N}{10}$ 수산(역가(f)=1.001) 24.35mL가 소요되었다면 $\frac{N}{10}$ 수산화나트륨용액의 역가는 다음 식으로 산출한다.

$$\frac{1.001}{10} \times 24.35 = \frac{f}{10} \times 25$$

$$\therefore f = 0.974$$

단 f : $\frac{N}{10}$ 수산화 나트륨의 역가

(2) $\frac{N}{10}$ 염산(HCl) 표준액의 조제

시판되는 진한 염산(비중 1.18, 약 35%, 약 12N) 8.8~8.9mL를 1L Mass flask에 취한 뒤 증류수를 가하여 전량을 1L로 하면 $\frac{N}{10}$ 염산용액이 조제된다. 역가의 측정은 다음과 같이 한다.

탄산나트륨 기준액을 조제한다. 순탄산나트륨(Na_2CO_3 : 분자량 = 105.994) 5.2997g을 정확하게 칭량하고 증류수에 용해시켜 Mass flask에 옮겨 1L로 한다. 이때 탄산나트륨을 5.3856g 평취하였다고 하면 이 용액의 농도는

$$\frac{1}{10} \times \frac{5.3856}{5.2997} = 0.1016(N)$$

따라서 역가는 1.016이 된다.

다음에 $\frac{N}{10}$ 염산 25mL를 whole pipette으로 정확히 삼각플라스크에 취하여 methyl orange 지시약을 가하고 $\frac{N}{10}$ 탄산나트륨 기준액으로 적정하여 이 적정치로부터 $\frac{N}{10}$ 염산용액의 역가를 산출한다.

[계산 예] $\frac{N}{10}$ 염산 25mL를 중화하는데 $\frac{N}{10}$ 탄산나트륨(역가 = 1.016) 25.05mL가 소요하였다고 하면 이 $\frac{N}{10}$ 염산의 역가는 다음 식으로 산출한다.

$$\frac{1.016}{10} \times 25.05 = \frac{f}{10} \times 25$$

$$\therefore f = 1.018$$

단, f : $\frac{N}{10}$ 염산의 역가

(3) $\frac{N}{10}$ 황산(H_2SO_4) 표준액의 조제

시판되는 진한 황산(비중 1.84, 약 95%, 약 36N) 2.8~3.0mL를 1L의 Mass flask에 취하고 증류수를 가하여 전량을 1L로 한다. 역가의 측정은 염산의 경우에 준한다.

2. 침전적정

침전법은 분석하려고 하는 물질과 반응시켜 용해도가 적은 물질을 생성시켜 표준시약으로 적정하여서 적당한 지시약에 의해서 적정종점을 아는 방법이다.

식품분석에서 특히 많이 이용되는 침전적정은 질산은을 표준액으로 하여 식염을 정량하는 방법이다. 이것은 식염 중의 염소이온(Cl^-)을 정량하는 것으로 **Mohr법**과 **Volhard법**의 두 가지가 있다.

일반적으로 Mohr법을 사용하고 있으며 이 방법은 pH가 거의 중성부근으로서 유화하지 않는 시료용액이 아니면 측정할 수 없는 반면에 Volhard법은 이와 같은 조건에서도 분석할 수가 있다. 여기서는 Mohr법을 설명한다.

(1) $\frac{N}{50}$ 질산은($AgNO_3$) 표준용액의 조제

$AgNO_3$ 결정(시판 특급품이 좋다) 3.4g을 증류수 1L에 용해하여 갈색병에 보존한다. 역가는 다음과 같이 하여 측정한다.

$\frac{N}{50}$ 염화나트륨(NaCl) 기준액을 조제한다. 순수한 NaCl을 1.1690g 정평하고

증류수를 가하여 전량을 1L로 한다. 만약 NaCl 1.2315g을 평취하였다고 하면 $\frac{N}{50}$ 염화나트륨 기준액의 역가는 $\frac{1.2315}{1.1690}$ = 1.054가 된다. 그 다음 $\frac{N}{50}$ 염화나트륨 기준액 25mL를 정확히 200~300mL 삼각플라스크에 취하여 물 100mL로 희석시키고 10% 크롬산칼륨(K_2CrO_4) 1mL를 가하여 $\frac{N}{50}$ 질산은용액으로 크롬산은의 적갈색 침전이 생길 때까지 적정한다. 이 적정치로부터 질산은의 역가를 산출한다.

[계산 예] 상기의 적정치가 25.23mL가 소요되었다고 하면 $\frac{N}{50}$ 질산은의 역가 f는 다음과 같이 계산한다.

$$\frac{1.054}{10} \times 25 = \frac{f}{10} \times 25.23$$

$$\therefore f = 1.043$$

(2) 식품 중의 염화나트륨의 정량

[시약]

- 10% 크롬산칼륨(K_2CrO_4)
- $\frac{N}{50}$ 질산은 표준용액

[시료의 조제]

액체시료의 경우는 그대로 whole pipette으로 평취하고, 고체시료일 경우는 물을 넣고 가열시켜서 추출 여과한 여액을 시료액으로 한다. 언제든지 적당한 농도가 될 수 있도록 정확히 만든다. 예를 들면 장류의 경우는 500배로 한다.

[적정]

시료용액 25mL을 whole pipette으로 삼각플라스크에 취한 후에 10% 크롬산칼륨을 1mL 가하고, $\frac{N}{50}$ 질산은용액으로 적정하여 미적색이 나타날 때를 종점으로 한다.

[계산] $AgNO_3$ + NaCl = AgCl↓ + $NaNO_3$의 화학반응식으로부터 $AgNO_3$ 1mole과 반응하는 것을 알 수 있으므로 다음과 같은 식이 성립한다.

$$식품\ 중의\ NaCl(\%) = \frac{0.0017 \times a \times f \times D}{S} \times 100$$

a : $\frac{N}{50}$ 질산은 용액의 적정치(mL)

D : 희석배수

f : $\frac{N}{50}$ 질산은 채취량(g)

S : 시료의 채취량(g)

0.0017 : $\frac{N}{50}$ 질산은 용액 1mL와 반응하는 염화나트륨의 양

3. 산화환원적정

산화제 또는 환원제의 표준액을 사용하여서 피검물질을 정량하는 방법이다. 산화제 및 환원제에도 여러 가지 종류가 있으나 과망간산칼륨에 의한 적정이 많이 사용되고 있다.

(1) $\frac{N}{50}$ 과망간산칼륨($KMnO_4$) 표준액의 조제

시판 과망간산칼륨 약 3.5g을 증류수에 용해시켜 전량을 1L로 한다. 1L의 갈색 시약병에 넣어서 1~2주간 방치한 후에 유리여과기로 여과한다. 표준용액의 역가는 수산나트륨 기준액으로 정확한 농도(역가)를 구한다.

(2) $\frac{N}{50}$ 수산나트륨($Na_2C_2O_4$) 기준액의 조제

순수한 $Na_2C_2O_4$를 정확히 6.7002g를 평취하여 증류수에 용해시켜서 전용량을 1L로 한다. 만일 6.6982g를 평취하였다면 역가(f) $= \frac{6.6982}{6.7002} = 0.999$가 된다. 이렇게 만든 $\frac{N}{50}$ 수산나트륨용액 25mL를 whole pipette로 취한 후에 300mL 삼각플라스크에 옮기고 묽은 황산용액(1 : 4) 20mL, 물 100mL를 가한다. 이것을 탕욕상에서 70~80°C로 가열하고 이 상태에서 $\frac{N}{50}$ 과망간산칼륨용액으로 미홍색이 될때까지 적정한다.

[계산 예] 만약 상기의 적정치가 26.5mL였다면 이때 과망간산칼륨용액의 역가(f)는 다음 식으로 산출한다.

$$\frac{0.999}{10} \times 25 = \frac{f}{10} \times 26.5$$

$$\therefore f = 0.942$$

$$2KMnO_4 + 5Na_2C_2O_4 + 8H_2SO_4$$

$$= 2MnSO_4 + K_2SO_4 + 5Na_2SO_4 + 10CO_2 + 8H_2O$$

이와 같은 적정법의 응용 예로써 **과산화수소의 정량**, **칼슘의 정량** 등이 있다.

4. 요오드적정

요오드적정법은 산화환원반응의 일종이지만 특히 이 방법의 응용범위가 넓기 때문에 이것을 구별하고 있다.

요오드는 높은 산화환원 전위를 가진 물질에는 산화제로서 활동하기 때문에 요오드 표준액으로서 직접 그 물질을 정량할 수가 있다. 그러나 요오드보다 낮은 산화전위를 가진 물질에는 요오드칼륨(KI)과 같은 요오드화합물이 환원제로서 활동한다. 따라서 요오드를 치오황산나트륨($Na_2S_2O_3$)의 환원제로 정량하면 간접적으로 그 물질을 정량할 수가 있다. 따라서 전자를 **요오드법**(iodimetry), 후자를 **요오드화법**(iodometry)라고 부른다. 양자를 함유하여 요오드적정이라고 한다.

(1) $\frac{N}{50}$ 치오황산나트륨 표준액의 조제

순수한 $Na_2S_2O_3 \cdot 5H_2O$ 24.822g을 물에 용해시켜 전량을 1L로 하면 $\frac{N}{50}$ $Na_2S_2O_3$가 조제된다. 그리고 중크롬산칼륨($K_2Cr_2O_7$) 기준액으로 적정하여서 역가를 구한다.

$\frac{N}{50}$ 중크롬산칼륨 기준액은 다음과 같이 조제한다. 시판되는 순수한 중 크롬산칼륨 4.9036g을 용해시켜서 1L로 하면 $\frac{N}{50}$ 중크롬산칼륨 기준액이 된다. 만일 평취량이 4.9252g이었다면 그 기준액의 역가(f)는

$$f = \frac{4.9252}{4.9036} = 1.004$$

가 된다.

(2) 요오드적정 조작

$\frac{N}{50}$ 중크롬산칼륨 기준액 10mL를 100mL의 삼각플라스크에 취하여 여기에 1N 요오드칼리 5mL와 1N 염산 5mL를 가하면 다음의 반응에 의해서 요오드가 유리되기 시작한다.

$$K_2Cr_2O_7 + 6KI + 14HCl \longrightarrow 8KCl + 2CrCl_3 + 3I_2 + 7H_2O$$

이와 같이 요오드가 유리된 액을 흔들어주면서 $\frac{N}{50}$ 치오황산나트륨액으로 적정하면

$$2Na_2S_2O_3 + I_2 = Na_2S_4O_6 + 2NaI$$

이와 같은 반응이 일어난다. 종점이 가까이 오면 요오드는 담황색이 되며 0.5% 전분용액 1~2방울을 가하면 청록색으로 되고 잠시 후에 이 색이 소실될 때를 종점으로 한다.

[계산 예] 위의 반응에 있어서 $\frac{N}{50}$ 치오황산나트륨 표준액의 적정치가 10.50였다면 이 표준액의 역가(f)는

$$\frac{1.004}{10} \times 10 = \frac{f}{10} \times 10.50$$

$\therefore f = 0.958$이 된다.

Chapter 4.

비색분석

비색분석이란 시료용액에 포함된 특정 목적성분에 발색시약을 착색시키면 특정 파장의 빛을 흡수하게 되는데, 빛이 그 용액을 투과할 때 흡광도를 측정하고 여러 가지 농도의 표준용액의 흡광도와 비교하여 시료성분의 농도를 정량하는 방법이다. 비색분석은 용량분석이나 중량분석에 비해 미량성분을 신속하고 정확하게 분석할 수 있어 많이 사용되고 있다.

제1절 비색의 원리

착색된 시료용액에 백색광이 통과할 때 시료용액 중 착색물질은 특정 파장의 빛만 강하게 흡수한다. 예를 들면, 녹색의 시료용액은 적색광을 가장 강하게 흡수하고, 황색과 청색을 나타내는 파장들은 통과시킴으로서 녹색으로 관찰되며, 시료용액의 색깔이 강할수록, 즉 농도가 높을수록 적색광을 더 강하게 흡수한다.

따라서, 용액의 색에 보색인 필터를 이용하여 착색된 시료용액의 최대흡수파장에 비슷한 단색광을 통과시키고, 이때 시료용액을 통과하는 단색광의 흡수량을 측정하면 시료의 농도를 정확하게 측정할 수 있다.

제2절 비어-람버트의 법칙(Beer-Lambert's Law)

비어-람버트의 법칙은 어떤 시료용액에 의해 흡수된 빛의 양은 그 시료용액의 농도 및 그 시료용액의 길이에 비례함을 나타내는 관계식이다.

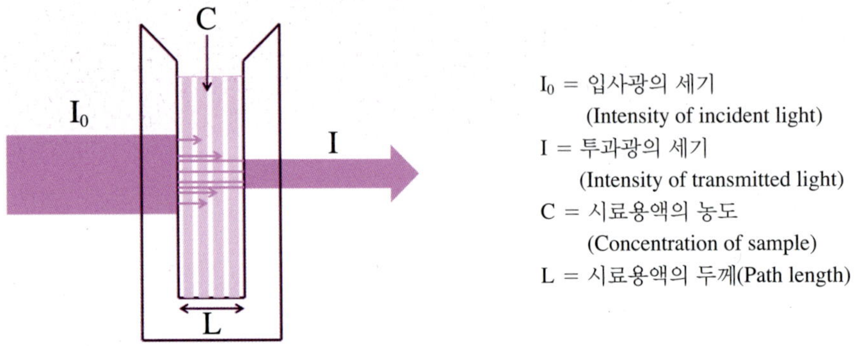

그림 4-1 시료용액에 의한 빛의 흡수

투과도(Transmittance) $T = \frac{I}{I_0}$ 투과도(%) $T = \frac{I}{I_0} \times 100$

흡광도(Absorbance) $A = -\log T = -\log \frac{I}{I_0}$

Lambert의 법칙은 흡광도가 시료용액의 두께(cuvette의 폭)에 비례함을 나타낸 것이며,

A $= \varepsilon L$(ε: 물질고유의 흡광계수, L: 시료용액의 두께 혹은 cuvette의 직경)

Beer의 법칙은 흡광도가 시료의 농도에 비례함을 나타낸다.

A $= \varepsilon C$(ε: 물질고유의 흡광계수, C: 시료용액의 농도)

결국, Beer의 법칙과 Lambert의 법칙을 종합해보면

$$A = \varepsilon LC = -\log T = -\log \frac{I}{I_0}$$

실제 비색분석에 있어서 시료용액의 농도를 구하기 위해 먼저 시료와 동일한 표준물질을 미리 알고 있는 몇 가지 농도로 조제한 후, 비색계로 흡광도를 측정하여 농도 대비 흡광도에 대한 표준곡선(standard curve)을 작성한다.

그 다음 시료용액의 흡광도(A)를 구하면 표준곡선을 통해 흡광도에 해당하는 C(시료용액의 농도)를 산출할 수 있다.

제3절 광전비색계의 구조 및 조작법

착색된 시료용액이 특정 파장의 단색광을 흡수하는 정도를 측정하는 장치로 광전비색계, 분광광도계 등이 있다. 이들의 다른 점은 단색광을 얻는 수단으로 비색계는 filter를 사용하지만 광도계는 prism(분광) 혹은 회절격자를 사용하여 분광시킨다는 점이다. 또한 투과광을 받는 부분이 비색계는 광전지, 광도계는 광전관인 점이 다르지만 본질적인 것은 아니다. 광전지를 사용한 광전비색계의 구조를 그림 4-2에 표시하였다.

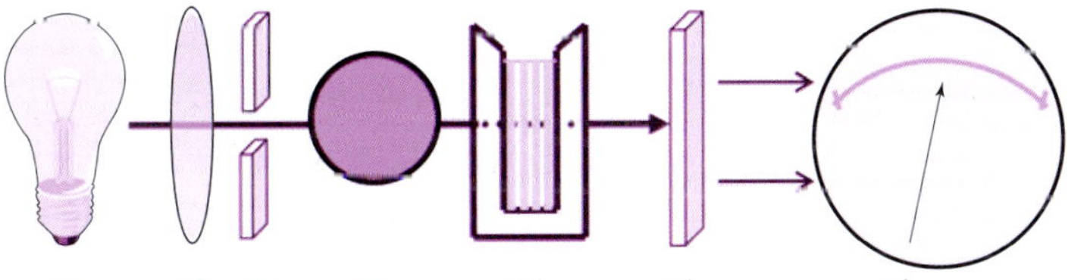

그림 4-2 광전비색계의 구조

광원으로부터 나온 광은 집광렌즈에서 집광되어 슬릿을 통해 조절된 후 색 필터(filter)를 통해 단색광으로 되어 착색된 시료용액층을 투과하여 광전지에 도달한다. 여기서 생긴 광전류는 적당하게 증폭되어 검류계에서 흡광도($-\log T$ 혹은 A)로 표현된다.

분석하고자 하는 시료용액에 착색된 색의 종류에 따라 적절한 색필터를 선택해야 하며, 비색계의 원리에 따라 시료용액이 가장 많이 흡수할 수 있는 광을 선택해야 한다. 그래서 필터의 색은 시료용액의 색과 보색관계여야 한다. 용액의 색과 보색 및 그 파장은 표 4-1에 나타내었다. 실제의 선택은 몇 개의 필터로 흡광도를 측정하고 먼저 큰 흡광도를 나타내는 필터를 사용한다.

표 4-1 필터색의 선정

파장[nm]	시료용액의 색	필터의 색(보색)
650~780	red	bluish green
595~650	orange	greenish blue
560~595	yellow-green	purple
500~560	green	red-purple
490~500	bluish green	red
480~490	greenish blue	orange
435~480	blue	yellow
380~435	violet	yellow-green

분석하고자 하는 시료용액의 흡광도는 대조액 혹은 맹검액(blank)의 흡광도에 대한 시료용액 흡광도의 비율이다. 따라서, 대조액과 농도를 알고 있는 표준 시료 용액의 흡광도를 측정하여 x축을 표준시료의 농도, y축은 해당농도에서의 흡광도로 표기하여 관계직선으로 표현하면 이를 통해서 시료용액의 농도를 구할 수 있다. 이것을 일반적으로 표준곡선(standard curve)라고 한다(그림 4-3).

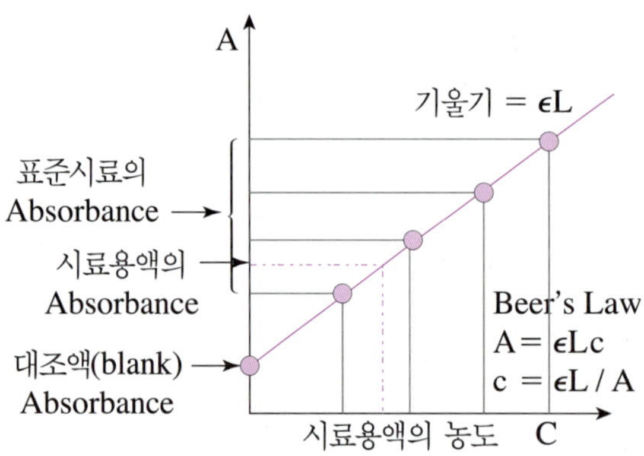

그림 4-3 표준곡선(Standard Culve)

광전지를 사용하는 것은 5분 정도 지나면 회로가 안정하므로 cell에 들어간 맹검액 또는 증류수를 광로에 들어가게 한다. 이렇게 해서 투과눈금이 정확하게 100% 혹은 흡광도가 영이 되도록 다이얼을 조절한 뒤 표준물질의 발색액을 광로에 넣고, 이 때의 투과율의 감소 또는 흡광도의 증가를 읽는다. 같은 방법으로 계속 측정하여 얻어진 결과를 모눈종이의 종축에 흡광도, 횡축에 농도를 측정한 흡광도로부터 간단히 구할 수가 있다.

Chapter 5.

pH의 측정법

제1절 수소이온 농도와 pH

식품에 있어서 물은 전체 함량의 약 2/3가량을 차지하며, 식품의 물리화학적 특성은 식품 중에 존재하는 물의 물리화학적 성질과 밀접하게 관련되어 있다.

물은 약한 전해질로 극히 일부분이 다음과 같이 이온화한다.

$$H_2O \rightleftharpoons H^+ + OH^- \quad \cdots\cdots (1)$$

$$K_{eq} = \frac{[H^+][OH^-]}{[H_2O]} \quad \cdots\cdots (2)$$

물의 평형상수(K_{eq})는 식 (2)와 같다. 물의 이온화 능력은 매우 낮기 때문에 25°C에서 물의 농도는 55.5 M $\left(= \frac{1000\ g/L}{18.015\ g/mol}\right)$이며, 물의 전기전도도 측정에 의한 K_{eq}는 1.8×10^{-16}이다.

따라서, 식 (2)에 대입하면

$$K_{eq} \times [H_2O] = 1.8 \times 10^{-16} \times 55.5 = [H^+][OH^-] \quad \cdots\cdots (3)$$

$$K_w = 1.0 \times 10^{-14} = [H^+][OH^-] \quad \cdots\cdots (4)$$

식 (4)에 의해 25°C에서 물의 이온곱(K_w)은 항상 1.0×10^{-14}이다. 수소이온의 농도가 수산화이온의 농도와 같을 때($[H^+] = [OH^-] = 10^{-7}$) 이 용액은 중성이고, $[H^+]$가 10^{-7}보다 커서 $[H^+] > [OH^-]$일 때는 산성 그리고 $[H^+]$가 10^{-7}보다 작아서 $[H^+] < [OH^-]$일 때는 알칼리성을 나타낸다.

이와 같이 용액의 성질을 나타낼때 $[H^+]$ 또는 $[OH^-]$로 표시할 수 있으나 그 수치가 작아서 이를 쉽게 표현하는 방식으로 pH를 덴마크의 화학자인 Sörensen이 제안하였다. 그는 pH를 수소이온 농도의 역수를 상용대수로 나타낸 값으로 정의하였다.

$$pH = \log\frac{1}{[H^+]} = -\log[H^+] \qquad \cdots\cdots (5)$$

식 (4)와 (6)으로부터

$$\log [H^+][OH^-] = \log 10^{-14} \qquad \cdots\cdots (6)$$

$$\log [H^+] + \log [OH^-] = -14 \qquad \cdots\cdots (7)$$

$$pH + pOH = 14 \qquad \cdots\cdots (8)$$

용액이 중성일 때 2 pH = 14이므로 pH = 7이 되고, pH < 7일 때는 산성, pH > 7일 때는 알칼리성이 된다.

수소이온 농도와 pH의 관계는 표 5-1과 같다.

표 5-1 수소이온 농도와 pH의 관계

$[H^+]$	1	10^{-4}	10^{-7}	10^{-10}	10^{-14}
$[OH^-]$	10^{-14}	10^{-10}	10^{-7}	10^{-4}	1
pH	0	4	7	10	14
	산성		중성	알칼리성	

제2절 지시약 또는 시험지에 의한 pH의 측정

특정 pH 범위에서 가역적인 변색을 일으키는 유기물질을 지시약이라고 하며 중화적정의 종말점을 아는 것과 pH의 측정 등에 사용한다. 이들의 종류는 표 5-2와 같으며 한종류의 지시약의 변색영역은 좁기 때문에 목적에 맞도록 선택하거나 여러 종류의 지시약을 종합하여 사용한다.

표 5-2 지시약(指示藥)

지시약	변색구역과 색소			지시약 농도	용매	용액100mL 당 첨가량
		pH		%	alcohol	적
Thymol Blue	赤	1.2~2.8	黃	0.1	20% alcohol	2~5
Methyl Orange	赤	3.1~4.4	橙黃	0.1	물	3~5
Bromphenol Blue	黃	3.0~4.6	靑	0.1	20% alcohol	2~5
Methyl Red	赤	4.2~6.3	黃	0.2	60% alcohol	2~4
p-Nitrophenol	無	5.0~7.0	黃	0.4	물	3~20
Bromcresol Purple	黃	5.2~6.8	靑紫	0.1	20% alcohol	1~4
Bromthymol Blue	黃	6.0~7.6	靑	0.1	20% alcohol	1~4
Neutral Red	赤	6.8~8.0	黃	0.1	70% alcohol	2~4
Litmus	赤	5.0~8.0	靑	0.2	물	10~20
Phenol Red	黃	6.8~8.0	赤	0.1	20% alcohol	1~4
Cresol Red	黃	7.2~8.8	赤	0.1	20% alcohol	1~4
Thymol Blue	黃	8.0~9.6	靑	0.1	20% alcohol	1~4
Phenolphthalein	無	8.2~10.0	赤	0.1	60% alcohol	3~10
Thymolphthalein	無	9.3~10.5	靑	0.1	80% alcohol	3~10

표 5-3 혼합지시약

혼합지시약 용액의 조성	산성액	변색점	염기성색	비고
1부 Methyl Red (0.2% alcohol) 1부 Methylene Blue (0.1% alcohol)	赤 紫	5.4	綠	pH 5.2에서 赤紫色 pH 5.4에서 赤紫色 pH 5.6에서 赤紫色
1부 Neutral Red (0.1% alcohol) 1부 Methylene Blue (0.1% alcohol)	紫 靑	7.0	綠	
1부 Thymol Blue (0.1% alcohol) 3부 Phenolphtalein (0.1% alcohol)	黄	9.0	紫	50% alcohol에 용해

지시약을 여과지에 흡수시켜 건조한 것을 **pH 시험지**라고 말하며 간편한 pH 측정에 사용한다. 이것은 표준정색표를 부착하여 시판되고 있다. 이 시험지 조각을 핀셋으로 집어서 앞끝을 공시 시험액에 담그면 모세관현상으로 침투하는 액에 의하여 시험지의 변색의 정도를 표준정색표와 비교해서 pH를 알 수가 있다.

제3절 중화적정을 할 때 지시약의 사용법

산 또는 알칼리를 알칼리 또는 산으로 중화적정하는 것은 수소이온 농도의 감소 또는 증대를 수반한다. 따라서 pH의 변화가 일어난다. 적정의 진행에 따라 적정액의 pH가 변하는 모양을 표시한 곡선을 **적정곡선**이라고 말하며 이 예를 그림 5-1, 5-2에 나타내었다.

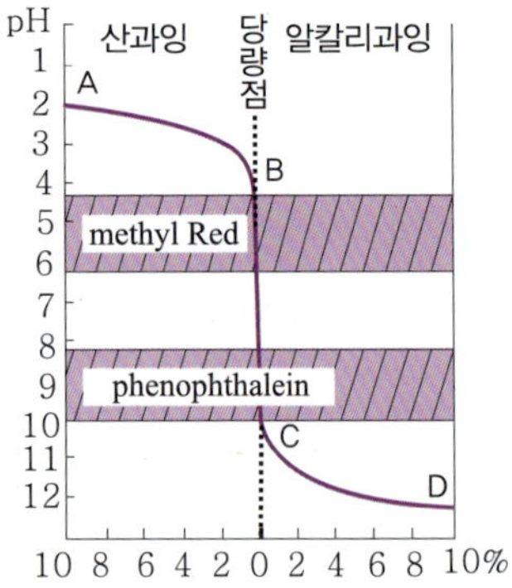

그림 5-1 0.1 N HCl의 NaOH에 의한 적정곡선(강산과 강염기의 적정)

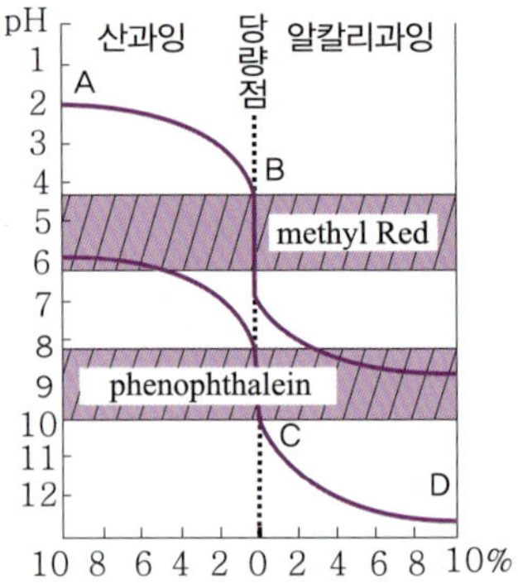

그림 5-2 0.1 N HCl의 암모니아에 의한 적정곡선(강산과 약염기의 적정)과 0.1 N 초산의 NaOH에 의한 적정곡선(약산과 강염기의 적정)

그림 5-1에 나타낸 강산과 강염기의 중화적정 곡선을 보면 적정종점을 알려고 하는 목적에서는 상당히 넓은 범위(pH 4.2~10.0)의 지시약을 사용하여도 좋다.

한편 그림 5-2의 약산 또는 약알칼리를 강알칼리, 강산으로 적정하면 적정종점에 있어서 pH의 변화가 비교적 적으므로 한정된 지시약 외에는 사용할 수 없다. 사용목적에 따른 지시약의 선택기준은 다음과 같다.

① 강산으로 강알칼리를 적정하는 경우 당량점 근처의 pH는 4~10까지 급격한 변화를 나타내므로 지시약의 선정도 상대적으로 용이하다. 거의 모든 지시약의 사용이 가능하며 pH 4~10 사이에서 색의 변화를 나타내는 지시약인 Methyl red, phenophthalein을 사용한다.

② 강산으로 약알칼리를 적정할 경우 pH 4~7 사이의 산성 쪽에서 변화를 보이므로 지시약으로 Methyl red 사용이 가능하다.

③ 약산과 강알칼리를 적정할 경우 pH는 7~10 사이에서 변화를 보이므로 지시약으로 phenophthalein 사용이 가능하다.

④ 약산으로 약알칼리를 적정할 경우 pH 변화의 범위가 매우 좁고 당량점의 판별이 어려우므로 적절한 지시약의 선정이 쉽지 않다.

제4절 pH meter

pH는 수소이온 농도를 표시하는 것이기 때문에 용액 중의 수소이온을 갖는 전기량을 측정하면 정확히 알 수가 있다. 일반적으로 한개의 표준전극(염화제일수은 전극이 많이 사용되고 있다)과 측정전극(유리, 수소, 안티몬, 등의 전극)과의 사이에서 생기는 전위차를 전위차계로서 읽도록 하는 원리로 되어있고 유리전극을 사용하는 것이 대부분이다.

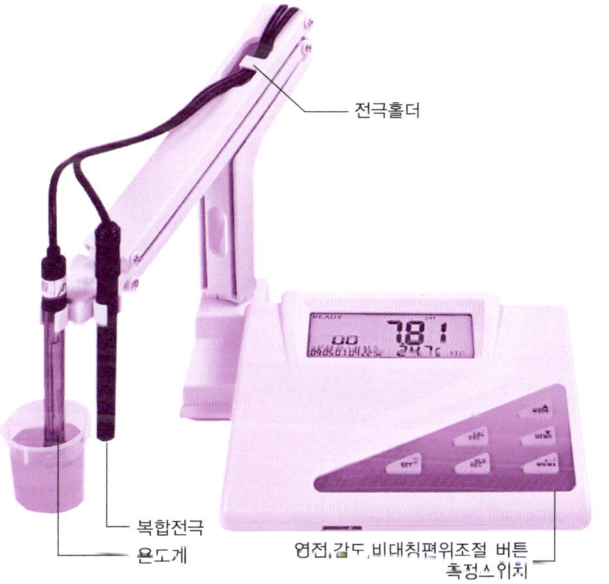

그림 5-2 pH meter

PART Ⅱ

식품의 일반적인 분석

Food Analysis

Chapter 6. 시료의 채취, 조장 및 보존

제1절 시료의 채취

분석에 제공되는 시료는 분석하려고 하는 식품 그 전체를 대표하는 것이라야 한다. 다시 말하자면 분석하고자 하는 식품의 평균조성을 표시하는 것을 채취하지 않으면 안된다. 각 고체에 있어서는 성분상으로 서로 다른 물질이 들어 있기 마련이고, 동일고체라 할지라도 부분적으로 성분의 차이가있다.

따라서 이와 같은 오차를 없애기 위해서 가급적 다량의 시료를 채취할 필요가 있으나 여기에도 한도가 있으므로, 분석하고자 하는 전체 식품 중 가급적 많은 부분에서 소량씩 취하여 잘 혼합해야 한다.

가공식품은 물론 천연식품에 있어서도 성분조성은 각각의 요인에 따라 현저하게 변화되는 것이 있다. 예를 들면 과실이라든가 야채류는 당분, 산도 및 수분량이 품종, 생산된 토양, 기후, 또는 저장기간 및 조건에 따라 현저한 차이가 있다. 또한 어떤 경우에는 회분량은 일정해도 회분조성은 현저하게 변동될 때도 있다.

제2절 시료의 조제

시료의 조제는 일반적으로 채취한 시료를 양적으로 보아 소량으로 할 것과 충분히 혼합할 것, 그리고 고체시료일 경우에는 입상을 적게 할 것 등이 문제이다. 시료의 전량을 동일하게 감하는 데는 특별한 기계도 고려되어 있으나 가장 간단한 방법은 사분법(四分法) 또는 교번 Shovel법이다.

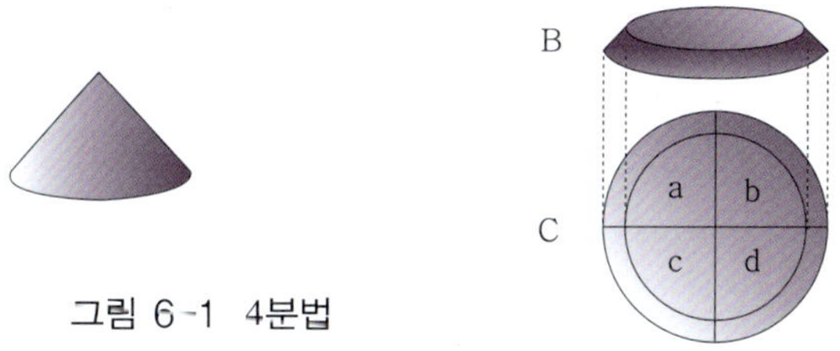

그림 6-1 4분법

사분법은 그림 6-1의 A와 같이 시료를 원추형으로 만들고 다음에 B와 같이 윗부분을 평평하게 하여 C와 같이 a, b, c, d의 4부분으로 나눈다.

시료의 혼합이라고 하는 것은 용액에 있어서는 교반, 진탕 또는 시료용기를 번갈아 부으며 쉽게 행할 수 있으나, 경도, 입도, 비중이 불균등하게 분포되어 있는 고체시료에서는 균일한 시료를 얻기 위해서 우선 분쇄조작이 필요하다.

분쇄에 있어서는 원칙적으로 시료 중에 존재하는 최대입자의 평균조성이 액화되지 않을 정도까지 미립화해야 한다. 수분량이 많은 시료는 절구, chopper, homogenizer 또는 mixer 등을 사용하여 분쇄하며, 건조된 시료는 동력 또는 수동식분쇄기, ballmill 또는 mixer 등을 사용하여 분쇄한다.

시료를 분쇄하는 것은 시료를 채취할 때의 오차를 적게 하고, 용해도 및 화학반응을 증대시키는 이점이 있으나, 단점으로는 시료가 견고할 때 분쇄기에 의한 오염이 생긴다. 특히 철제 분쇄기를 사용했을 때에는 철분의 혼합에 의해 식품 중에 들어있는 미량의 철분 정량에 현저한 영향을 미친다.

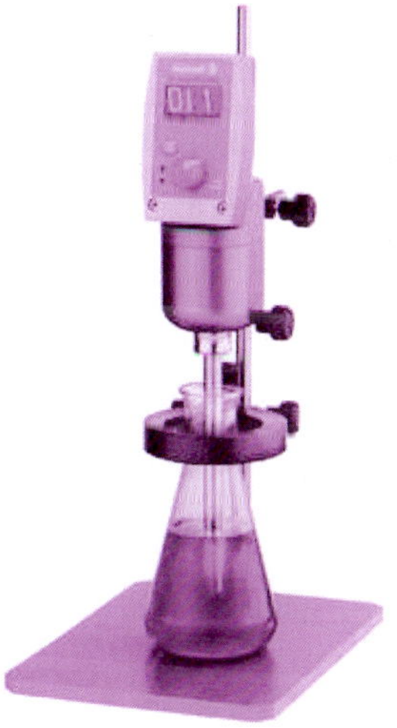

그림 6-2
소형 homogenizer

또한 미량이나마 분쇄시 생기는 열에 의하여 분해가 일어난다는 것도 생각할 수 있다. 따라서 여기서 유의할 점은 분쇄시의 수분 변화이다. 분쇄시 대기 중의 온도와 시료 중의 수분함량이 평형상태가 아닐 경우에 흡습 및 방습은 분쇄도에 의하여 아주 커질 수 있다.

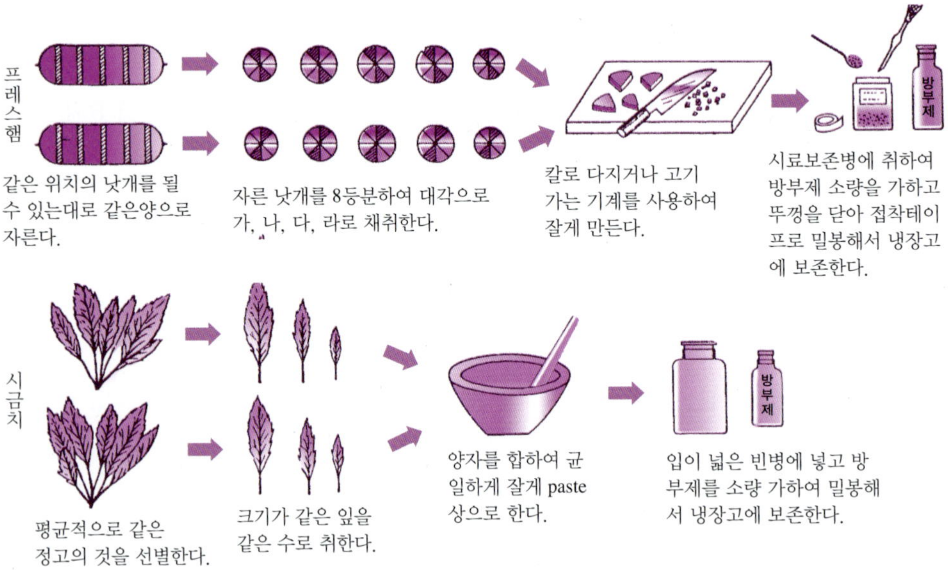

그림 6-3 시료의 채취, 조제 및 균질화의 조작 예(1)

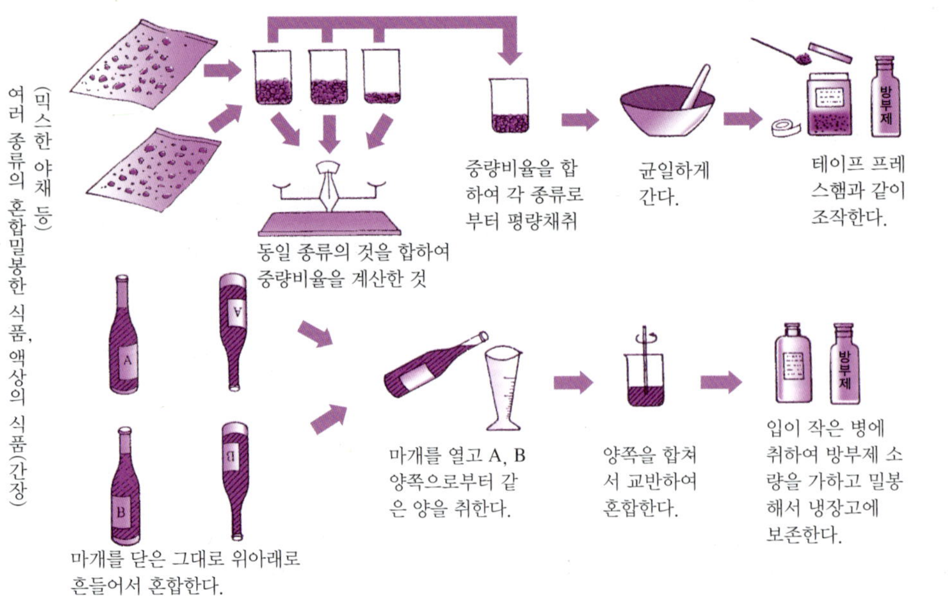

그림 6-3 시료의 채취, 조제 및 균질화의 조작 예(2)

1. 곡류

(1) 쌀, 보리 등 수분량이 비교적 적은 것

먼지, 모래 등의 이물질을 제거하고 분쇄한 후 30mesh의 체에다 쳐서 걸러진 것을 시료병에 넣어 둔다.

(2) 빵, 떡 등 수분량이 비교적 많은 것

시료를 가급적 잘게 썰어서 건조시킨 후 때에 따라서는 자제절구 등으로 잘게 부수어 혼합한다. 건조시킨 후 분석에 이용되는 경우에는 우선 적당량의 시료를 평취한다. 필요하면 세분하여 자제접시, 유리접시 등에 넓게 펴놓고 1~2일간 실내에서 자연 건조시킨 후 재차 평량하고 앞에서 설명한 바와 같이 분쇄하여 체에 거른다.

실온에서 건조시키기 곤란한 것, 변질되기 쉬운 것 등은 저온(60~80°C)의 탕욕 또는 건조기에서 건조시킨 후 실온에 방치하여 대기 중의 온도와 평행하세 되면 앞에서 설명한 바와 같이 평량, 분쇄하여 체에 거른다.

된장, 두부 등도 이 방법이 적용된다.

건조물로서 분석할 경우에는 신선물, 즉 건조되기 전의 시료에 대응하는 분석치를 표시해야 할 경우가 많다. 이 경우에는 다음 식에 의해서 계산하는 것이 좋다.

$$X(\%) = \frac{W_2}{W_1} \times \frac{x}{s} \times 100$$

W_1 : 신선물의 중량
x : 정량된 성분중량
W_2 : 건조물의 중량
S : 건조물에서 평취한 시료중량
X : 신선물에 대한 %

2. 설탕류

병의 마개를 느슨하게 하고 온탕상에서 50°C 이하로 가온한다. 때때로 교반하여 설탕의 결정을 용해 · 혼합시킨 후 방냉시켜 그 일부를 취하여 시료로 사용한다.

3. 유지류(Butter, Margarine)

전량 또는 각 부분에서 소량씩 적당량을 취하여 평량병에 넣는다. 40°C 이하의 탕욕상에서 병을 흔들며 내용물을 35°C까지 가온한다. 연화된 후 병을 세게 흔들어서 혼합시킨 후 즉시 시료를 채취한다.

4. 과자류

비스켓 등 수분함량이 적은 것은 자제절구에서 분쇄혼합시킨 후 채취한다. 생과자 등 수분함량이 많은 식품은 잘게 썰어서 충분히 혼합한다.

5. 어류 및 육류

먹지 못하는 부분을 제거한 후 육쇄기에서 3회가량 혼합하여 사용하며 또한 신선물의 상태로서 분석하기 어려울 경우에는 증발접시에 넣고 탕욕상 또는 건조기 내에서 저온으로 조속히 건조시킨 후 분쇄혼합하여 사용한다. 소금에 절인 것은 포화식염수로서 부착되어 있는 결정염을 씻어내고 마쇄혼합한다.

6. 유류(乳類)

(1) 우유

유즙은 정치하면 분리되어 상층과 하층과의 성분에 차이가 있으므로 분석 전에 교반기 등을 사용하여 혼합하여야 한다. 만약 크림의 덩어리가 있던가, 표면이 건조고화되었을 때에는 40~45°C에서 지방을 용해시켜 잘 혼합한 후에 실온이 될 때까지 방냉한다. 우유는 변질되기 쉬우므로 가급적 단시간내에 분석에 착수하여야 한다.

(2) 분유

분유는 흡습성이 많으므로 우천시에는 평량을 피하여야 하며 가급적 속히 분석을 해야 한다.

제3절 시료의 보존

조제한 시료는 적당히 보관하지 않으면 성분이 변화되기 쉽다. 시료 보관시는 다음의 세 가지 조건을 고려하여야 한다.

① 수분증발 및 흡습, 수분의 휘발성분의 증발 및 공기중 산소에 의한 산화
② 효소에 의한 작용
③ 미생물에 의한 작용

①에 의한 변화를 방지하기 위하여 조제한 시료를 밀폐기에 보존하면 된다. ②, ③의 변화를 방지하기 위하여 시료의 성상, 미생물의 생육을 지배하는 조건, 즉 수분량의 다소에 의해서 그 처치가 다르지만 살균하기 어려운 시료에는 냉동, 건조, 방부제 첨가 등이 고려될 수 있다.

Chapter 7.

수분의 정량

제1절 건조법

(1) 원리

건조법은 시료를 일정량 평취하여 적당한 방법으로 수분을 제거한 후 재차 평량하여 전후 중량의 차를 수분량으로 해서 산출하는 방법이다. 수분을 제거하는 데는 단순히 가열만 하는 방법, 또는 동시에 감압하는 방법 혹은 상온에서 적당한 건조제를 사용해서 감압하는 방법 등이 있다.

그러나 이와 같은 방법들은 어느 것이나 다음의 세 가지 조건이 만족되어야 한다.

① 수분이 유일한 휘발성분일 것.

② 수분이 제거될 때 화학변화가 생겼다고 하더라도 결과적으로 큰 영향이 없을 것.

③ 수분은 완전히 제거될 것.

그러나 사실상 수분을 완전히 제거시키기는 매우 어려운 일이다. 따라서 완전한 수분제거를 위해서 다음의 몇 가지 방법이 필요하다.

① 열분해의 영향이 없을 정도로 가급적 고온에서 건조시킨다.

② 심층부에 있는 수분을 용이하게 제거하고 자동산화를 방지하며 건조시 표면에 굳은막이 생기지 않도록 감압건조시킨다.

③ 수분의 증발면적을 가능한 한 크게 하기 위해서 시료를 세절, 분쇄하고 때에 따라서는 해사를 혼합한다. 그러나 이와 같은 방법들은 모든 식품에 있어서 똑같이 적용될 수는 없다. 식품의 종류, 성상 등에 따라서 가장 이상적으로 또한 가장 간단한 방법으로 수분을 완전히 제거하여야 한다.

(2) 항량

수분정량 등을 행할 때는 항온 건조기를 사용한다. 건조기내의 온도는 100~105°C로 조절하며 시료를 증발접시, 자제도가니 혹은 칭량병에 넣어서 건조시킨다. 건조상태를 칭량할 경우는 소정시간 후에 건조기로부터 꺼내서 desiccator에 옮겨 실온에 방치한 후 평량한다. 이것을 전후의 중량의 차가 거의 없을 때까지 반복 실시한다.

이와 같이 하여 전후의 칭량치와의 차가 없는 것을 항량에 달하였다고 한다. 시료에 의해서 그 칭량치는 차이가 있으나, 일반적인 시료의 경우에 차가 0.3mg 이내, 유류는 3mg 이내, 서당이 많이 함유된 시료는 2mg 이내이면 좋다.

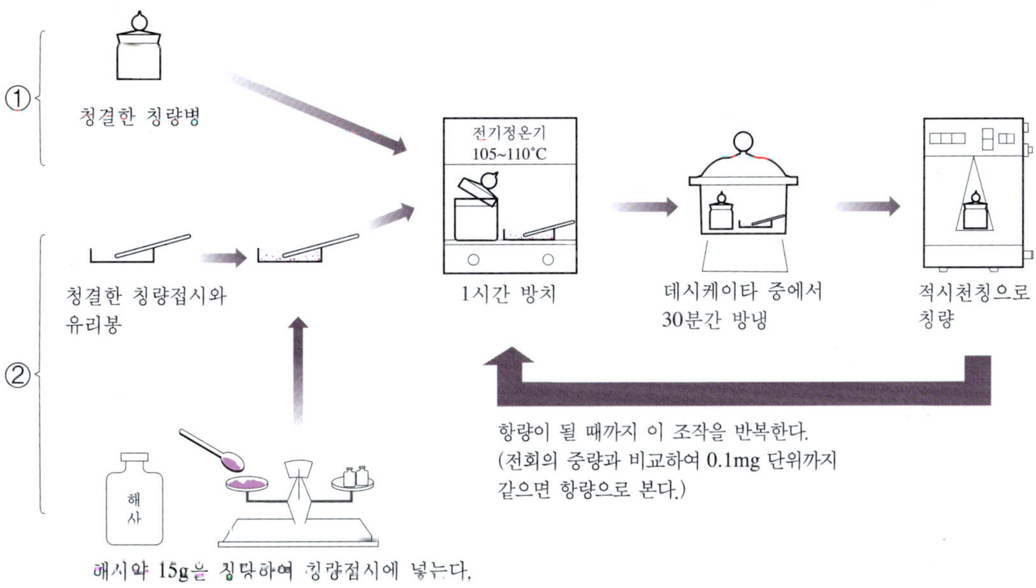

주1) ①, ②의 선택은 표 7-1를 참조할 것

그림 7-1 칭량병, 접시를 항량이 되도록 조작

1. 상압가열건조법

(1) 주요 기구

칭량병, 정온건조기, desiccator

(2) 조작

1) 수분함량이 적은 시료(곡류, 두류 등)

칭량병을 미리 항량을 구해두고 여기에 시료를 5~10g 정확히 칭량한다. 이것을 105~110°C의 정온건조기에 넣어서 뚜껑을 열어 건조하고, desiccator에 넣어 뚜껑을 닫아 실온이 될 때까지 방냉하여 칭량한다. 이와 같이 가열, 방냉, 칭량을 반복하여 항량을 구하고 건조 전후 중량의 차로 수분량을 구한다.

2) 수분함량이 많은 시료(육류, 야채류, 과실류 등)

미리 건조 · 칭량해둔 증발접시에 시료를 칭량한 후 탕욕상에서 증발 · 건조시킨다. 어느 정도 건조된 시료를 칭량병에 정확히 칭량하여 1)과 같은 방법으로 실험을 행한다.

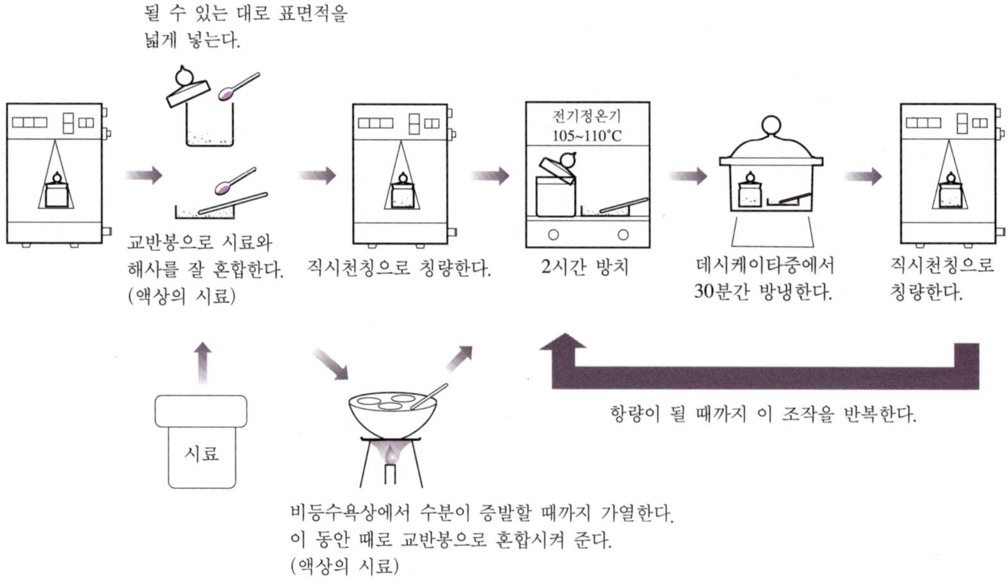

그림 7-2 수분의 측정(시료채취, 건조)

표 7-1 시료채취량 및 칭량기의 선택

식품명	채취량(g)	칭량기의 선택
육류 및 가공품	2	칭 량 병
전 분 류	2~5	칭 량 병
설탕 및 감미료	1~1	칭량접시, 해사와 혼합, 물을 가한 때에는 탕욕상에서 증발
유 지 류[1]	2	칭량접시, 해사와 혼합, 건조시간 1시간
종실류, 두류	2	칭 량 병
어개류, 생선물	5~10	칭 량 병
건 물	2	칭 량 병
수조경(獸鳥鯨) 육류	2~5	칭 량 병
난류, 생 난(生卵)	5	칭량접시, 해사와 혼합, 탕욕상에서 증발
삶 은 달 걀	2	칭 량 병
유 류[2]	2~3	칭량병 또는 칭량접시
야 채 류	5	칭 량 병
과 실 류	5	칭 량 병
조 미 품 류[3]	2~3	칭량병 또는 칭량접시

1) 감압가열 건조법이 바람직하다.
2) 칭량병 : 분유, 치즈
칭량접시(해사와 혼합하여 탕욕상에서 증발) : 우유, 연유
3) 칭량접시(해사와 혼합하여 탕욕상에서 증발) : 장유, 소스

[계산]

① 수분함량이 적은 시료

$$수분\ \% = \frac{W_1 - W_2}{W_1 - W_0} \times 100$$

W_0 : 칭량병의 중량(g)
W_1 : (시료 + 칭량병)의 중량(g)
W_2 : W_1을 건조하여 함량이 되었을 때의 중량(g)

② 수분함량이 많은 시료

$$수분량(\%) = (1 - \frac{B}{A} \times \frac{D}{C}) \times 100$$

A : 시료의 최초중량(g)
B : 예비건조한 후의 중량(g)
C : B에서의 채취량(g)
D : C를 건조하여 항량이 되었을 때의 중량(g)

2. 감압가열건조법

감압가열건조법은 미국 및 기타 여러 나라에서 표준화되어 널리 사용되고 있다. 이 방법은 감압시킴으로서 수분의 증발속도가 빠르고 산화 또는 분해될 염려도 적어서 수분정량에 있어서 이상적인 방법이다. 감압가열건조방법은 식품의 종류에 따라서 95~100°C에서 가열하는 것과 60~70°C에서 가열하는 두 가지 방법이 있다.

(1) 95~100°C에서 행하는 감압가열건조법

이 방법에 의해 정량되는 식품의 종류는 표 7-2와 같다. 정량조작은 우선 시료를 칭취할 칭량병의 뚜껑을 열고 100~110°C의 건조기에 넣는다. 1~2시간 후에 건조기의 문을 열고 칭량병 뚜껑을 꼭 닫은 후 desiccator에 옮기고 실온이 되었을 때 칭량한다.

이 방법을 재차 거듭하여 항량(중량의 차가 0.3mg 이하)이 될 때까지 건조, 방냉, 칭량을 반복한다. 다음에 화학천칭에다 정확히 시료를 칭량하고 95~100°C로 조절된 감압건조기에 넣고 표 7-1에 의거하여 감압한다.

약 5시간 후 진공 펌프를 정지시키고 세기병 중의 진한 황산을 통하여 제습된 공기를 건조기내에 서서히 흡인시켜 기내가 상압에 돌아가면 문을 열고 칭량병의 뚜껑을 꼭 맞추어 덮는다. 이것을 desiccator에 옮겨 방냉한 후 칭량한다. 이와 같은 방법으로 건조, 방냉, 칭량을 거듭하여 항량을 구한다.

표 7-2 각종 식품류의 칭취량 및 분압

식품명	채취량	분압
곡류 및 가공품	2g	25mmHg 이하
전　　분	2g	25mmHg 이하
과 자 류	2g	25mmHg 이하
육　　류	2~3g	100mmHg 이하
치　　즈	3~5g	100mmHg 이하
유　　류	5g	100mmHg 이하

[계산] $수분\ \% = \dfrac{W_1 - W_2}{W_1 - W_0} \times 100$

W_0 : 칭량병의 무게(g)

W_1 : 시료+칭량병의 무게(g)

W_2 : W_1을 건조하여 항량이 되었을 때의 무게(g)

(2) 70°C에서 행하는 감압가열건조법

이 방법에 의해서 정량되는 식품의 종류는 표 7-3과 같다.

정량조작법은 시료 적량을 항량에 도달한 칭량병에 취하고 칭량 후 뚜껑을 열고 시료를 얇게 펼친다. 70°C로 조절한 감압건조기에 넣은 뒤 문을 닫고 100mmHg 이하로 되게끔 건조기의 한쪽부분으로부터 흡인감압하고 또 다른 한쪽부분으로는 세기병 중의 진한 황산을 통하여 제습된 공기를 1초에 두 방울 정도의 속도로 보내면서 6~20시간 건조한다.

소요시간 후 진공 펌프를 중지시키고 뚜껑을 꼭 닫아 desiccator로 옮긴다. 방냉 후 실온에 달하면 즉시 칭량한다. 이와 같은 방법을 2~3차례 반복하여 항량을 구한다.

표 7-3 각종 식품류의 칭취량 및 분압

식품명	채취량	분입	비고
고구마, 감자 등	5g	50mmHg	해사혼합
꿀, 물엿	1g	100mmHg	
생과자, 양간 등	5g	50mmHg	
된 장	5g	50mmHg	
간 장	5cc	50mmHg	해사혼합
야채류	15~20g	100mmHg	
과실류	15~20g	100mmHg	
잼	5g	100mmHg	

제2절 증류법

신속 · 정확한 수분량의 측정을 목적으로 증류법을 수분정량에 적용시킨 것은 1902년 Hoffman이 곡류 및 그 가공품에 대해서 실험한 것이 시초이다. 이 방법의 원리는 시료를 물과 혼합되지 않는 유기용제(물보다 비중이 가벼운 것) 중에서 가열하면 시료 중의 수분 혹은 수분과 용제가 증기화되어 구축(驅逐)되는데, 이 증기를 냉각시켜 1cc의 눈금이 있는 세관 중에 모아 용제와 분리된 수분량을 목측하여 시료 중의 수분량을 계산해 내는 것이다.

장점 : 신속 간편, 휘발성이 있는 식품, 점조성이 있는 식품에 적합
단점 : 용기의 청결성을 요한다.
주의점 : 인화성이 큼, 지나친 가열은 오차의원인

[장치 및 시약]

증류방법 및 사용되는 용제에 따라 여러 종류의 장치가 고안될 수 있으나 대체로 toluene 등 물보다 비중이 적은 용제를 사용하는 순환식 증류법을 사용한다(그림 7-3).

시료의 적량을 평취하여 증류 플라스크에 넣는다. 분상시료일 경우에는 증류할 때에 넘칠 염려가 있으므로 미리 시료를 넣기 전에 플라스크 바닥에 건조된 해사 또는 석면을 깔아 놓는다.

다음으로 시료가 잠길 정도의 toluene(b.p 110.6°C, 75mL 정도)을 넣고 냉각관과 눈금이 있는 수기를 연결해서 가열한다. 처음에는 용제가 1초에 2~3방울 정도 냉각관으로부터 떨어지도록 화력을 조절한다. 열이 너무 강하면 냉각관의 높은 곳까지 증기가 올라가기 때문에 수분의 회수가 곤란하다.

[조작]

냉각된 유출액은 비중에 따라서 수분이 눈금있는 관의 하부에 모인다. 상부에 모인 toluene은 측관을 통해 플라스크에 되돌아와서 물과 함께 유출된다. 수분이 거의 없어지면 스포이드를 사용하여 냉각관 상부로부터 용제를 강하게 주입시켜 냉각관 내벽에 부착되어 있는 물방울을 눈금관 내부로 떨어지게 한다.

시료에 따라서 소량의 지방 또는 wax분이 냉각관 혹은 수기의 내벽에 부착하여 용제를 상부에서 주입시켜도 수적이 떨어지지 않는 경우가 있다.

이런 경우에는 긴 침금이 달린 깔때기 수세용 솔 또는 동의 침금을 냉각관 상부로부터 집어넣고 내벽을 씻어 수적을 완전히 눈금관에 모이도록 하고 동시에 toluen을 주입한다. 증류를 계속하여 수분이 더 추출되는지를 확인한다. 만약 수분이 더 추출된다면 상기와 같은 방법으로 수세하고 증류를 계속한다. 수분이 완전히 유출되었을 때 소화한다.

눈금관 부분은 냉각된 후 분리된 수분량을 계산한다.

[계산] 시료 중의 수분량은 다음 식에 의하여 계산한다.

$$\text{수분 \%} = \frac{V}{S} \times 100$$

V : 눈금관 중의 수분량
S : 시료의 평취량

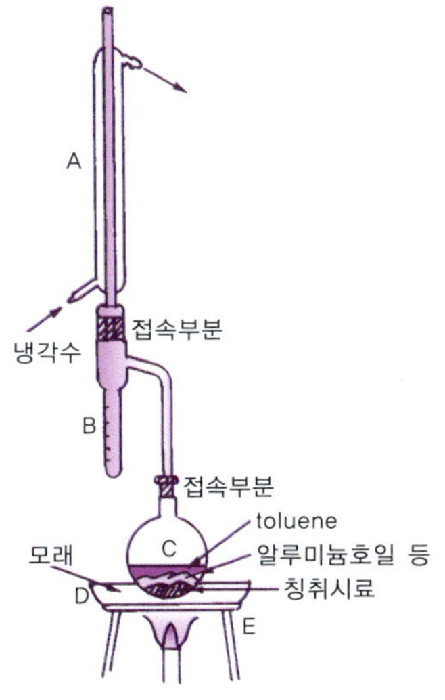

그림 7-3
수분정량 (증유식, AOAC형)

이 방법의 장점으로는

① 탈수의 속도를 추적할 수 있다.

② 고가의 장비가 필요없고 조작도 간편하다.

③ 지방의 산화로 인한 오차를 방지할 수 있다.

단점으로는

① 용기를 특별히 깨끗하게 해야 한다.

② 한개의 용기로 한가지의 시료만을 실험할 수 있으므로 다수의 시료가 있을 경우에는 다수의 장비가 필요하다.

제3절 전기적 방법, 그밖의 이화학적 방법

식품 중의 수분정량 방법은 앞에서 말한 건조법 및 증류법 외에도 특정한 식품에 대한 물리적 방법으로서 전기적 방법, 비중측정법, 선광도 측정법, 굴절률 측정법 등이 있다. 또한 화학적 방법으로는 Karl Fischer법, acetylene 발생법 등이 있다.

그러나 이러한 방법들은 흔히 쓰이지 않기 때문에 조작방법을 생략한다.

Chapter 8.

단백질의 정량

제1절 단백질 및 아미노산의 정성분석

1. 침전응고반응

단백질은 아미노산이 다수 결합한 거대분자이며 콜로이드로서의 성질을 가지고 있다. 말단기에는 많은 아미노기(NH_2^-)나 카르복실기(COOH)를 가지고 있고 이들은 극성원자단이므로 단백질 전체로서는 친수성을 나타낸다. 하지만 단백질은 물리적 혹은 화학적 변화에 따른 단백질 분자의 전하 혹은 2, 3, 4차 구조의 변화로 인해 용해성을 잃고 응고하거나 침전하는데, 단백질의 정성분석 혹은 정량분석을 위해 응고나 침전반응을 이용할 수 있다.

(1) 열에 의한 응고

대부분의 단백질은 60~70°C 이상의 고온에서는 단백질구조를 유지하는 수소결합과 소수성 상호작용과 같은 약한 힘들이 파괴되어 삼차원적 입체배열을 잃고 무질서한 상태로 변성된다. 변성된 단백질 분자들이 규칙적으로 접히지 않고 엉키면 더 이상 용액상에 용해되어 있지 못하며, 응고된 고체의 상태로 변한다.

단백질용액(난백을 20배 정도의 물로 용해한다)을 300mL 취하여 가열하면 열에 의해 변성된다. 이때, 묽은 염산 혹은 아세트산을 가하여 산성의 조건이 되면 단백질은 응고되어 침전된다(난백알부민의 등전점이 pH 4.7 부근이기 때문에 묽은 초산을 가하면 침전이 잘 일어난다).

(2) 유기용매에 의한 침전

단백질 용액에 같은 양의 알코올, 아세톤과 같은 유기용매를 가하면 경계면에 흰색 침전이 생긴다. 침전 생성 직후에 물을 가하면 다시 용해된다.

보통 알코올과 같은 극성 유기용매는 단백질의 구조를 유지시키는 수소결합을 파괴시키며 물과 수소결합을 형성하고, 유기용매의 무극성 부분은 단백질 분자 내부에 존재하는 소수성 상호작용을 교란하여 3차원적 구조배열을 파괴시킴으로써 단백질이 응고 및 침전된다.

(3) 중금속에 의한 침전

단백질은 알칼리성 혹은 중성용액에서 대체로 음전하를 갖는데, 납(Pb^{2+}) 혹은 수은(Hg^{2+})과 같은 중금속을 포함한 중금속염을 가하면 중금속이 음전하를 띈 곁사슬(side-chain)과 결합하여 단백질을 구성하는 펩타이드 사슬에 존재하는 아미노산의 R그룹 사이의 염다리(salt bridge)의 상호작용을 방해함으로써 3차원적인 입체배열을 상실시켜 침전을 일으킨다.

(4) 알칼로이드 시약에 의한 침전

trichloroacetic acid(TCA), sulfosalicylic acid 수용액 등은 단백실을 응집시겨 침전시킨다. 이러한 현상은 산의 음이온에 의한 침전반응이므로 단백질 분자가 양으로 하전될 수 있도록 용액을 산성으로 유지시켜야 한다.

(5) 염류용액에 의한 침전

묽은 염용액에서는 염류의 이온에 의해 단백질의 용해도가 증가하나(염용효과), 단백질용액에 진한황산암모늄액을 조금씩 가하면 반대로 단백질의 용해도가 감소되어 단백질은 침전된다. 이러한 염석(salting–out)에 의한 침전법은 단백질의 용해도를 감소시켜 침전을 형성시키기 때문에 변성이 쉽게 일어나지 않으므로 단백질의 분리 및 정제에 주로 이용되고 있다.

2. 정색반응

(1) 뷰렛(biuret) 반응

두개 이상의 펩타이드 결합을 가진 난백질에시 나타나는 반응으로서 단백질과 $CuSO_4$를 반응시키면 단백질이 Cu^{2+}와 결합하여 회합물을 형성한다. 이 반응은 peptide 결합에 아래와 같은 착염을 형성함으로써 정색반응이 나타나는데, 단백질의 분자량이 커질수록 적자색에서 청자색을 띄게 된다.

이 반응은 2개 이상의 $-CONH_2$(peptide bond)를 가진 화합물에 일어나는 반응이기 때문에 유리아미노산이나 dipeptide일 때는 이 반응이 일어나지 않는다. 단백질은 peptide를 다수 가지고 있으므로 반응이 나타난다. 분광광도계(spectrophotometer)를 사용한 정색반응의 측정은 540nm에서 흡광도를 측정한다.

[시약 및 기구]

단백질 희석액(1% albmin용액), 1% $CuSO_4 \cdot 5H_2O$, 10% NaOH

[실험방법]

① Test tube에 단백질 희석액 2mL를 가하고 10% NaOH용액을 가하여 알칼리성 상태로 만들어 준다.

② 위 용액에 1% $CuSO_4$ 용액을 1~2방울 첨가하면 $Cu(OH)_2$가 생성되고 이는 단백질과 반응하여 적자색을 띈다.

③ 위의 상태에서 $CuSO_4$ 용액을 더 넣어주면 청자색으로 변한다.

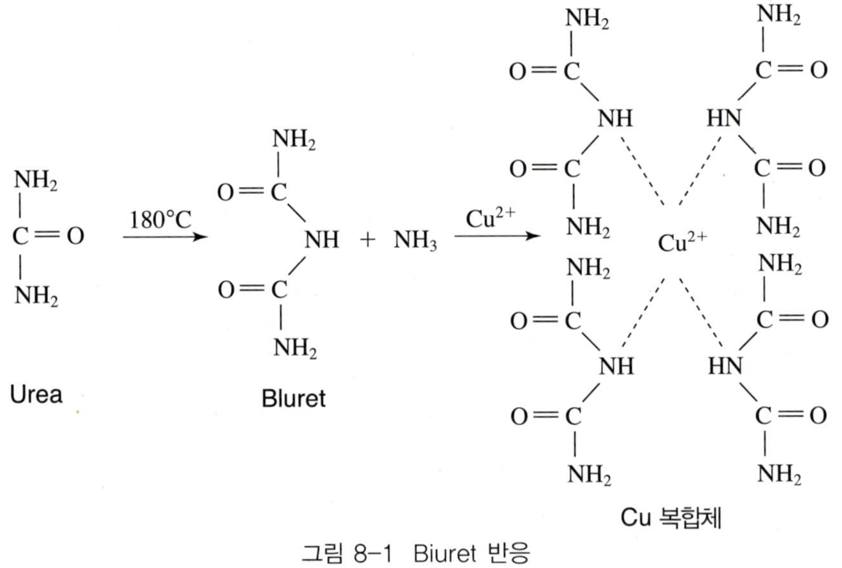

그림 8-1 Biuret 반응

(2) Xanthoprotein 반응

방향족 핵을 가진 아미노산(Tyrosine, Trypthophan, Phenylalnine)이 진한 질산에 의해 nitro화되어 황색의 착화물을 형성하는데 이들 nitro화합물은 알칼리 상태에서 오렌지색의 알칼리염을 형성한다.

[시약 및 기구]

단백질 희석액(1% albmin용액) 혹은 0.1% 아미노산 희석액, 진한질산 (HNO_3), 40% NaOH

[실험방법]

① Test tube에 단백질 희석액 3mL와 진한질산 1mL를 가하면 백색의 침전이 형성된다.

② 위 용액을 가열하면 침전물이 용해되면서 황색을 띈다.

③ 냉각 후 NaOH용액을 가하여 알칼리성 상태로 만들면 용액은 오렌지색을 나타낸다.

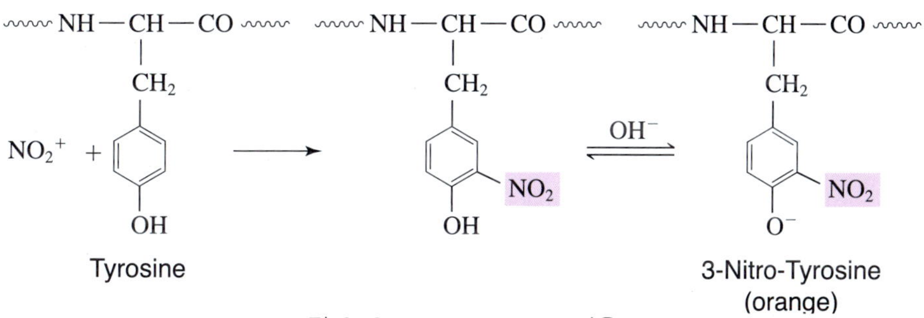

그림 8-2 Xanthoprotein 반응

(3) Ninhydrin 반응

Ninhydrin 반응은 ninhydrin을 아미노산의 중성용액에 가했을 때, 아미노기의 작용에 의해 ninhydrin 두 분자가 축합반응을 일으켜 특유의 색을 나타내는 정색반응이다. 이 반응은 α-amino기를 가진 화합물이 나타내는 정색반응으로서, 유리 아미노산뿐만 아니라, 단백질, 아미노산이 결합한 펩타이드, 그 밖에 아민류 등도 이러한 반응을 나타낼 수 있다. 발색하는 반응의 정도가 예민하며, 종이 크로마토그래피를 통한 아미노산 검출법에 응용될 수 있고, 비색정량에도 이용된다.

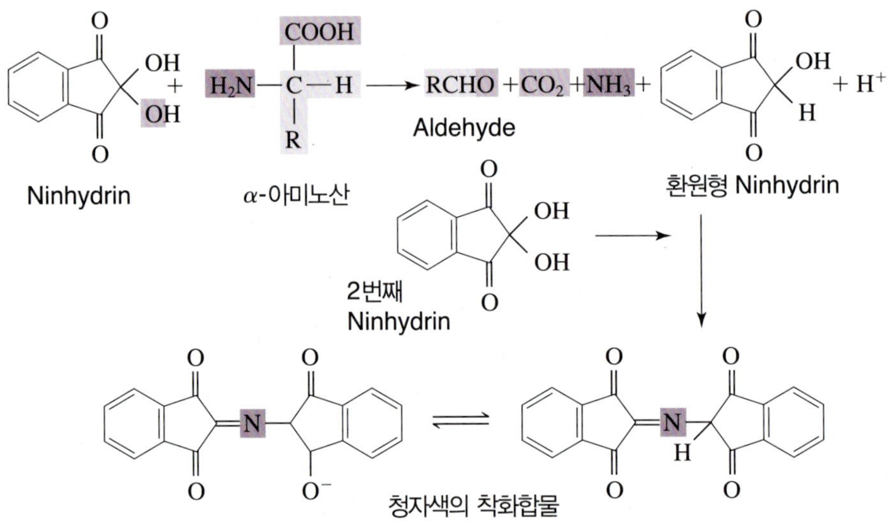

그림 8-3 Ninhydrin 반응

[시약 및 기구]

아미노산 및 단백질 희석액, 1% ninhydrin 용액(실험직전 조제)

[실험방법]

① Test tube에 단백질 희석액 2mL를 가하고 중성 또는 약산성의 상태에서 1% ninhydrin용액을 1~2방울 가한다.

② 위 용액을 water bath(수욕)에서 2~3분간 가열한다.

③ 가열 후 상온에서 방냉하면 청색을 나타내는데, proline의 경우는 오렌지색, hydroxyproline은 적황색을 나타내기도 한다.

(4) Millon 반응

Phenol 핵을 가진 아미노산, 즉 tyrosine 혹은 Phenol 핵을 가진 펩타이드 및 단백질은 밀론반응에 양성이다. 이 반응은 단백질 혹은 아미노산에 밀론시약을 가하면 백색침전이 형성되며, 가열하면 적색이 나타나는 정색반응이다.

[시약 및 기구]

아미노산 및 단백질 용액, Millon 시약(6mL의 진한 질산에 4g의 수은을 가온 용해 후, 2배의 증류수를 가하여 희석하고 여과하여 사용)

[실험방법]

① Test tube에 시료액 3mL와 Millon 시약 1mL을 넣으면 백색침전이 형성되며, 이 용액을 60~70°C로 가열하면 적자색을 나타낸다.

(5) Hopkins-cole 반응

이 반응은 indole핵이 나타내는 반응으로 단백질에 indole핵을 갖는 tryptophan과 aldehyde기(-CHO)를 가진 glyoxalic acid, formaldehyde 등이 존재하는 경우에 일어난다(그림 8-4). Indole핵을 포함한 tryptophan이 함유된 카제인에서 양성 반응을 나타낼 수 있기 때문에 우유에 포함된 formaldehyde 검출에 응용될 수 있다.

[시약 및 기구]

단백질 용액, 아세트산(CH_3COOH), 진한 황산(H_2SO_4)

[실험방법]

① 단백질용액 3mL를 test tube에 취하여 같은 양의 아세트산을 잘 섞어 반응시킨다.

② Test tube 기벽에 진한 황산을 서서히 흘려보내면 접촉면에 자색의 고리가 생기는데, 이것을 흔들어주면 전체 용액이 자색이 된다.

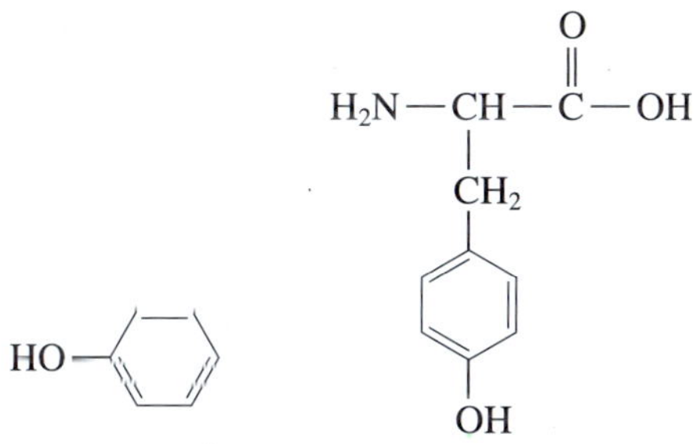

Phenol 핵 Tyrosine

그림 8-4 Phenol핵과 Tyrosine

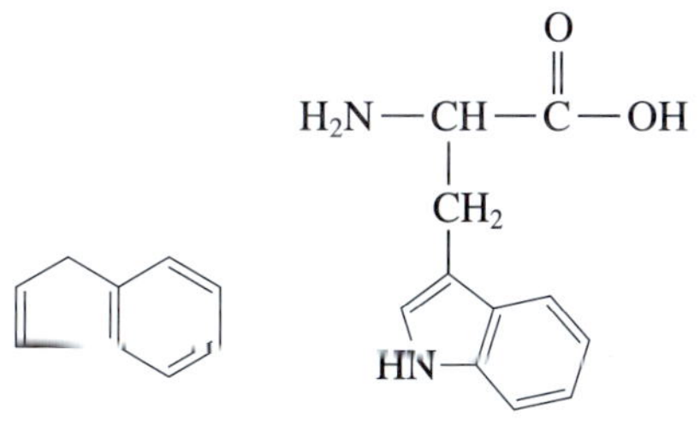

Indole핵 Tryptophan

그림 8-5 Indole핵과 Tryptophan

3. 종이 크로마토그래피(paper chromatography)

크로마토그래피(chromatography)란 혼합된 성분을 분리하는 수단의 하나로서 시료에 포함된 각각의 성분들이 흡착제를 따라 이동하는 동안 각 성분이 흡착제에 반응하는 성질의 차이로 인해 각각의 성분이 분리 검출되는 방법을 뜻한다.

크로마토그래피법은 여러 가지 종류가 있는데, 시료를 이동시키는 이동상과 시료와 상호작용하는 고정상의 종류에 따라 분류할 수 있다. 시료를 이동시키는 이동상의 차이에 따라 기체를 이동상으로 사용하는 경우를 가스 크로마토그래피(gas chromatography)라고 하며, 액체를 이동상으로 사용하는 경우를 액체 크로마토그래피(liquid chromatography)라고 한다.

또한 액체 크로마토그래피는 고정상의 종류에 따라 TLC(thin layer chromatography), 종이 크로마토그래피와 같은 평판형 크로마토그래피, 컬럼 크로마토그래피(cloumnchromatography)로 구분될 수 있다.

이 중에서 종이 크로마토그래피는 기기 장치와 조작법이 편리하며, 적은 시료만으로도 분석의 용이성을 갖기 때문에 여러 화합물의 분리와 검출에 다양하게 응용되고 있다.

종이 크로마토그래피를 통해 화합물을 분리 및 검출하기 위해서 고정상의 역할을 하는 여지의 선택, 시료의 조제 및 첨가, 용기내의 용매에 의한 포화 전개, 여지의 건조, 발색 및 검출의 단계에 대해 설명하기로 한다.

(1) 여지의 선택

화합물의 분리 및 검출에 대한 실험의 재현성을 높이기 위해서는 여지의 지질(紙質)이 균일하며, 전개용매에 용해되는, 불순물을 함유하지 않고 침투속도가 적당한 여지를 선택하는 것이 중요하다. 최근에는 이와 같은 요구에 맞는 제품이 다수 시판되고 있으나 경우에 따라서는 아세트산, 알코올 또는 아세톤 등의 용매로 세정을 하여 미량금속과 같은 불순물을 제거해야 한다.

일반적으로 Whatman No.1, 2, 3, 4와 같은 여지가 사용되며, 여지의 성능을 적당한 번호로 표시하여 시판하고 있다. 여지를 자르거나 기타 여지를 취급할 때는 시료가 전개되는 부분이 맨손으로 취급되거나 깨끗하지 못한 곳에서 작업되는 일이 없도록 한다.

(2) 장치와 전개법

종이 크로마토그래피는 밀폐용기 안에서 용매를 여지에 침투시키는 것으로 상승법과 하강법이 있다. 상승법(ascending method)은 용매를 밑에서부터 모세관 현상에 의해서 전개되게 하는 방법이며, 하강법(descending method)은 용매용기를 윗부분에 두고 위에서부터 전개시키는 방법이다(그림 8-6, 7 참조). 상승법은 조작이 간단하나 침투속도가 늦으므로 침투거리를 길게 하여 명확한 분리가 필요할 경우는 하강법을 사용하는 것이 좋다.

많은 물질의 혼합성분을 분리할 때, 분리를 한층 잘 시키는 방법으로 두 종류의 전개용매를 사용하는 2차원법을 이용한다. 2차원법은 사각형의 여과지를 사용하며 한 방향에서 한 종류의 용매로 전개하여 건조 후 직각 방향으로 돌리고, 다른 용매로 전개한다.

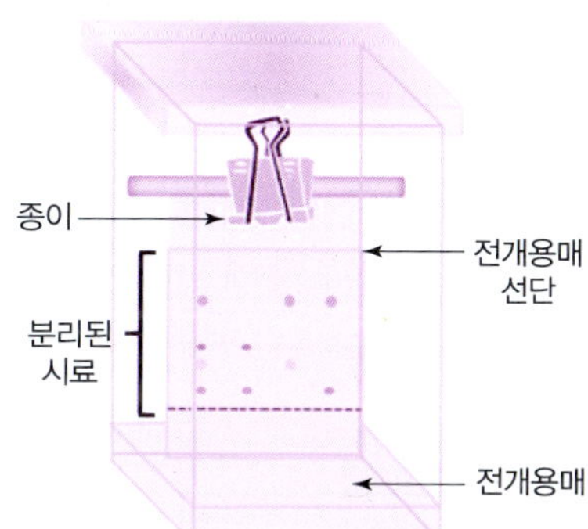

그림 8-6 종이 크로마토그래피의 장치

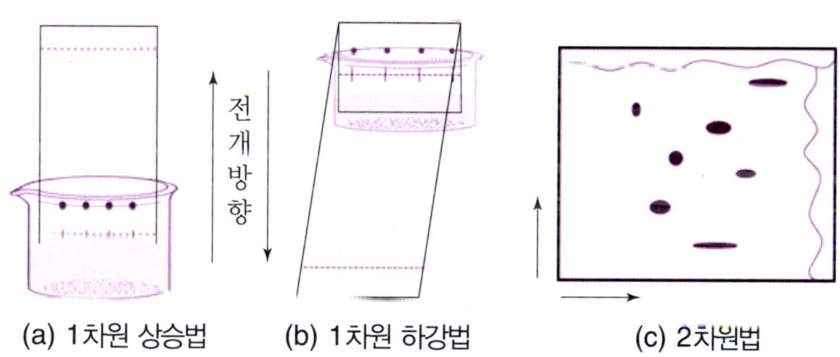

그림 8-7 종이 크로마토그래피의 종류

(3) 시료의 조제와 여과지의 준비

시료에는 분리하고자 하는 목적물질 이외에 여러 가지 물질이 공존하고 있다. 그래서 이들 중에 전개를 방해하는 물질이 있으면 미리 제거해 두어야 한다. 시료조제에 있어서 주로 행하는 조작은 탈염, 가수분해, 분해제의 제거, pH 조정, 목적성분 농도의 조정 등이 있다.

시료의 조제가 끝나면 여과지를 재단한다. 일차원에서는 그림 8-8과 같이 연필로 여지의 하단으로부터 4~5cm 위 지점에 선을 그어서(이것을 원선이라 함) 그 원선상의 × 표시를 한 부분(이것을 원점이라고 함)에 시료를 spot한다.

시료를 spot할 때는 모세관(정량적일 때는 micropipet)을 사용한다. spot은 대개 직경 3~5mm 정도가 적당하며 10mm 이상의 것은 사용하지 않는 것이 좋다. spot하는 시료용적은 0.002~0.02mL 정도가 적당하다. 실험 전에 최초 1% 정도의 용액을 만들어서 예비실험을 한다. 그 결과에 의해서 농축이나 희석을 하여 농도를 정한다.

시료를 찍는 위치는 여과지의 한쪽 끝으로부터 상승법에는 4~5cm(그림 8-8 참조), 하강법에는 6~8cm로 하고 용매 중에 담그는 부분은 상승법 1cm, 하강법으로는 3~4cm로 하는 것이 적당하다.

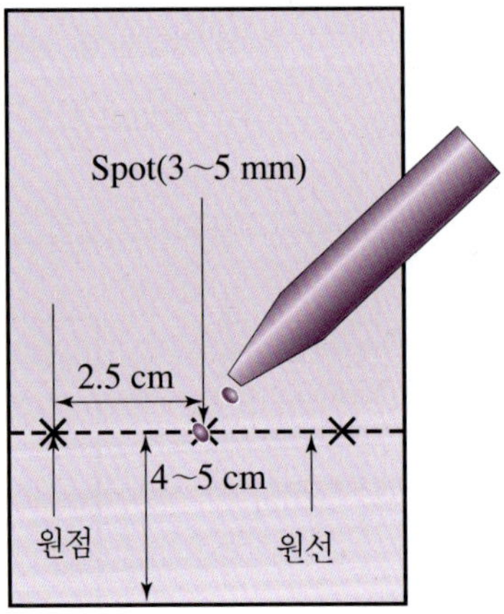

그림 8-8
시료의 spotting

(4) 시료의 전개와 전개용매

여과지에 시료를 spot한 후에는 여지를 밀폐용기에 넣어서 전개를 시작한다.

용매의 선택은 분리의 성공 혹은 실패를 좌우하므로 충분히 검토하여 결정한다. 여기서 여과지에 용매를 침투시키기 전에 우선 용기내를 전개용매로 포화시킨다. 이때 분무기 등으로 미리 용기를 용매의 증기로 충분히 채워두면 포화시간이 단축된다.

용매가 어느 정도까지 침투될 것인가 하는 것은 시료의 종류, 목적에 의해서 다르지만 보통은 원점으로부터 20~40cm로 한다. 용매를 길게 침투할수록 시료의 분리가 좋아질 수 있으나, 너무 침투거리가 길어지면 spot의 면적이 넓어지므로 오히려 분리가 불분명해질 수 있다. 그러므로 시료의 분리가 잘 이루어지지 않을 경우, 전개용매의 침투시간을 지나치게 늘리는 것보다 전개용매의 종류를 변경하는 것이 좋다.

침투속도는 그때의 온도, 여과지, 용매의 종류에 의해 다르므로 예비실험을 하여서 적절한 용매의 전개시간을 정한다. 종이 크로마토그래피에서 전개용매의 선택은 가장 핵심적인 것이며, 현재 많은 종류의 전개용매가 소개되어 있으나, 주로 사용되는 전개용매는 다음과 같다.

1) Butanol : acetic acid : H_2O

n－Butanol, 아세트산, 증류수(4:1:2의 비율)를 분액깔때기에서 진탕하고 혼합하여 잠시 세워두면 2개의 층으로 분리되는데 이때 상층액을 취하여 전개용매로 사용한다. 용매는 사용할 때마다 새로 만들어 사용한다.

2) Pyridine : butanol : H_2O

Pyridine, n–butanol, 증류수(3:4:7의 비율)를 분액깔때기에서 진탕하고 혼합하여 그 상층액을 전개용매로 사용한다.

3) Phenol : H_2O

Phenol과 증류수(4:1의 비율)를 분액깔때기에서 진탕하고 혼합하여 물을 포화시킨 phenol층(phenol은 20°C에서 28%의 H_2O를 포화)을 취하여 전개용매로 사용한다.

(5) 건조

미리 표시한 거리까지 용매가 침투하면 즉시 꺼내어 건조한다. 건조는 원점을 밑으로 하여 풍건하는 것이 보통이다. 냄새가 강한 용매를 사용한 경우는 통풍실의 통기가 좋은 곳에 둔다.

건조중 불순물 등에 의해서 오염되지 않도록 주의한다. 풍건만으로는 충분한 건조가 곤란한 용매, 예를 들면 phenol과 같은 용매를 사용한 경우는 풍건 후 110°C의 건조기에서 가열하여 완전히 용매를 제거하는 것이 필요하다.

(6) 크로마토그램의 판정

서로 혼합하기가 곤란한 두 개의 용매에 물질이 용해할 경우 두 가지 용매에 용해하는 물질의 농도비를 분배계수라고 한다. 종이 크로마토그래피의 경우에는 여지 중에 함유되는 흡착수가 고정상으로 되어 전개용매가 이동상으로 생각되므로 각 물질은 두 개의 상에 대한 분배계수의 차에 부응하여 각각 다른 위치에 운반된다. 이 운반된 위치를 알면 물질을 판정할 수 있다.

실제로는 원점으로부터 물질이 이동한 거리를 용매가 이동한 거리로 나눈 것을 이동률 또는 Rf(Rate of flow)라고 한다. 이것을 성분판정의 기준으로 하고 있다. Rf의 측정은 시료가 착색되는 물질은 별도로 하고 착색하지 않는 것은 정색시약과 반응시켜서 현색(顯色)을 하여 spot의 위치를 정한다.

Rf는 물질에 대해서 항상 같은 값을 나타내지만 온도, 여지의 종류, 용매의 침투시간, 무기염류의 공존 등의 조건에 의해서 값이 변화한다. 따라서 Rf는 절대불변의 값이 아니고 standard를 병행하여 전개하고 비교를 하거나 물질 특유의 정색반응을 이용하여 결정할 수가 있다.

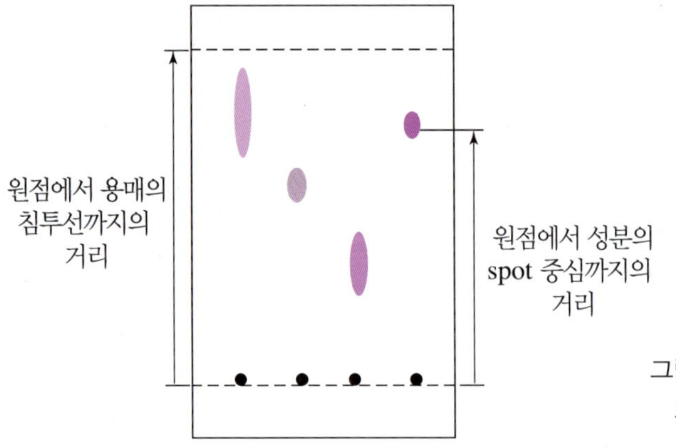

$$Rf = \frac{\text{원점에서 각 성분의 spot중심까지의 거리}}{\text{원점에서 용매의 침투선까지의 거리}}$$

그림 8-9
크로마토그램의 판정

4. 아미노산의 종이 크로마토그래피(Paper chromatography)

(1) 시료의 조제

아미노산만으로 된 시료이면 그대로 각 성분 5% 정도가 좋으며 단백질 peptide 기타 천연물을 취급할 때는 반드시 가수분해하여 사용한다. 염류가 공존하는 시료는 이것을 제거한다. 단백질의 가수분해는 여러 가지 방법이 있으나 보통은 염산가수분해법을 사용한다.

산에 의한 가수분해는 tryptophan이 파괴되므로 이것이 문제가 될 경우는 알칼리가수분해에 의한다. 적정량의 시료를 긴 시험관에 취하여 6N－HCl 약 10배를 넣어 감압하에서 토치의 불꽃으로 봉관한다. 시험관이 경질이면 세공이 곤란하므로 연질의 시험관이 좋다. 이것을 110°C의 건조기(혹은 sand bath)에 넣어서 24시간 가수분해시킨다. 이 가수분해 시간은 시료에 따라서 다르므로 미리 문헌 등을 참조하여 둘 필요가 있다.

냉각 후 줄칼을 이용하여 시험관을 자르고 50mL 목이 긴 플라스크에 옮겨 감압건조하여 염산을 날려 보내고, 건조 후 소량의 물로 용해시켜 다시 건조시킨다(그림 8-10 참조). 이것을 몇 번 반복하여 가급적 염산을 완전히 제거한 후에 진공건조기내에서 감압건조한다. 감압장치가 없는 경우는 상압에서도 좋으므로 염산을 완전히 제거시킨다. 잔사는 2~5mL의 증류수 또는 10% 이소프로필알코올을 함유하는 물로 용해한다. 이때 리트머스에 산성이 나타나면 NaOH로 중화시킨다.

장유나 된장과 같이 무기염이 대량 공존하는 시료에서는 탈염조작이 필요하다. 탈염방법은 electric desalter나 이온교환수지법 등이 있지만 소량의 경우는 이온교환수지를 이용하는 것이 좋다.

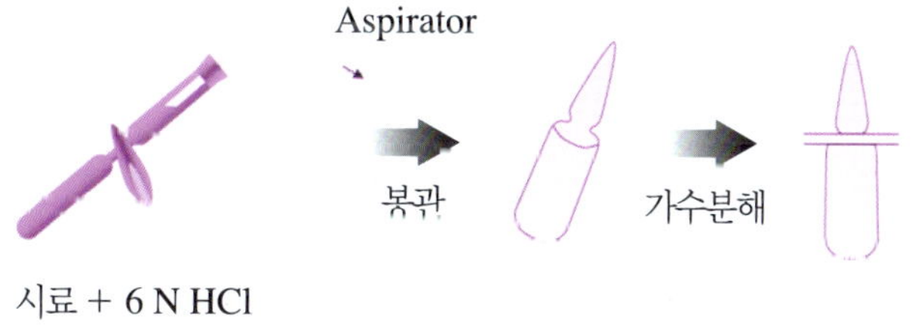

그림 8-10 봉관조작

표 8-1 아미노산의 R*f*값

용매 / 아미노산	phenol : 물 (7 : 3)	butanol : 초산 : 물 (4 : 1 : 2)	butanol 수포화
glycine	0.40	0.32	0.05
alanine	0.60	0.39	0.08
valine	0.74	0.53	0.20
leucine	0.86	0.73	0.38
isoleucine	0.86	0.73	0.38
phenylalanine	0.90	0.65	0.43
proline	0.89	0.42	0.12
serine	0.35	0.28	0.05
threonine	0.47	0.35	0.07
hydroxyproline	0.66	0.30	0.08
aspartic acid	0.12	0.26	0.00
glutamic acid	0.20	0.32	0.26
cystine	0.13	0.11	0.00
methionine	0.83	0.56	0.26
histidine	0.50	0.25	0.04
arginine	0.48	0.14	0.01
lysine	0.43	0.12	0.00
tyrosine	0.66	0.56	0.28

(2) 전개용매와 각종 아미노산의 Rf치

아미노산의 전개용매로 보통 사용되고 있는 것은 phenol : H_2O(4 : 1), n－butanol : acetic acid : H_2O(4 : 1 : 2) 등이다. 이들 용매에서 이차원 전개를 행하면 거의 모든 아미노산이 분리되나 leucine과 isoleucine, methionine과 valine은 분리되지 않는다.

(3) 발색과 검출

보통은 ninhydrin이 발색제로 사용된다. ninhydrin은 a－아미노산, peptide, 단백질 등에 반응하여 자색을 나타낸다. ninhydrin 용액은 ninhydrin을 n－butanol에 용해시켜 0.1~0.25% 용액으로 하여 사용한다.

이것을 분무기(그림 8-10)에 넣어 여지에 한 번 분무한 후 90~100°C에서 수분간 가열하면 발색한다. 발색 후에 36시간이 지나면 퇴색하기 시작하지만 수일간은 확인이 된다. 부탄올 대신 99% 이상의 아세톤에 ninhydrin을 용해하여서 여과지를 용기에 침지시켜 풍건 후 90°C의 건조기에서 발색시켜도 좋다.

그밖에 아미노산의 특성반응을 이용하는 방법은 많이 보고된 바가 있으며 그 중에서 비교적 편리한 것은 isatin($C_8H_5NO_2$) 반응이 있다. isatin은 아세톤에 용해하며 0.3% 용액으로 만들어 사용하고 ninhydrin의 경우와 같이 액을 분무, 풍건 후에 90°C에서 가열건조하면 proline 및 hydroxyproline은 청색을 나타낸다. 다른 아미노산들도 정색하지만 잠시 후에 퇴색한다. proline은 ninhydrin반응으로 황색을 나타내는 것을 확인할 수가 있으나 미량의 경우는 isatin반응이 필요하다.

단백질의 아미노산 조성에 관한 정성적 분석은 종이 크로마토그래피로 할 수 있으나 정량법으로는 이온교환수지를 사용하는 액체 크로마토그래피가 정확하고 신속하게 행할 수 있는 이점을 가지고 있다.

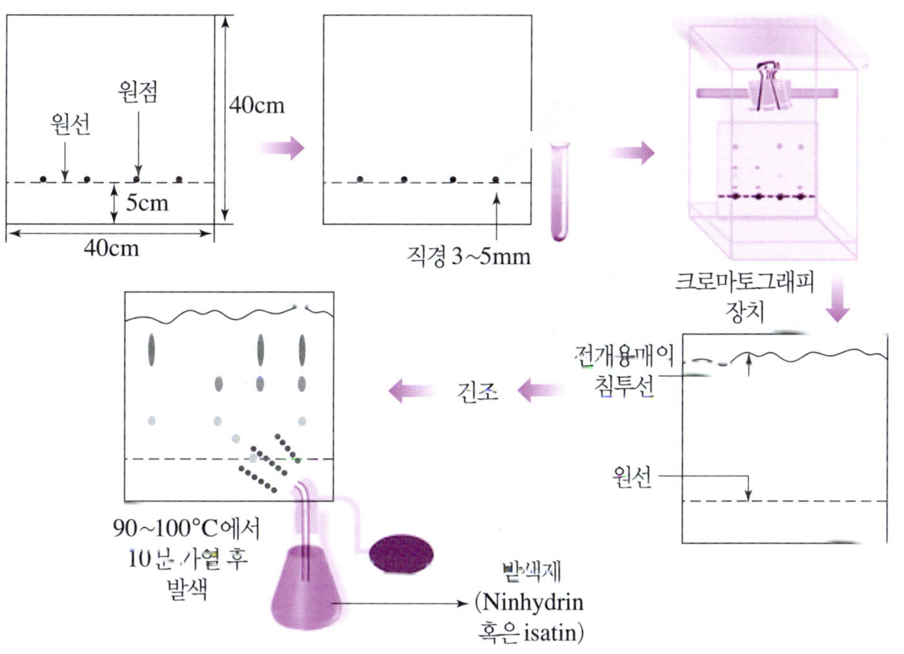

그림 8-11 종이 크로마토그래피에 의한 아미노산의 정성분석

제2절 단백질의 아미노산 조성 정량분석

1. 아미노산 시료조제

단백질 이외에 유리아미노산의 분석 등에 있어서도 액체 크로마토그래피(liquid chromatography)를 이용하며 이 경우에도 아미노산 혼합물을 시료로서 조제해 두어야 한다. 단백질의 경우는 염산으로 가수분해시킨 후에 생성된 아미노산으로 조제한다.

유리아미노산의 경우는 시료(생체조직 등의 고형)를 대량의 무수에탄올과 함께 blender에서 파쇄한다. 에탄올의 최종농도를 80%로 한다.

이 추출액에 3배량의 chloroform을 가하여 흔들어준 후에 상층(수용액층)을 제거하고 농축하여서 아미노산 시료로 한다.

2. 아미노산의 액체 크로마토그래피

아미노산의 액체 크로마토그래피는 아미노산 조성의 분석방법에 이용되는데 일반적인 것은 이온교환 크로마토그래피(ion exchange chromatography)이다. 아미노산은 다음과 같은 구조식을 가지고 있는 것으로 이 R(alkyl) group과 아미노기, 카르복실기를 가지며, pH에 따라 전기적 성질이 달라진다. 이 특성과 이온교환수지의 흡착성과를 조합하면 아미노산을 상호 분리할 수가 있다.

이온교환수지(고정상)는 그림 8-13와 같이 이들이 갖는 교환기에 종류에 따라 크게 4가지가 사용된다. 처음에 아미노산을 전부 흡착시킨 후에 용출액(citrate buffer 등)의 pH를 천천히 올려서 순차적으로 용출하는 방법을 취한다.

(a) 양이온교환수지 : 강산형이온교환수지
(polystyrene resin)

(b) 양이온교환수지 : 약산형이온교환수지
(diethylaminoethyl(CM) cellulose)

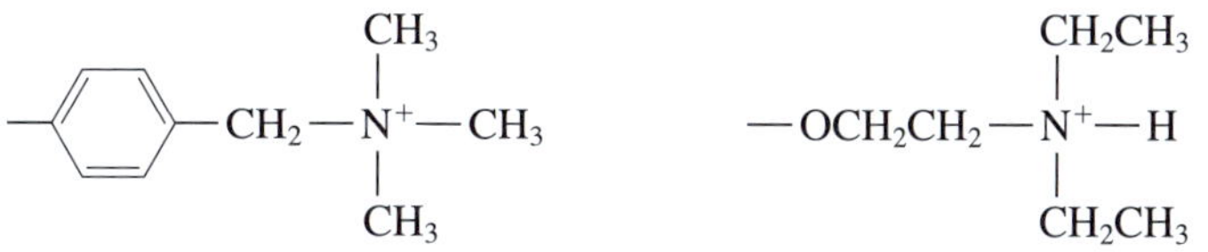

(c) 음이온교환수지 : 강염기형이온교환수지
(polystyrene resin)

(d) 음이온교환수지 : 약염기형이온교환수지
(diethylaminoethyl(DEAE) cellulose)

그림 8-13　이온교환수지의 일반적인 종류

3. 아미노산의 정량

아미노태 질소의 정량은 단백질 분해물을 주성분으로 하는 식품(된장, 고추장, 간장, 글루탐산나트륨 등)의 분석에 중요한 의의가 있다. 아미노산의 일반 정량법으로서는 아미노산의 아미노기 혹은 카르복실기를 정량하는 방법과 아미노산의 정색반응을 이용하는 방법이 있다. 비교적 간단하여 많이 사용되는 방법은 다음 두 가지가 있다.

(1) Formol 적정법

아미노산은 분자내에 아미노기($-NH_2$)와 카르복실기($-COOH$)를 동시에 갖는 양쪽성 전해질이므로 수용액 중에서 산 혹은 알칼리로 직접 적정할 수 없다. 그러나 중성용액(pH 6.8)에 formaldehyde를 작용시키면 아미노기와 축합이 되어 1)식과 같이 메틸렌 화합물을 만든다.

그리하여 아미노기의 염기성이 소실되며, 카르복실기만 남아 산성을 나타내므로, 일반적으로 이용되는 알칼리 표준용액으로 적정하여 정량할 수 있다(2)식). 이때 사용되는 지시약은 phenolphthalein 또는 thymolphthalein이다.

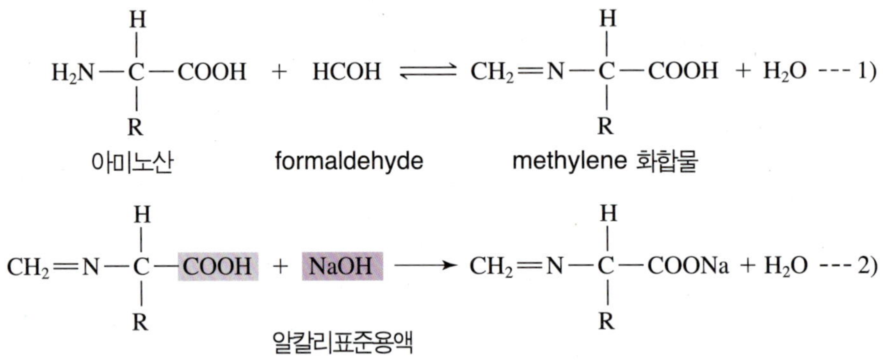

[시약]

- 0.05N－NaOH 표준용액(역가구함)
- 중성 formalin 용액 (시판되는 formalin용액(30~40%)을 phenolphthalein을 지시약으로 이용하여 0.2N NaOH로 미홍색이 될 때까지 중화한다.)
- 0.5% phenolphthalein－ethanol 용액

[조작]

1) 0.05N－NaOH 표준용액 제조 및 표정

2) 아미노산의 질소 정량

① 200~300mL 용 삼각플라스크 2개(공시험, 본시험)를 준비하여 양쪽 삼각플라스크에 시료용액 25mL를 whole pipet으로 취하여 가한다.

② 본시험 삼각플라스크에는 중성 formalin 용액 20mL와 증류수 20mL를 가한다.

③ 공시험 삼각플라스크에는 증류수 40mL를 가한다.

④ 양쪽 플라스크에 페놀프탈레인 지시약 5~6 방울을 가하고, 0.05N－NaOH 표준용액으로 적정한다. 착색되고 있는 시료는 적정의 종점을 찾기는 곤란하므로 공시험(종말점은 미홍색)과 같은 색이 나타낼 때까지 적정한다.

[계산] 아미노산태질소(%) $= (M - B) \times F \times 0.0007 \times D \times \frac{100}{S}$

M : 본시험에 대한 NaOH 용액의 적정치(mL)
B : 공시험에 대한 NaOH 용액의 적정치(mL)
F : NaOH 용액의 역가
D : 희석배수 0.0007 : 0.05N－NaOH 용액 1mL에 해당하는 질소량(g)
S : 시료의 채취량(g)

(2) Van Slyke법

아미노산에 아질산을 작용시키면 다음과 같이 아미노산의 아미노가와 아질산이 반응을 하여 정량적으로 질소가스를 발생하므로 이 질소가스의 부피를 측정하여 아미노산의 양을 구한다.

$$H_2N-\underset{\displaystyle R}{\overset{\displaystyle H}{\underset{|}{\overset{|}{C}}}}-COOH + HNO_2 \longrightarrow HO-\underset{\displaystyle R}{\overset{\displaystyle H}{\underset{|}{\overset{|}{C}}}}-COOH + N_2\uparrow + H_2O$$

이때 동시에 아질산 자체가 분해하여서 산화질소를 발생하기 때문에 이것을 알칼리성 과망간산칼륨용액에 흡수시켜 제거하고 질소가스를 측정하는 것이다.

$$3HNO_2 \longrightarrow HNO_2 + H_2O + 2NO$$

[시약]

- 알칼리성 과망간산칼륨용액($KMnO_4$ 50g, NaOH 25g을 물 1L에 용해시킨다)
- 30% 아질산나트륨용액(특급 $NaNO_2$ 30g을 물에 용해시켜서 100mL로 한다.)
- 아세트산

[조작]

1) 공시액의 조제

단백질, 암모니아, 트리메틸아민 등도 아질산에 작용하여서 질소가스를 발생하므로 시료 중의 아미노산의 정량을 할 경우에는 이들을 제거해야 한다. 시료가 고형물일 경우는 충분히 잘게 썰어서(어류, 육류 등은 육쇄기나 유발을 사용하여서 으깬다) 이 중 10g을 평취하여 증류수 50mL를 가하여 잘 흔들어서 추출한다.

단백질을 제거하는 조작은 다음과 같이 한다. 10% 삼염화초산(CCl_3COOH) 용액 10mL를 시료액에 가해서 단백질을 침전시켜 이것을 여과하고 잔사를 5% 삼염화초산에 씻는다. 여액은 100mL로 한다.

암모니아, 트리메틸아민을 알칼리성에서 증류하면 유출되므로 약알칼리($Ca(OH)_2$) 등을 가하여 감압증류한 후에 일정량으로 한다. 아미노산 등 비교적 순수한 것은 그대로 증류수에 용해시켜 검액으로 한다.

2) 장치 내의 공기의 배제

① 그림 8-14의 Van Slyke 장치에 붙어있는 기호에 따라서 설명하면 우선 Hempels pipette(E)의 상구의 일부를 채울 때까지 $KMnO_4$액을 넣는다.

② 코크 f, c를 회전하여 C를 통해서 F를 외기와 통하게 하여 G에 물을 채워 올려서 물이 C에 달하게 한다. 이렇게 하므로 F 내의 공기는 제거된다.

③ c를 닫고 f를 돌려 F와 E를 통하게 하고 $KMnO_4$액이 f에 달할 때까지 G를 내려서 E와 f 사이의 공기를 F로 보낸다. f, c를 회전시켜서 F를 C로 통하게 하고 다시 G를 높이 올려서 F 내의 공기가 C를 통해서 밖으로 나가게 하고 f를 닫아준다. c를 회전하여 D를 외기와 통하게 하여 a, b, d를 전부 닫고 A에 아세트산 3mL를 넣는다.

④ a를 열어서 빙초산을 D에 떨어뜨리고 바로 30% $NaNO_2$ 용액 13mL를 A에 넣어서 같은 방법으로 D에 떨어지게 한다. 여기서 c를 닫고 a는 열어둔 채 수 초간 D를 흔들어주면 산화질소가 생긴다. 이 압력으로 D 중의 액은 A에 역류한다. c를 열고 외기와 통하게 하면 A 중의 액은 다시 D에 채워져서 가스는 C를 통해서 외부로 배제하게 된다.

⑤ c를 닫고 다시 D를 흔들어서 D 중의 액을 A로 역류시켜 D 내의 액면이 화선(미리 표시되어 있음)에 도달하면 a를 닫는다. c를 열어 외기를 통하게 하고 D를 1분간 흔들어 준 후 c 및 f를 회전시켜 D와 F를 통하게 한다. 이와 같은 조작에 의해서 장치 내 및 액 중의 공기는 거의 제거된다.

[공시험 및 정량]

① $NaNO_2$ 중에 함유하는 불순물로부터 생기는 질소를 정량하기 위하여 공시험을 행한다. 공시험은 증류수를 사용해서 검액의 측정과 같은 조작을 한다. 공시험에서 얻어진 값을 검액에서 얻어진 값으로부터 뺀 것을 질소량으로 한다.

② 검액과 동량(1mL)의 증류수를 B로부터 D에 주입하여 D를 수동 또는 동력으로 5분간 흔들어주면 발생한 가스는 F로 들어간다. 완전히 가스를 F로 보내기 위하여 A 중의 액을 D로 떨어뜨리고 D 중의 액이 모세관을 채워서 F에 약간 도달하면 f를 닫아 G를 올리고 f를 열어 F와 E를 통하게 한다.

③ 가스가 E에 들어간 후 f를 닫고 E를 동력으로 1분간 흔들어서 산화질소를 $KMnO_4$액에 흡수시킨 후 흡수되지 않은 가스를 F로 되돌아가게 하기 위해서 f를 열고 G를 내린다. f 를 닫고 G와 F의 액의 수위를 일치시켜 F의 눈금을 읽는다.

④ 다시 가스를 E로 옮겨서 같은 방법으로 흔들어 가스량을 측정한다. 전후 2회의 용량에 차이가 없으면 이때의 기압과 실온을 측정한다. 공시험 후는 F의 가스를 D로 되돌려서 d로부터 액을 버린다.

⑤ A, D는 증류수로 씻고 D는 즉시 알코올로 세척 · 건조하여 검액의 정량을 한다. 검액 1mL를 취하여 공시험과 동일하게 하여서 생기는 질소가스를 측정한다. 이 가스용량으로부터 공시험치를 뺀 것을 2로 나누고 이 값을 온도, 기압에 있어서의 질소량으로 한다.

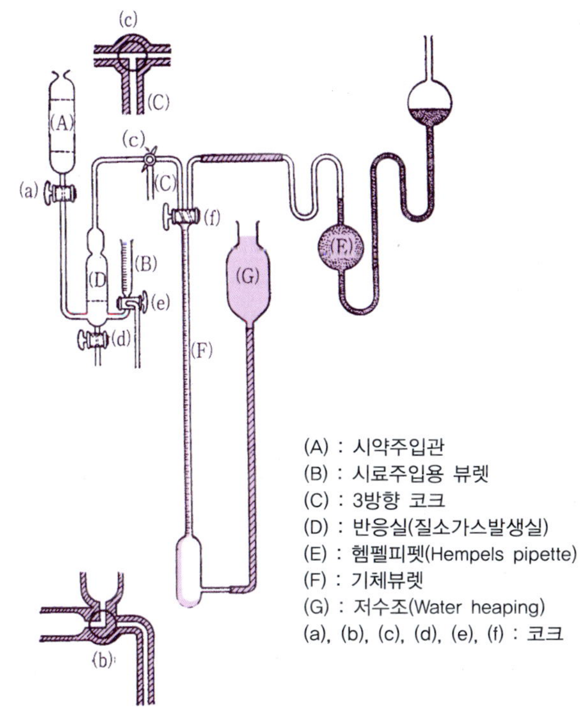

그림 8-14 Van Sylke 아미노태 질소정량 장치

[계산] 아미노태질소(mg%) $= (M - B) \times D \times F \times \frac{100}{S}$

M : 본실험의 질소가스용량(mL)

B : 공시험의 질소가스용량(mL)

D : 희석배수

S : 시료량(g)

F : 이때의 온도, 압력조건하에서 질소가스 1mL에 상당하는 아미노태 질소량(표 8-2 참조)

표 8-2 Van slyke 표 (N_2 1mL에 상당하는 아미노산태 질소의 양(mg))

1°C \ mmHg	728	730	732	734	736	738	740	742	744	746	748
11	0.5680	0.5695	0.5710	0.5725	0.5745	0.5760	0.5775	0.5790	0.5805	0.5820	0.5840
12	0.5655	0.5670	0.5885	0.5700	0.5720	0.5735	0.5750	0.5765	0.5780	0.5795	0.5810
13	0.5630	0.5645	0.5660	0.5675	0.5695	0.5710	0.5725	0.5740	0.5755	0.5770	0.5785
14	0.5605	0.5620	0.5635	0.5650	0.5665	0.5680	0.5700	0.5715	0.5730	0.5745	0.5760
15	0.5580	0.5595	0.5610	0.5625	0.5640	0.5655	0.5670	0.5685	0.5705	0.5720	0.5735
16	0.5555	0.5570	0.5585	0.5600	0.5615	0.5630	0.5645	0.5660	0.5675	0.5690	0.5710
17	0.5525	0.5546	0.555	0.5575	0.5590	0.5605	0.5620	0.5635	0.5650	0.5665	0.5680
18	0.5500	0.5515	0.530	0.5545	0.5560	0.5580	0.5595	0.5610	0.5625	0.5640	0.5655
19	0.5475	0.5490	0.5505	0.5520	0.5535	0.5550	0.5565	0.5580	0.5595	0.5610	0.5630
20	0.5445	0.5460	0.5475	0.5495	0.5510	0.5525	0.5540	0.5555	0.5570	0.5585	0.5600
21	0.5420	0.5435	0.5450	0.5465	0.5480	0.5495	0.5510	0.5525	0.5540	0.5555	0.5575
22	0.5395	0.5410	0.5425	0.5440	0.5455	0.5475	0.5485	0.5500	0.5515	0.5530	0.5545
23	0.5365	0.5380	0.5395	0.5410	0.5425	0.5440	0.5455	0.5470	0.5485	0.5500	0.5515
24	0.5335	0.5350	0.5365	0.5380	0.5400	0.5415	0.5430	0.5445	0.5460	0.5475	0.5490
25	0.5310	0.5325	0.5340	0.5355	0.5370	0.5385	0.5400	0.5415	0.5430	0.5445	0.5460
26	0.5260	0.5295	0.5310	0.5325	0.5340	0.5355	0.5370	0.5365	0.5440	0.5415	0.5430
27	0.5250	0.5265	0.5280	0.5295	0.5310	0.5325	0.5340	0.5355	0.5370	0.5380	0.5400
28	0.5220	0.5235	0.2550	0.5265	0.5280	0.5295	0.5310	0.5325	0.5340	0.5355	0.5370
29	0.5195	0.5210	0.5220	0.5235	0.5250	0.5265	0.5280	0.5295	0.5310	0.5325	0.5340
30	0.5160	0.5175	0.5190	0.5205	0.5220	0.5235	0.5250	0.5265	0.5280	0.5295	0.5310

1°C \ mmHg	750	752	754	756	758	760	762	764	766	768	770
11	0.5855	0.5870	0.5880	0.5900	0.5915	0.5935	0.5950	0.5965	0.5980	0.5995	0.6011
12	0.5380	0.5845	0.5860	0.5875	0.5890	0.5905	0.5925	0.5940	0.5955	0.5970	0.5985
13	0.5805	0.5820	0.5835	0.5850	0.5865	0.5880	0.5895	0.5910	0.5930	0.5945	0.5966
14	0.5775	0.5790	0.5805	0.5825	0.5840	0.5855	0.5870	0.5885	0.5900	0.5915	0.5935
15	0.5750	0.5765	0.5780	0.5795	0.5810	0.5830	0.5845	0.5860	0.5875	0.5890	0.5905
16	0.5725	0.5740	0.5755	0.5770	0.5785	0.5800	0.5815	0.5830	0.5850	0.5865	0.5880
17	0.5695	0.5710	0.5730	0.5745	0.5760	0.5775	0.5790	0.5805	0.5820	0.5835	0.5850
18	0.5670	0.5685	0.5700	0.5715	0.5730	0.5745	0.5765	0.5780	0.5795	0.5810	0.5825
19	0.5645	0.5660	0.5675	0.5690	0.5705	0.5720	0.5735	0.5750	0.5765	0.5780	0.5795
20	0.5615	0.5630	0.5645	0.5660	0.5675	0.5690	0.5705	0.5725	0.5740	0.5755	0.5770
21	0.5590	0.5605	0.5620	0.5635	0.5650	0.5665	0.5680	0.5695	0.5710	0.5725	0.5740
22	0.5560	0.5575	0.5590	0.5605	0.5620	0.5635	0.5650	0.5665	0.5680	0.5695	0.5715
23	0.5530	0.5545	0.5560	0.5575	0.5595	0.5610	0.5625	0.5640	0.5655	0.5670	0.5685
24	0.5505	0.5520	0.5535	0.5550	0.5565	0.5580	0.5595	0.5610	0.5625	0.5640	0.5655
25	0.5475	0.5490	0.5505	0.5520	0.5535	0.5550	0.5565	0.5580	0.5595	0.5610	0.5625
26	0.5445	0.5460	0.5475	0..5490	0.5505	0.5520	0.5535	0.5550	0.5565	0.5580	0.5595
27	0.5415	0.5430	0.5445	0.5460	0.5475	0.5490	0.5505	0.5520	0.5535	0.5550	0.5565
28	0.5385	0.5400	0.5415	0.5430	0.5445	0.5460	0.5475	0.5490	0.5505	0.5520	0.5535
29	0.5355	0.5370	0.5385	0.5400	0.5415	0.5430	0.5445	0.5460	0.5475	0.5490	0.5505
30	0.5325	0.5340	0.5355	0.5370	0.5385	0.5400	0.5415	0.5430	0.5445	0.5460	0.5475

제3절 조단백질의 정량

식품에 함유되어 있는 질소화합물의 대부분은 단백질이다. 식품 중의 단백질량은 질소의 총량에 질소계수(6.25)를 곱하여 구한다. 그러나 식품 중에는 단백질 이외에 amide, 아미노산, alkaloid, glucoside 및 암모니아 등의 여러 가지 질소화합물이 함유되어 있으며, 이들은 종류에 따라서 그 조성이 다르므로 반드시 전질소에 6.25를 곱한 것이 순단백질의 양을 나타내는 것은 아니다.

그래서 이것을 조단백질이라고 한다. 순수한 단백질을 정량하려면 시료에 단백질 침전제를 가하여 단백질을 침전시켜 이것을 시료로 한다.

1. 질소계수

표 8-2와 같이 단백질은 평균 16%의 질소를 함유하고 있으며 각 식품성분 중에서 질소를 함유하고 있는 것은 대부분 단백질이다. 따라서 단백질량은 질소를 정량하여 거기에 100/16 = 6.25를 계수로서 곱하여 산출하면 된다. 이 계수를 질소계수라고 한다.

질소계수는 단백질 중의 질소함량에 의해서 정해지는 것이며 단백질 중의 질소함량은 단백질의 종류에 따라 다르다. 모든 단백질에 있어서 6.25를 질소계수로 사용하는 것은 반드시 정확한 것은 아니다. 최근에는 FAO에서 정해진 질소계수를 사용한다(표 8-4 참조).

표 8-3 단백질의 원소구성

원 소	%
탄소	50~55
산소	19~24
질소	12~19
수소	6.9~7.3
유황	0.3~2.4

표 8-4 식품 중의 질소-단백질 환산계수

식 품		질소계수	식 품		질소계수
동물성 식품	육류	6.25	식물성 식품	두류	
	젤라틴	5.55		콩	5.71
	우유 및 유제품	6.38		강낭콩	6.25
	달 걀	6.25		작두콩	6.25
식물성 식품	곡류			팥	6.25
	쌀	5.95		녹 두	6.25
	보 리	5.38		땅 콩	5.46
	연 맥	5.83		견과류 및 종실류	
	밀, 전립	5.83		밤	5.30
	밀, 배아	5.80		Brazil nut	5.46
	밀, 배유	5.70		Butter nut	5.30
	옥수수	6.25		coconut	5.30
	수 수	6.25		참 깨	5.30
	귀 리	5.83		호박씨	5.30
	피	5.83		목화씨	5.30
				아마인(亞麻仁)	5.30
				해바라기씨	5.30
				호 두	5.30

2. Kjeldahl 정량법

단백질 시료에 진한 황산과 촉매를 가하여 가열하면 유기물은 황산에 의해서 탈수분해됨과 동시에 산화환원이 일어난다. 단백질 중의 질소는 정량적으로 암모니아로 변화하여 황산암모늄의 형태로 분해액 중에 포집된다.

이것을 물로 희석하여 과잉의 진한 수산화나트륨을 가하고 가열하면 암모니아가 발생하여 증류한다. 이 암모니아를 일정량의 표준 산용액 중에 흡수시킨 후에 잔존하는 산량을 표준 알칼리용액으로 적정하며 이 적정치로부터 질소량을 산출한다.

각 단계에서 일어나는 반응은 다음과 같다.

(1) 분해반응 : 시료에 진한 황산과 분해촉진제를 첨가하여 가열하면 시료 중에 존재하는 질소는 암모니아로 되고 황산과 반응하여 황산암모늄 형태로 포집된다.

시료 중의 질소 + 진한 $H_2SO_4 \longrightarrow (NH_4)_2SO_4 + SO_2 + CO_2 + CO + H_2O$

(2) **증류반응** : 단백질 분해액에 일정 과량의 진한 알칼리를 가해 증류하면 암모니아가 유리된다.

$(NH_4)_2SO_4 + 2NaOH \longrightarrow 2NH_3 + Na_2SO_4 + 2H_2O$

(3) **중화반응** : 유리된 암모니아는 과잉의 황산용액(산표준용액) 중에 포집되어 황산암모늄 형태가 되고 일정량의 잔여황산이 존재한다.

$2NH_3 + H_2SO_4 \longrightarrow (NH_4)_2SO_4 + H_2SO_4$ (잔여)

(4) **적정반응** : 잔존하는 황산을 알칼리표준용액으로 적정하여 암모니아와 반응시키면 소비된 황산량을 구할 수 있다.

H_2SO_4 (잔여) $+ 2NaOH \longrightarrow Na_2SO_4 + 2H_2O$

[시약 및 기구]

- 진한 H_2SO_4(비중 1.84, H_2SO_4)
- 30% NaOH
- 분해 촉진제($K_2SO_4 : CuSO_4 = 9 : 1$의 혼합분말)
- 0.1N – H_2SO_4 표준용액
- 0.1N – H_2SO_4 NaOH 표준용액
- 혼합지시약(1% methyl red : 1% methylene blue = 1 : 1)
- 200mL kjeldahl flask
- 분해장치와 증류장치(그림 8-15, 16)
- 비등석

[조작]

1) 분해

① 시료 1~5g(질소 약 200~1,000mg에 상당하는 양)을 정확히 칭량하여 500mL kjeldahl 플라스크에 시료가 플라스크에 부착하지 않도록 주의하여 넣는다(시료 채취량 기록).

② 여기에 분해촉진제 2~5g과 진한 황산 20~30mL를 가하여 비등석 몇 조각과 함께 그림 8-15와 같은 분해장치 속에서 천천히 가열해서 비등시킨다. 동시에 다른 분해 플라스크에 시료 없이 공시험을 행한다.

③ 분해가 시작하면 당류나 지방이 많은 시료는 거품이 많이 생기므로 플라스크의 목 부위까지 분해되지 않은 시료가 부착되지 않도록 주의하여 처음에

는 약하게 가열하고, 거품이 발생하지 않으면 강하게 가열하여 분해한다. 반응이 진행됨에 따라 아황산가스가 발생하고, 탄소는 탄산가스로 되어 비산(飛散)하며, 액은 흑갈색에서 녹갈색으로 되고, 최종적으로는 투명하게 되어 청색 혹은 황록색을 나타내게 된다.

④ 가열시간은 시료에 따라서 다르지만 투명하게 된 후부터 약 1시간 가열하면 충분하다. 가열을 중지하고 10~15분간 방냉한 뒤 염류의 결정이 석출하지 않도록 증류수 약 20mL를 주의하면서 첨가시킨다. 이것을 100mL의 mess 플라스크에 씻으면서 넣고 방냉 후 표준선까지 증류수를 넣어서 100mL로 한다.

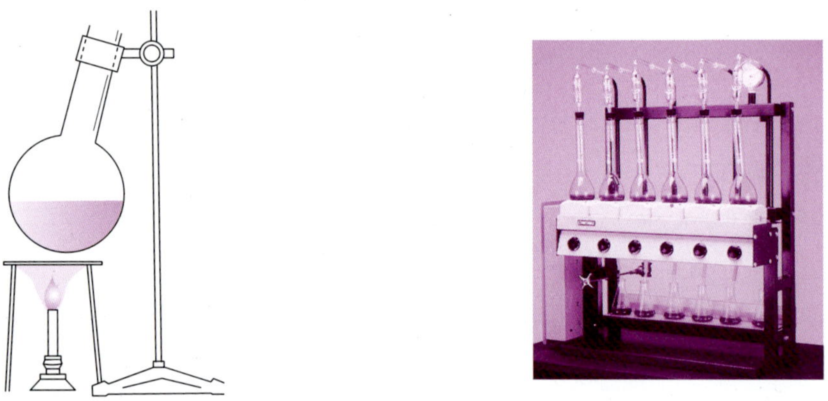

분해 플라스크　　　　Micro kjeldahl 분해장치

그림 8-15 분해장치

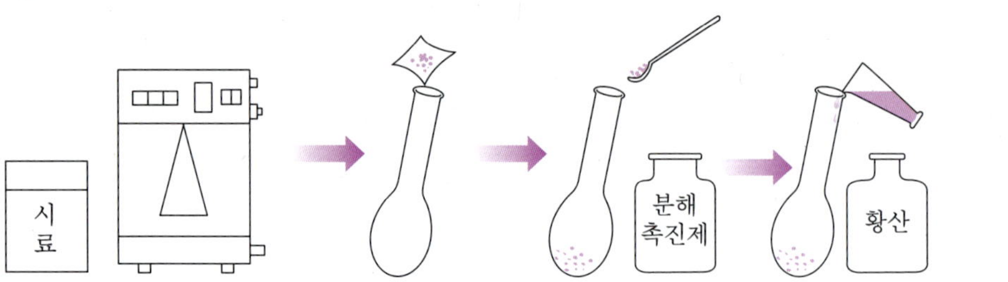

적당량의 시료를 직시천평에서 정확히 평취한다.

시료가 분말일 경우는 시료를 직접, 점토생일 경우는 유산지와 함께 분해병에 넣는다.

분해촉진제 첨가

진한 황산을 분해병의 기벽으로 천천히 주입한다.

그림 8-15 시료의 채취와 분해 준비조작

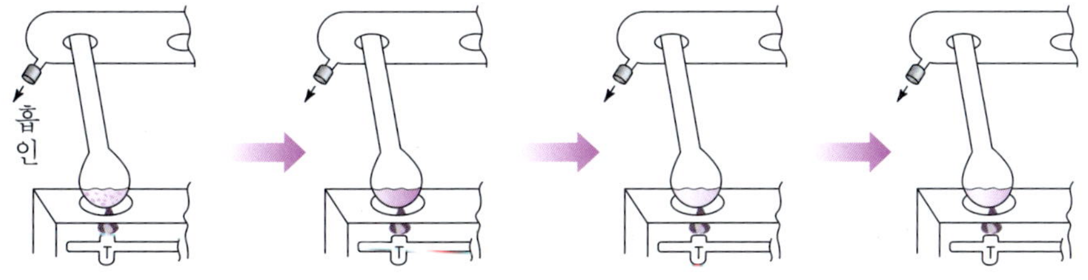

분해병을 분해대에 올려 놓고 가스 불을 약하게 하여 약 30분간 가열한다(시료 용액의 색은 흑갈색).

가스 불을 약간 강하게 한다(갈색).

가스 불을 강하게 한다(황색).

시료용액의 색이 담녹색으로 된 후에 약 시간 더 가열하여 불을 끈다(상온이 될 때까지 냉각).

그림 8-17 단백질의 황산 분해조작

2) 증류 및 중화

① 그림 8-18의 증류장치에서 보는 바와 같이 둥근 플라스크(A)에 증류수를 약 2/3 넣고 돌비를 막기 위해 비등석 몇 개(또는 한쪽끝이 막힌 모세관)를 가한다. 여기에 진한 황산 몇 방울을 가하여(암모니아가 존재할 위험 때문) 미산성이 되게 한다.

② 증류 플라스크(B)에 시료액 대신 증류수를 넣고 약 20분간 증류해서 증류 플라스크, 냉각관(C)의 내부를 세정하여 둔다. 여기에 분해과정에서 얻은 희석한 분해시료용액 25mL를 whole pipette으로 정확히 취하여 깔때기 (F)를 통하여 증류 플라스크에 주입한다.

③ 다음 200mL 삼각플라스크(G)에 0.1N－황산용액 25.0mL를 whole pipette으로 취하고 지시약 2~3방울을 가하여 냉각관(C)의 끝부분이 황산용액 중에 침시되도록 장치를 고정한다. 마지막에 분해플라스크 상부에 눈금이 부착된 깔때기(F)로부터 30% NaOH 용액 20~30mL를 가하여 용액을 강알칼리성으로 한다.

④ 콕크 ⓑ를 열고 ⓐ와 ⓒ를 닫아 수증기 발생 플라스크로부터 수증기가 밀려 나오면 점차적으로 증류 플라스크 중의 용액은 비등상태로 되어 암모니아가 발생한다. 수증기와 같이 냉각관을 통하면서 냉각되어 0.1N－H_2SO_4 용액 중에 포집하게 된다. 30% 수산화나트륨을 가하고부터 수분 안에 암모니아의 대부분이 발생하므로 특히 주의해야 한다.

15~20분간 증류하여 적색리트머스지로 암모니아가 완전히 증류하였는지를 확인한 후에 삼각플라스크를 냉각관의 끝부분에서 약간 떼어 다시 2~3분간 증류를 계속한다.

⑤ 냉각관의 끝부분을 증류수로 잘 세척하여(세액은 삼각플라스크에 받는다.) 삼각플라스크를 냉각관에서 떼어낸다. 불을 약하게 한 뒤 콕크 ⓐ를 열고 ⓑ를 닫아 증류 플라스크의 액을 역류병(D)으로 역류하게 한 다음 증류를 준비한다.

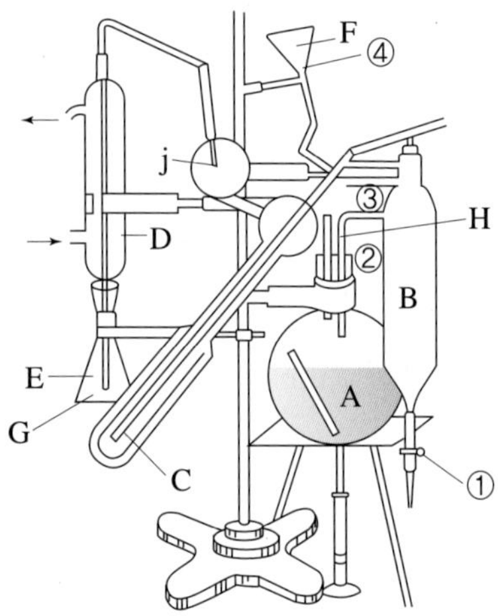

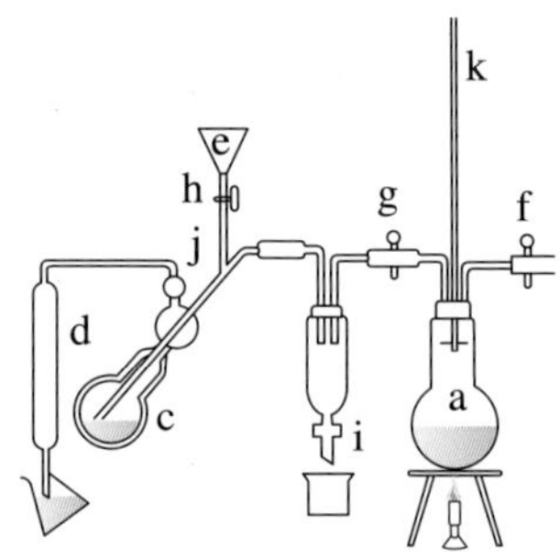

A : 수증기 발생 플라스크 B : 역류병 C : 증류 플라스크
D : 냉각관 E : 수기(受器, 삼각 플라스크) F : 깔대기
G : 냉각관의 선단 H : 모세관 ①,②,③,④ : cock

그림 8-18 질소증류장치

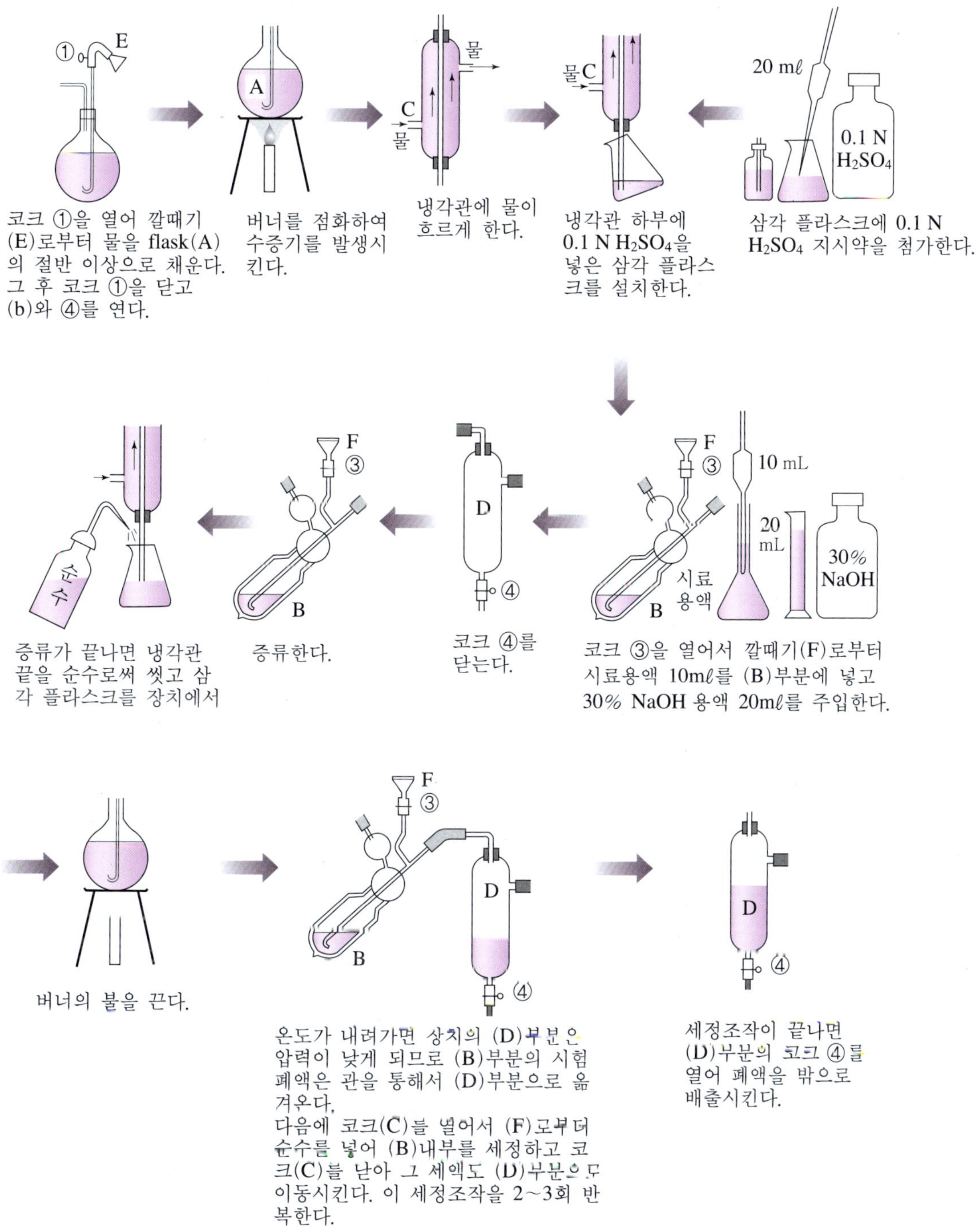

그림 8-19 시료용액 중의 질소의 증류조작

3) 적정

암모니아를 포집한 삼각플라스크 중에 잔존하고 있는 황산용액을 methyl red 및 methlene blue 혼합지시약을 사용하여 수산화나트륨 용액으로 적정한다. 이렇게 하면 암모니아에 의해서 중화한 황산용액의 용량을 알 수 있다. 이상의 증류, 중화 및 적정조작을 3회 반복하여 평균치를 취한다.

4) 계산

$$\text{조단백질(\%)} = \frac{(B - M) \times F \times 0.0014 \times D \times 6.25}{S} \times 100$$

M : 본시험에 대한 NaOH용액의 적정치(mL)
B : 공시험에 대한 NaOH용액의 적정치(mL)
S : 시료채취량(g)
F : 0.1N − NaOH 표준용액의 역가
D : 희석배수
0.0014 : NaOH용액 1mL에 상당하는 질소량(g)
6.25 : 질소계수

[연습 문제]

시료 3g을 칭량하여 분해한 다음, 분해액을 증류수로 희석하여 200mL로 만들었다. 이중 20mL를 취하여 증류 후 0.1N−H_2SO_4 20mL를 넣은 수기에 포집하여 0.1N − NaOH(f = 1.03)로 적정하였더니 17.2mL를 소비하였다. 이 때 공시험의 소비량이 20.2mL였다면 시료의 조단백질 함량은 몇 %인가?

$$\text{조단백질(\%)} = \frac{(B - M) \times F \times 0.0014 \times D \times 6.25}{S} \times 100$$

$$= \frac{(20.2 - 17.2) \times 1.03 \times 0.0014 \times \frac{200}{20} \times 6.25}{3} \times 100$$

$$\cong 9.0558\%$$

제4절 순단백질의 정량

순단백질은 시료를 물로 추출하여 이것에 용해된 질소화합물에 단백질침전제를 가하여 단백질을 침전시킨다. 이것을 Kjeldahl법으로 정량한다.

이 방법에 의해서도 alkaloid나 색소 등의 불용성질소화합물이 순단백질에 혼입하여서 정량되지만 특수한 경우(차, 담배 등)를 제외하고는 극히 미량이므로 그대로 정량치를 순단백질량으로 한다.

1. Barnstein법

[시약]

- 6g/100mL $CuSO_4$ 용액
- 1.25g/100mL NaOH용액
- Kjeldahl 법에 의한 질소정량에 필요한 시약

[조작]

분말시료 적당량(조단백질 정량의 경우에 준한다)을 200mL 비커에 취하여 물 100mL를 가하고 비등할 때까지 가열한다. 가열 후 $CuSO_4$ 용액 25.0mL를 whole pipette으로 가하고 저어주면서 NaOH용액 25.0mL를 같이 가하여 잘 교반하고 단백질을 침전시킨다. 침전한 단백질을 경사 여과하여 완전히 여지상에 옮겨서 구리이온, 황산이온의 반응이 없을 때까지 침전을 세정한다.

세징 후 단백질의 침선을 여지와 같이 분해플라스크에 넣고 조단백질의 경우와 같이 분해정량한다. 이 경우 여지가 질소화합물을 함유하는 경우가 있으므로 여지만을 분해한 공시험을 동시에 행한다.

2. 비색법

(1) Lowry법에 의한 단백질의 정량

[원 리]

Lowry법은 Biuret반응과 Folin-Ciocalteu 시약(phosphomolybdate-phosphotungstate)반응의 조합으로 이루어진 단백질 정량방법으로서 Folin-Ciocalteu 시약을 이용하면 반응의 색이 Biuret반응에 비해 강하게 나타나기 때문에 Biuret법에 비하여 감도가 높아지므로, 미량의 단백질(5μg/mL~100μg/mL)을 정확하게 정량할 수 있는 특징이 있으며, tyrosine, tryptophan, cystein의 잔기에 의해 환원되는 것을 기본으로 한다.

Lowry법은 단백질 정량에 있어서 탁월한 감도를 나타내며, 넓은 농도의 범위에서 적용이 가능한 장점을 가지고 있다. 반면, detergent 혹은 여러 가지 화합물 등에 의해 반응을 방해받을 수 있고, 반응속도가 느리며(40min), carbonate는 불안정하므로 사용 직전 만들어 써야 하고, photo-sensitive하므로 빛은 모든 샘플에 일정해야 한다는 단점도 가지고 있다.

제 1단계 반응은 Biuret 반응으로서 알칼리 용액에서 Cu^{2+}와 단백질의 peptide bond간에 복합체를 형성시켜서 Cu^{2+}가 Cu^{+}로 환원된다.

제 2단계 반응은 Folin-Ciocalteu 반응으로서 1단계에서 환원된 Cu^{+}와 단백질 내의 tryptophan, tyrosine, cysteine의 radical group이 Folin-Ciocalteu 시약 복합체를 환원시켜서 진한 청색을 나타낸다.

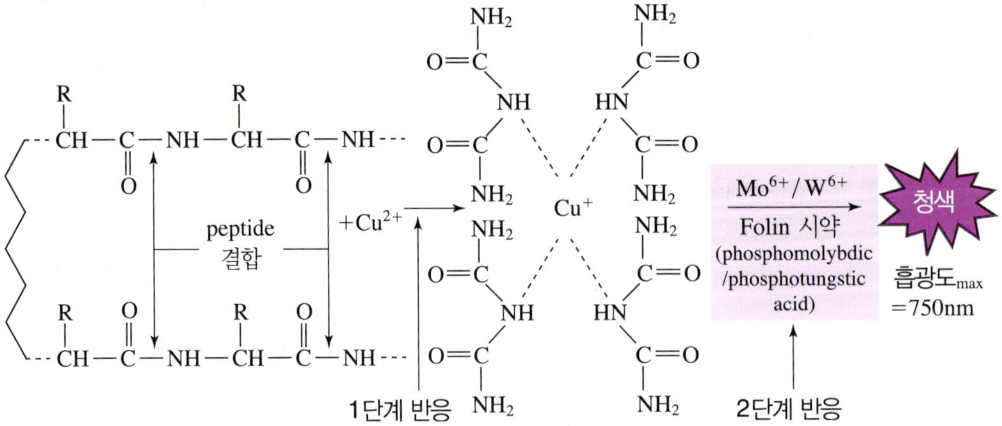

그림 8-20 Lowry법에서 단백질 정량을 위한 발색원리

[시약]

① 2% Na_2CO_3 수용액

② 2% Na_2CO_3 0.1N－NaOH용액

③ 2% $K_2C_4H_4O_6 \cdot 1/2\ H_2O$ (potassium tartate)

④ 1% $CuSO_4 \cdot 5H_2O$ 수용액

⑤ 알칼리성 구리시약 : 시약 ③ 1mL와 시약 ④ 1mL를 혼합하여 시약 ②로 100mL로 희석한다. 불안정하기 때문에 실험 당일 만들어서 사용한다.

⑥ 탄산나트륨알칼리성 구리용액 : 시약 ③ 1mL와 시약 ④ 1mL를 혼합하여 시약 ①로 100mL로 희석한다.

⑦ 시판되는 Folin-Ciocalteu phenol 시약을 1N Folin-Ciocalteu phenol로 희석하여 사용하며, 시약은 산성에만 안정하기 때문에 알칼리성 상태인 시료에 가한 후에는 이 시약이 분해되기 전에 빨리 발색반응이 일어나도록 해야 한다.

⑧ 단백질표준용액은 fetal bovine albumin 200μg/mL의 표준용액을 조제하여 0.2, 0.5, 0.7, 1.0mL를 취해 각각에 증류수를 가해서 1.0mL로 한 다음 시료용액과 똑같은 방법으로 반응시킨다. 단백질량으로서 4, 10, 14, 20μg의 표준곡선을 작성한 후(19장 가시 자외선 분광광도계법 참조), 이를 토대로 시료의 농도를 산출한다.

[조작]

① 먼저 분광광도계를 작동시킨다.

② 1~10μg으로 희석한 단백질 시료용액 1mL를 작은 시험관에 취하고, 시약 ⑤(알칼리성 구리시약) 5mL를 혼합하여 상온에서 10분 이상 방치한다.

③ 희석된 Folin-Ciocalteu phenol 시약(시약 ⑦) 0.5mL를 voltexing하여 잘 섞고 실온에서 30분간 방치한다.

④ 분광광도계(spectrophotometer)를 이용하여 750nm에서 흡광도를 측정한다.

⑤ 단백질 표준용액을 사용해 작성된 표준곡선(standard culve)로부터 시료의 단백질 농도를 계산한다.

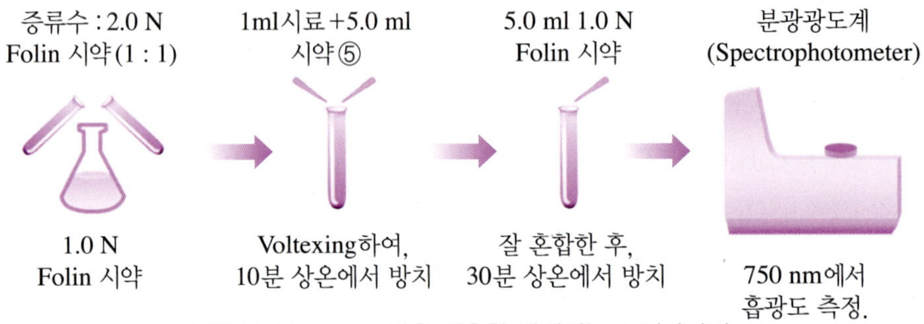

그림 8-21 Lowry법을 이용한 단백질농도 정량과정

(2) Bradford법에 의한 단백질의 정량

[원 리]

이 방법은 Biuret법이나 Lowry법의 여러 단점을 해결하기 위하여 개발된 방법이다. 산성상태에서 Coomassie Brilliant Blue G–250(CBBG)가 단백질 분자내에 lys, arg, trp, tyr, his, phe 등의 아미노산에 결합할 때에 CBBG가 free dye의 형태로 있으면 최대흡광은 465nm(red)이지만, 아미노산과 결합할 때의 최대흡광은 595nm(blue)인 특징을 이용한다.

이 방법에서는 염색제로 Coomassie Brilliant Blue G–250 산성용액만을 필요로 하며 단백질과의 결합에 의한 발색은 2분 내에 완료되어 1시간 동안 안정하게 유지된다. 감도도 25μg/mL~ 200μg/mL로 대단히 높으며 Triton X–100, SDS를 제외하고는 방해물질도 거의 없으므로, 최근에는 BCA법과 더불어 가장 널리 이용되는 방법 중 하나이다.

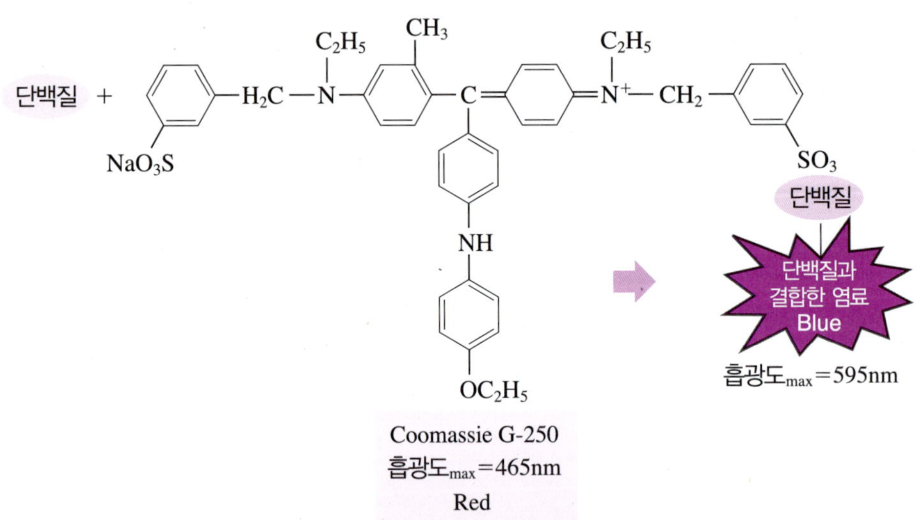

그림 8-22 Bradford 법을 이용한 단백질농도 정량의 원리

[시약]

① Coomassie Brilliant Blue G-250 농축액 제조

- 100mL 95% ethanol
- 200mL 88% H_3PO_4
- 350mg Coomassie Brilliant Blue G-250 을 가하여 잘 섞는다. 상온에서 안정하게 보관할 수 있다.

② Coomassie Brilliant Blue G-250 시험액 제조

- 15mL 95% ethanol
- 30mL 88% H_3PO_4
- 30mL Coomassie Brilliant Blue G-250 농축액
- 425mL 증류수에 잘 가하여 섞고, Whatman No. 1. filter paper에 filter 후, 갈색병에 넣어 상온에서 보관한다. 상온에서는 몇 주간 안정하며, 주로 냉장에서 보관한다.

③ 단백질 표준용액 : Bovine serum albumin(1mg/mL)

[조작]

① 먼저 분광광도계를 작동시킨다.

② 9개의 시험관을 시험관꽂이에 꽂고 각 시험관에 0μL, 2.5μL, 5μL, 7.5μL, 10μL, 12.5μL, 15μL, 17.5μL, 20μL의 단백질 표준용액(1mg/mL, Bovine serum albumin)를 취하고, 차례대로 100μL, 97.5μL, 95μL, 92.5μL, 90μL, 87.5μL, 85μL, 82.5μL, 80μL의 완충용액(혹은 증류수)을 더하여 100μL로 맞춘다.

③ 각 시험관에 위 시약항의 ② (Bradford 시약)를 1mL 가하고 잘 섞는다.

④ 실온에서 20~30분간 방치한다. 이 색은 1시간 정도 안정하기 때문에 즉시 흡광도를 측정하도록 한다.

⑤ 595nm에서 각 시험관의 흡광도를 측정하고 표준곡선을 작성한다.

⑥ 시료 단백질용액에 대해서도 위와 같은 방법으로 흡광도를 측정한 후 작성한 표준곡선을 이용하여 단백질을 정량한다.

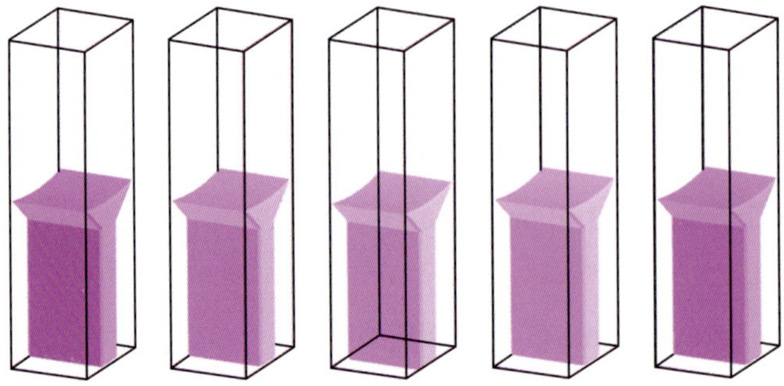

그림 8-23 Bradford법을 이용한 발색의 실제 예

(3) BCA법에 의한 단백질의 정량

현재 Bradford법과 더불어 단백질 정량을 위한 비색법 중 가장 많이 사용되고 있는 방법 중 하나로서 Lowry법을 개량하여 만든 방법으로 Folin시약 대신 bicinchronic acid(BCA)를 사용하는방법이다. 단백질 용액에 Cu^{2+}이온을 반응시킨 후 bicinchronic acid(BCA)가 Trp, Tyr, Cys의 도움으로 Cu^{+} 이온과 복합체를 형성하여 자색으로 발색하는 반응을 이용한 방법이다.

Bradford 방법에 비하여 아미노산 조성에 따른 발색 정도의 차이가 적고, 감도(10μg/mL ~ 1200μg/mL)는 약간 낮으나, 다른 방법에 비하여 detergent 등에 의한 영향이 적은 장점을 가지고 있다.

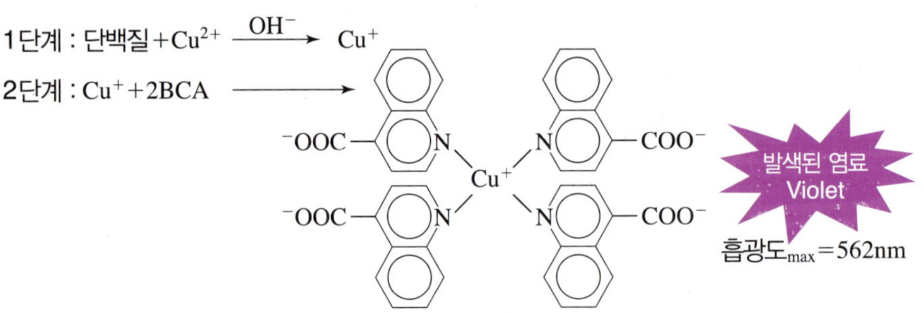

그림 8-24 BCA법을 이용한 발색의 원리

[시약]

① BCA(bicinchronic acid)

② $Na_2CO_3 \cdot H_2O$ (Sodium carbonate)

③ $Na_2C_2H_4O_6 \cdot 2H_2O$ (Sodium tartrate)

④ NaOH

⑤ $NaHCO_3$

⑥ $CuSO_4 \cdot 5H_2O$

⑦ 시약 A 제조 (1L)

10g의 BCA(1%)와 20g $Na_2CO_3 \cdot H_2O$(2%), 1.6g의 $Na_2C_2H_4O_6 \cdot 2H_2O$ (0.16%), 4g의 NaOH, 9.5g/mL(0.95%)에 증류수를 1L까지 채워넣고 voltexing하여 잘 혼합한다. 1년간 상온에서 안정하다.

⑧ 시약 B 제조 (50mL)

2g의 $CuSO_4 \cdot 5H_2O$을 50mL의 증류수에 넣고 잘 녹여 준비한다. 1년간 상온에서 안정하다.

⑨ BCA working solution

시약 A(⑦)와 시약 B(⑧)를 50:1의 비율로 섞는다. 혼합된 상태로 1주일간 안정하다.

⑩ 단백질 표준용액(2mg/mL, Bovine serum albumin)

[조작]

① 먼저 분광광도계를 작동시킨다.

② 시험관을 시험관꽂이에 꽂고 단백질 표준용액(2mg/mL, Bovine serum albumin)과 완충용액(혹은 증류수)을 섞어서 20~1,200μg/mL의 범위로 100μL씩 제조한다.

③ 위에서 제조한 각각의 표준용액이 담긴 시험관에 위 시약항의 ⑨(BCA working solution)를 2mL 가하고 살 섞는다.

④ 상온에서 2시간 혹은 37°C에서 30분간 방치한다.

⑤ 37°C에서 30분간 방치한 경우 상온에서 몇 분간 방치한 후, 562nm에서 각 시험관의 흡광도를 측정하고 표준곡선을 작성한다.

⑥ 시료 단백질용액에 대해서도 위와 같은 방법으로 흡광도를 측정한 후 작성한 표준곡선을 이용하여 단백질을 정량한다.

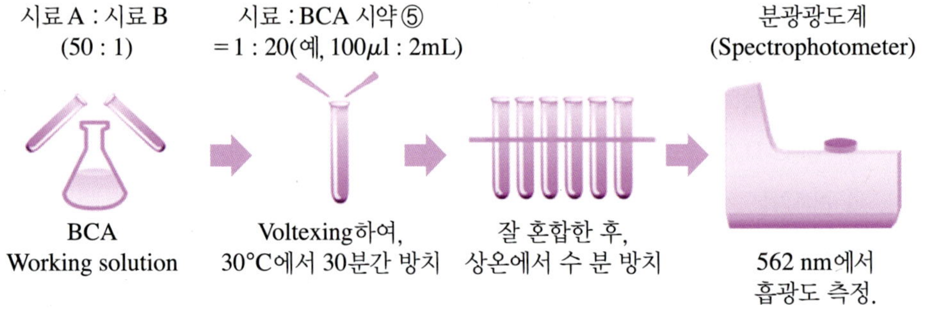

그림 8-25 BCA법을 이용한 단백질 농도 정량과정

Chapter 9.

탄수화물의 정량

탄수화물은 **당질**이라고 하는데 당질에는 **환원당**(환원성을 가진 당), **비환원당**(환원성을 가지지 않은 당)으로 구별할 수가 있다. 비환원당을 가수분해 등의 적당한 처리를 하여 환원당으로 변하게 한 뒤 분석하는 것이 보통이다.

제1절 탄수화물의 정성반응

1. Fehling 반응

Fehling 반응은 2가의 구리이온(Cu^{2+})이 탄수화물의 알데하이드와 반응하여 산화제일구리(Cu_2O)로 적갈색의 침전물을 형성하는 것으로 당류의 환원성에 기초를 둔 반응이다.

Fehling 시약의 제1액[1]과 제2액[2]을 각각 1 : 1로 혼합한 용액 4mL를 환원당 용액 1mL에 가한 후 가열하면 적갈색의 침전물을 형성한다.

$$RCHO + 2Cu^{2+} + NaOH + H_2O \longrightarrow RCOONa + Cu_2O\downarrow + 4H^+$$

2. Benedict 반응

Fehling 반응과 같이 환원당에 의해서 Cu_2O의 침전이 생성되는 것은 같으나, Rochelle염 대신 구연산나트륨을, NaOH 대신에 무수탄산나트륨을 사용하므로 Fehling 용액에 비해 알칼리성이 약해서 더 안정한 것이 특징이다.

---

[1] 황산구리($CuSO_4 \cdot 5H_2O$) 69.3g을 물 1L에 용해한다.

[2] 주석산칼륨나트륨(Rochelle염, $C_4H_4O_6KNa \cdot 4H_2O$) 346g과 NaOH 130g을 물에 용해시켜서 1L로 한다.

Benedict 시약[3] 5mL를 시험관에 취한 후 당용액 0.5mL를 가하여 수분간 가열하면 첨가한 당의 양에 따라 녹색, 황색, 적색의 침전이 생긴다.

3. Tollens 반응(은경반응)

Tollens 시약(암모니아성 $AgNO_3$용액)[4]에 환원당용액을 가하면 환원당의 알데하이드기에 의해 환원되어 시험관 내부에 은(Ag)이 석출되어 거울처럼 되기 때문에 **은경반응**이라고 하며, 반응식은 아래와 같다.

$$2NH_4OH + AgNO_3 \longrightarrow Ag(NH_3)_2OH + H_2O + HNO_3$$
$$RCHO + 2Ag(NH_3)_2OH \longrightarrow RCOONH_4 + 2Ag + 3NH_3 + H_2O$$

4. Barfoed 반응

단당류의 경우 환원성이 이당류에 비해 강하기 때문에 Barfoed 반응을 이용해서 단당류의 검출에 사용할 수 있다.

Barfoed 시약[5]을 시험관에 취하고 당류용액 0.5mL를 가하여 가열하면 단당류가 있을 때는 산화구리의 적색침전이 생긴다.

이 반응은 시료 당용액 중에 염소이온(Cl^-)이 존재하면 반응을 간섭하기 때문에 가능한 한 염화물의 공존을 피해야 한다.

5. Seliwanoff 반응(Resorcinol 반응)

Ketose는 aldose보다 염산에 의해 더 빠른 탈수반응을 통하여 hydroxymethyl furfural(HMF) 및 이것의 유도체가 되고, resorcinol과 반응하여 적색의 화합물을 형성하므로 ketose를 검출하는 데 사용되는 방법이다.

Seliwanoff 시약[6] 3mL와 당류 용액 1mL를 시험관에 취하여 가열하면 적색을 나타낸다.

---

[3] Benedict 시약 : $CuSO_4$ 17.3g과 구연산나트륨 173g 및 무수 Na_2CO_3 100g을 물에 용해시켜서 1L로 만든다.

[4] 0.2N $AgNO_3$용액에 2N NH_4OH를 가하고, 처음에 생성된 갈색의 수산화은(AgOH)의 침전이 다시 녹을 때까지 가한다.

[5] Barfoed 시약 : 초산구리 66g과 빙초산 10mL를 물에 용해하여 1L로 한다.

[6] Seliwanoff 시약 : resorcinol($C_6H_4(OH)_2$) 0.5g을 묽은 HCl(1 : 2) 1L에 용해시킨다.

6. Phenyl hydrazine 반응(Osazone 반응)

α–Ketol기(—CO—CH(OH)⁻)를 가지고 있는 화합물은 phenyl hydrazine과 반응하여 결정성의 phenyl osazone(osazone)을 생성한다. Osazone은 결정으로 얻기 쉽고, 그 결정의 형태는 당의 종류에 따라 다르기 때문에 환원당의 종류를 확인할 수 있다.

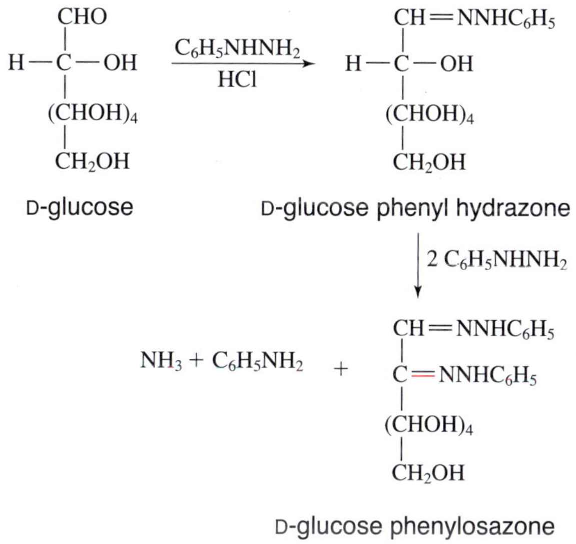

제2절 환원당의 정량법

식품성분 가운데 환원성을 가진 물질의 대부분은 환원당이다. 환원당은 알칼리성에서 $CuSO_4$를 환원시켜 아산화동(Cu_2O)의 침전을 만든다. 이 침전량이 당의 양에 비례하는 것으로 이것을 이용하여 환원당을 정량한다. 환원당의 정량법에는 Bertran법, Somogyl 법 등이 있다.

1. 시료용액의 조제

Fehling 반응에 의한 환원당의 정량은 수용성의 단백질이나 아미노산에 의해 방해 받으므로 초산납을 이용하여 단백질을 제거한 후 시료로 사용한다. 환원당으로서 0.2~1.0g에 상당하는 시료를 200mL의 삼각플라스크에 취하고 80% 에탄올 100mL를 가하여 환류냉각관를 달고 1시간 수욕상에서 가온한다.

식힌 다음 이 내용물을 250mL의 메스플라스크에 옮기고 삼각플라스크는 에탄올로 씻는다. 여기에 에탄올을 넣고 전량을 250mL로 하여 잘 흔든다(이때 덱스트린은 침전되어 제거된다).

상징액 100mL를 비커에 취하고 증발시켜 2~3mL가 되게 한 후 물 약 30mL를 가하여 잘 흔든다. 중성초산납용액을 침전이 그 이상 생기지 않을 때까지 가하고 섞은 다음 약 15분간 방치하고 여과한다. 여과지상의 잔류물을 물 5mL씩으로 3회 씻는다.

여액에 10% 황산나트륨용액을 침전이 그 이상 생기지 않을 때까지 가하여 납을 제거한 다음 건조여과지로 여과하고 잔류물은 물 5mL씩으로 3회 씻고 여액에 물을 넣어 100mL로 한다.

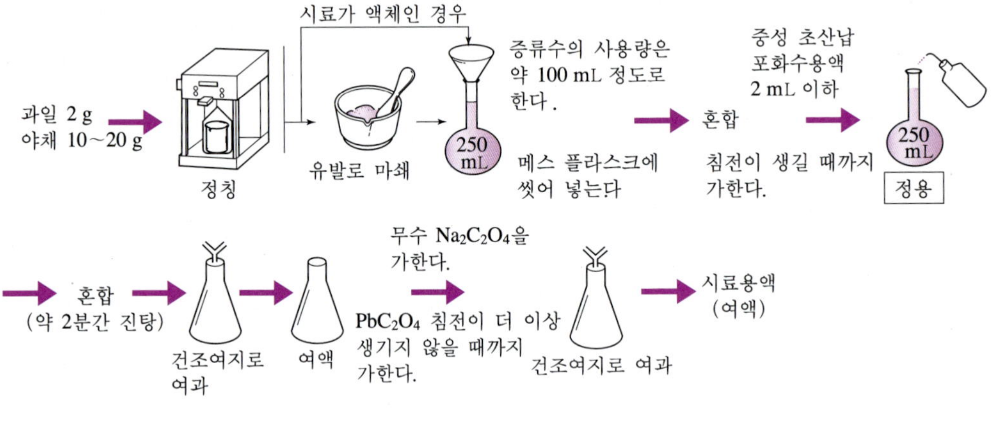

그림 9-2 시료용액의 조제

2. Bertrand 법

[원리]

환원당용액을 황산구리의 알칼리성 용액[Fehling용액, 식(1)]과 가열하면 2가 구리이온(Cu^{2+})은 환원당에 의해서 환원되어 산화구리로 침전된다[식(2)].

Fehling용액 : $CuSO_4 \cdot 5H_2O$ + 2NaOH ⟶ $Cu(OH)_2$ + Na_2SO_4 + $5H_2O$ …(1)
환원당의 반응 : $2Cu(OH)_2$ + R·CHO ⟶ Cu_2O↓ + $2H_2O$ + R·COOH …(2)

생성된 산화구리의 침전을 황산 제2철의 산성용액으로 녹이면 식(3)과 같이 산화구리는 산화되어 황산구리가 되고 여기에 비례하여 황산 제2철은 황산 제1철로 환원된다. 여기에 과망간산칼륨 표준용액으로 적정하면 식(2)와 식(4)에 따라서 당에 의하여 환원, 침전된 구리량을 계산할 수 있고, Bertrand 표(부록 10 참조)로부터 구리양에 상당하는 당류의 양을 계산할 수 있다.

침전물의 용해 : $Cu_2O + \underset{\text{황산 제2철}}{Fe_2(SO_4)_3} + H_2SO_4 \longrightarrow 2CuSO_4 + \underset{\text{황산 제1철}}{2FeSO_4} + H_2O$ …(3)

황산 제1철의 정량 : $10FeSO_4 + 2KMnO_4 + 8H_2SO_4 \longrightarrow$
$5Fe(SO_4)_3 + 2MnSO_4 + K_2SO_4 + 8H_2O$ ……(4)

[시약]

- A액 : 황산구리($CuSO_4 \cdot 5H_2O$) 40g을 증류수에 용해시켜 1L로 한다.
- B액 : 주석산칼륨나트륨(Rochelle염) 200g 및 NaOH 150g을 증류수에 용해시켜서 1L로 한다.
- C액 : 황산 제2철[$Fe_2(SO_4)_3$] 50g 및 진한 황산 200g을 물에 용해시켜서 1L로 한다.
- D액 : 과망간산칼륨($KMnO_4$) 5g을 물에 용해시켜서 1L로 하고 적어도 2일간 실온에서 방치한 후에 유리여과기로 여과하여 착색시약병에 보존한다. 이 수용액 1mL에 상당하는 동량을 구해 둔다.

[기구]

200~250mL 삼각플라스크, 유리여과기(15AG-4) 또는 흡인여과장치, 갈색 burette, 20mL whole pipette.

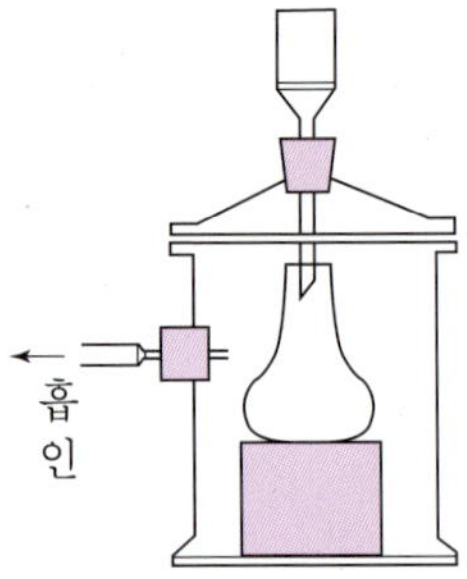

그림 9-1 윗트(witt) 여과장치

[조작]

시료 당용액 20mL(당함량이 0.05~0.45%)를 200mL 삼각플라스크에 취하여 황산구리액(Bertrand A액)과 Rochelle염용액(Bertrand B액)을 각각 20mL씩 취한 후에 잘 혼합되게 흔들어 준다. 금속망 위에서 가열하여 끓기 시작해서 정확히 3분간 가열한다.

이때 상징액은 청색이 약간 남아있어야 한다. 만일 청색을 띠지 않고 적색의 침전이 많으면 환원당량이 너무 많기 때문에 시료의 당용액의 채취량을 줄여야 한다. 흐르는 물에 냉각시킨 후 상등액을 여과기에 장치한 유리여과기에 주입시켜 흡인 · 여과한다(그림 9-1).

그 다음 물 약 50mL를 삼각플라스크 내벽에 붓고 흔들어서 산화구리의 침전을 세정하여 다시 여과하고 세정액은 여액과 합친다. 이와 같은 세정을 3~4회 반복한다. 여과기를 같은 방법으로 알칼리성이 없어질 때까지 3~4회 세정한다.

다음에 침전(산화구리)이 생성되어 있는 삼각플라스크를 여과기 중의 여액수기와 교환하고 황산 제2철[$Fe_2(SO_4)_3$] (Bertrand C액) 20mL를 3~4회 나누어서 흡인 · 여과하면서 여과기의 침전을 용해하고 용해액을 삼각플라스크에 모은다.

여과기 중의 침전이 완전히 용해되고 나면 약 10mL의 온수로 filter를 여러번 세정한다. 여과기로부터 분리하여 그대로 $KMnO_4$ 표준액(Bertrand D액)으로 연한 홍색이 될 때까지 적정한다.

[계산] $KMnO_4$의 소비량을 a mL로 한다면 당용액(20mL) 중의 환원당에 상당하는 Cu량은

$$Cu(mg) = a \times b$$

단, b는 과망간산칼륨용액 1mL에 상당하는 Cu량(mg)

Cu에 상당하는 환원당(mg)을 Bertrand 표(부록 10)로부터 구한다. 이때 표 중에 Cu량에 일치하는 환원당량의 값이 없을 때에는 비례배분에 의하여 계산한다. 시료 중의 환원당량은 다음 식에 의해서 산출한다.

$$\text{환원당}(\%) = y \times V \times \frac{100}{1000} \times S$$

즉 S : 시료채취량(g)

V : 희석배수

y : Bertrand 표로부터 구한 당의 양(mg)

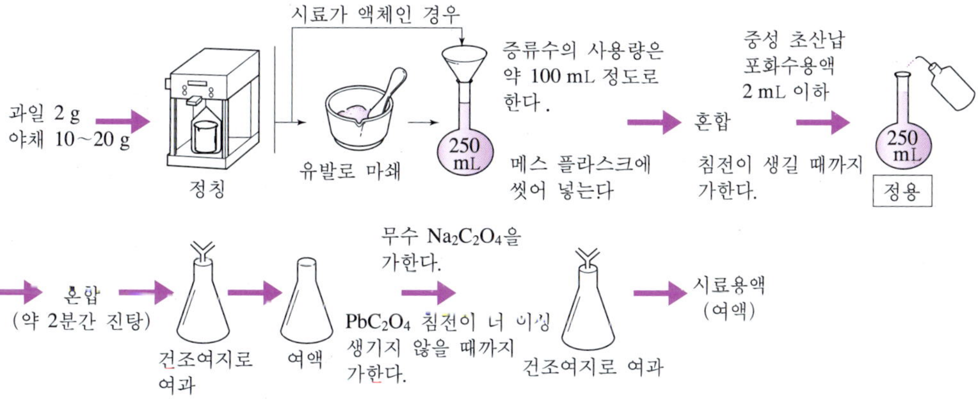

그림 9-2 시료액의 조제

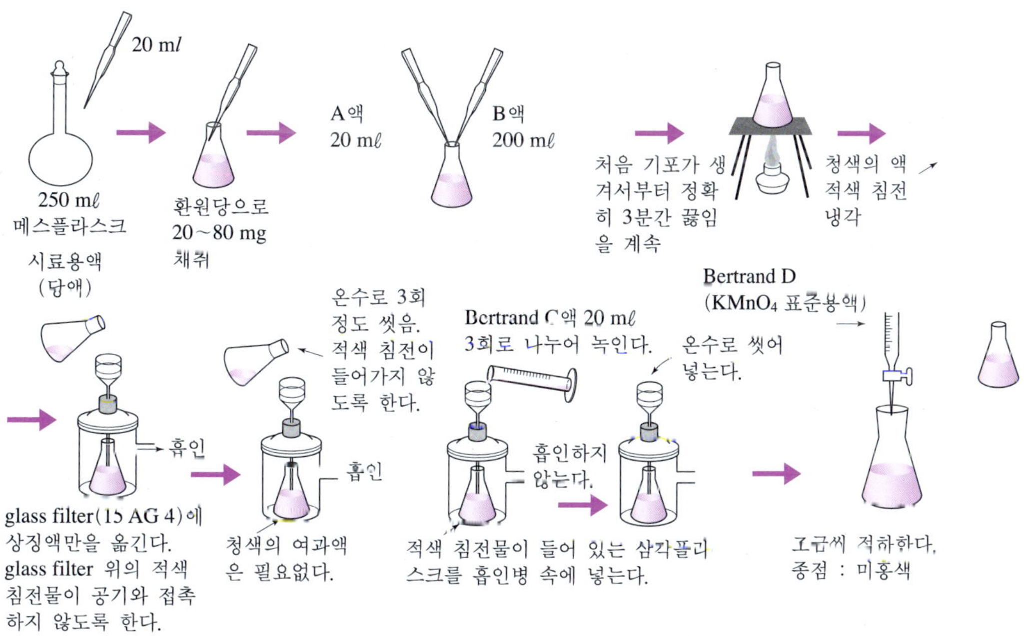

그림 9-3 환원당 정량조작

[$KMnO_4$ 표준액 1mL에 상당하는 Cu량의 측정]

200mL 삼각플라스크에 수산 또는 수산나트륨$(COONH_4)_2$ 결정 150mg을 정확히 칭량해서 물 50~100mL를 가하여 용해한다. 진한 황산 1~2mL를 가하여 수욕 중에서 60~80°C가 될 때까지 따뜻하게 한 후에 연한 홍색이 나타날 때까지 $KMnO_4$ 표준액으로 적정한다. 처음 한방울을 가했을 때 생긴 적색은 잘 없어지지 않으나 흔들어서 혼화를 계속하면 색이 없어진다. 이렇게 하여 연한 홍색이 될 때까지 적정한다.

이 적정치로부터 과망간산칼륨용액 1mL에 상당하는 구리의 mg수를 계산한다.

$$5H_2C_2O_4 + 2KMnO_4 + 3H_2SO_4 \longrightarrow 10CO_2 + 2MnSO_4 + K_2SO_4 + 8H_2O \quad \cdots\cdots (5)$$

식 (3), (4), (5)에 따르면 수산 1분자는 2분자의 Cu원자에 상당한다. 따라서 $KMnO_4$ 용액 1mL에 상당하는 구리의 양은 다음과 같다.

$$Cu(mg) = \frac{63.55 \times 2}{\text{수산 또는 수산나트륨 분자량}} \times \frac{\text{수산 또는 수산나트륨을 취한 량}}{MnSO_4\text{의 적정량(mL)}}$$

3. Somogyi 법

알칼리성 Fehling용액을 당과 같이 가열하면 생성되는 산화구리가 시약 중에 들어있는 일정량의 요오드산칼륨(KIO_3)으로부터 유리된 요오드에 의해서 산화된다. 잔존하는 요오드를 티오황산나트륨$(Na_2S_2O_3)$ 표준액으로 적정하여 산화구리를 산화시키는 데 소요되는 요오드량을 구하고 그 값으로부터 당의 양을 산출한다. 이때 반응식은 다음과 같다.

$$Cu(OH)_2 + R{\cdot}CHO \longrightarrow Cu_2O + R{\cdot}COOH + H_2O$$
$$KIO_3 + 5KI + 3H_2SO_4 \longrightarrow 6I + 3H_2O + 3K_2SO_4$$
$$2Cu_2O + 2I_2 \longrightarrow 4Cu^{++} + 2I^-$$
$$2Na_2SO_3 + I_2(\text{잔존}) \longrightarrow Na_2S_4O_6 + 2NaI$$

[시약]

- Somogyi 시약 : 제2인산나트륨$(Na_2HPO_4 \cdot 12H_2O)$ 71g, 주석산칼륨나트륨(Rochelle염) 40g을 물 약 400mL에 녹인 다음 1N 수산화나트륨액 100mL

를 가하여 흔들어 섞으면서 액면까지 달하는 깔때기로 황산구리용액($CuSO_4 \cdot 5H_2O$ 10g → 100mL) 80mL를 가한다. 그리고 황산나트륨($Na_2SO_4 \cdot 10H_2O$) 410g을 가하여 녹이고, 1N 요오드산칼륨용액(KIO_3 3.567g → 100mL) 25mL를 가하여 물을 섞어 1,000mL로 만든다. 이것을 1~2일간 방치한 다음 여과하여 착색병에 저장한다.

이 시약은 포도당 0.01~3mg/5mL를 정량할 수 있지만, 1mg/5mL가 적당하다. 포도당의 양이 1mg/5mL 이하인 경우에는 요오드산칼륨용액을 10mL, 0.5mg/5mL 이하의 경우에는 5mL로 감하는 것이 좋다.

- 2.5% 요오드화칼륨(KI)용액 : 미량의 탄산나트륨용액으로 알칼리성이 되도록 한다.
- 0.005N 티오황산나트륨($Na_2S_2O_3$)액 : 티오황산나트륨($Na_2S_2O_3 \cdot 5H_2O$) 약 25~26g에 10% 수산화나트륨용액 2mL 및 물을 가하여 녹여 전량을 1,000mL로 하고 0.1N의 원액을 만든다. 쓸 때에는 원액을 20배로 희석하여 조제한다.
- 2N 황산용액
- 1% 전분용액

[조작]

시료용액 5.0mL를 시험관(25 × 200mm)에 취한 후 somogyi 시약 5.0mL를 가한다. 시험관의 마개를 닫고 끓는 수욕 중에서 가열한다. 환원당 종류에 따른 가열시간은 표 9-1과 같다.

찬물로 식힌 후 요오드화칼륨용액 2mL를 천천히 가한 뒤 바로 2N 황산 1.5mL를 빨리 넣고 잘 흔들어서 침전을 완전히 녹인다.

그 다음 석출한 요오드를 0.005N 티오황산나트륨용액으로 적정한다. 황색이 거의 없어질 때 전분지시약을 가하여 발현한 청자색이 약간 소실하는 점을 적정의 종말점으로 한다.

동시에 시료용액 대신에 물 5.0mL을 이용해 같은 방법으로 공시험을 한다.

[계산] 시험용액 5mL 중의 환원당의 양(mg)

= [(공시험의 적정 mL수) − (시험용액의 적정 mL수)] × 환원당의 계수

표 9-1 환원당의 가열시간 및 계수

당의 종류	가열시간(분)	계수
아라비노오스	25~35	0.143
자일로오스	25~35	0.127
포도당	15~25	0.135
과당	15~25	0.135
만노오스	25~35	0.135
갈락토오스	35~45	0.175
전화당	15~25	0.135
맥아당	25~35	0.260
유당	30~40	0.216

4. DNS(dinitrosalicylic acid)에 의한 비색법

환원당은 알칼리성에서 3,5-dinitrosalicylic acid의 NO_2를 NH_2기로 환원(3-amino, 5-nitrosalicylic acid)시켜 적갈색을 띠게 한다. 이 색소를 이용하여 비색 정량하는 방법으로 조작이 간단하고 신속히 할 수 있으므로 많은 시료를 일시에 정량할 수 있는 장점이 있다.

[시약]

- A용액 : 4.5% NaOH용액 300mL에 1% 3,5-dinitrosalicylic acid(DNS) 용액 880mL을 혼합하고, 이 혼합액에 주석산칼륨나트륨(Rochelle염) 255g을 용해한다.
- 10g의 결정 phenol을 10% NaOH용액 22mL에 용해하고, 물을 가하여 100mL로 만든 다음 이 용액 69mL에 황산수소나트륨($NaHSO_3$) 6.9g을 녹인다.
- A용액과 B용액을 혼합하고, 갈색병에 넣어 보관한다.

[조작]

시료 1mL 중에 0.2~2mg의 당을 함유하도록 시료를 증류수로 희석한다. 25mL 플라스크에 시료희석액 1mL와 DNS 시약 3mL를 가한 후 수욕상에서 5분간 끓이고 냉각한 다음 증류수로 25mL가 되게 채운다.

시료 대신 물 1mL를 같은 방법으로 처리한 것을 공시험구로 하여 550nm에서 흡광도를 측정하여 미리 구한 표준곡선에서 당의 양을 구한다.

표준곡선은 특급무수 포도당을 알코올로 재결정하여 건조하고 0.2~2mg/mL의 용액을 만들어 위와 같은 방법으로 흡광도를 측정하여 작성한다.

[계산]

시료 중의 환원당의 함량은 다음 식에 의해 계산한다.

$$\text{환원당}(\%) = \frac{A \times D}{S} \times \frac{100}{1000}$$

A : 표준곡선으로부터 구한 시료용액 중의 환원당의 양(mg)
D : 희석배수
S : 시료채취량(g)

제3절 비환원당의 정량(sucrose, starch)

1. sucrose의 정량

[시약]

- 0.1N 염산용액
- 0.1N 수산화나트륨용액
- 그 외에 환원당 정량에 필요한 시약류(환원당 참조)

[조작]

환원당 정량시 사용한 시료용액 50mL를 200mL 삼각플라스크에 취하여 0.1N 염산용액 15mL를 가한다. 여기에 역류냉각관을 연결하고 끓는 탕욕에서 30분간 가열하여 가수분해한다. 다음에 0.1N 수산화나트륨 용액 15mL를 가해서 중화한 후에 250mL 메스플라스크에 옮겨서 증류수를 가하여 전량을 250mL로 한다.

당용액에서 환원당을 정량하며 이 값으로부터 원래 존재하고 있는 유리의 환원당량을 빼고 여기에 0.95를 곱하면 sucrose의 양이 된다.

2. Starch의 정량

[시약]

- 25% 염산용액
- 10% 수산화나트륨용액
- 환원당 정량시약

[조작]

전분 0.5~1.0g에 상당하는 시료를 정확히 칭량하여 300mL 삼각플라스크에 넣고 물 100mL와 25% 염산용액 10mL를 가한다. 여기에 역류냉각기를 연결하고 끓는 탕욕 중에서 2.5시간 가열하여 가수분해한다.

냉각 후에 깔때기를 사용하여 경사여과하고 그 후 잔사는 증류수로 5~6회 씻으면서 여과한다. 여액을 10% 수산화나트륨용액으로 중화시킨다. 중화는 pH paper를 이용하여 확인한다. 중화한 여액을 250mL 메스플라스크에 옮겨 정용한다.

여기서 일정량(예를 들면 20mL)을 취한 후에 포도당을 정량한다. 이 값에 0.9를 곱하여 전분량으로 한다. 이 정량치에 유리의 환원당, sucrose, dextrin, pentosan 등이 포함되어 있으므로 이 점을 고려할 필요가 있다.

제 4 절 전당 정량

1. Phenol-H_2SO_4 법

페놀-황산법은 전당(총당 함량)의 측정법으로 미량의 시료분석에 적합하며, 황산을 사용하기 때문에 전분, 셀룰로오스 등과 같은 고분자물질을 미리 가수분해하지 않고도 시료로 사용할 수 있다. 특히 이 방법은 크로마토그래피로 분획한 시료의 전체 당 함량 측정에 많이 사용되고 있다.

[시약]

- 5% 페놀용액 : 조제한 시약은 갈색병에 보관한다.
- 진한 황산 : 페놀과 반응에서 착색하지 않는 특급시약을 사용한다.

[조작]

시료용액 1mL(10~100μg의 탄수화물을 함유)에 페놀용액을 1mL 가하여 잘 혼합한 후 끝을 자른 피펫으로 진한 황산 5mL를 직접 액면에 가하여 가능한한 강하게 발열시킨다.

발열반응으로 인하여 가수분해가 이루어지고, 환원당의 탈수가 진행되므로 시료에서 균일하게 발열되도록 해야 한다. 잘 혼합해서 실온에서 20~30분간 방치한 후 490nm에서 흡광도를 측정한다. 25~100μg/mL의 농도에 해당하는 당 표준용액으로 위와 동일한 방법으로 표준곡선을 작성하여 시료 중의 당함량을 구한다.

제5절 조섬유의 정량

조섬유는 식물성 식품을 묽은 산, 묽은 알칼리로 처리하고 남은 잔사로서 물, 알코올, ether에 불용성물질이다. 대부분 cellulose, lignin, pentosan으로 되어 있다. 이들은 소량의 무기질도 함유하기 때문에 이것을 회화하여 회분량을 측정하고 이 회분량을 불용성 산사의 양에서 빼면 조섬유의 양을 구할 수 있다.

다음은 헨네베르크 · 스토만법에 의한 조섬유의 정량방법이다.

[시약]

- 1.25% 황산용액 : 진한 황산 12.5g을 물에 용해하여 1L로 한다(0.225N).
- 1.25% 수산화나트륨용액 : NaOH 12.5g을 물에 용해하여 1L로 한다(0.313N).
- 여과보조제용액 : 묽은 염산(1 : 3)과 5% NaOH에서 순서대로 몇 시간 가온하고 더운물로 잘 세정해서 건조한 후 550~600°C에서 강열한 석면.

- 소포제 : amylalcohol
- 95% Alcohol

[기구]

- 여과관 : 그림 9-4와 같은 여과관을 사용하여 이것의 선단에 20mesh의 구리망을 씌우고 그 외측에 면포를 덮고 떨어지지 않도록 끈으로 단단히 묶는다.
- 유리여과기(glass filter) : 1G-3
- 500mL 광구 삼각플라스크

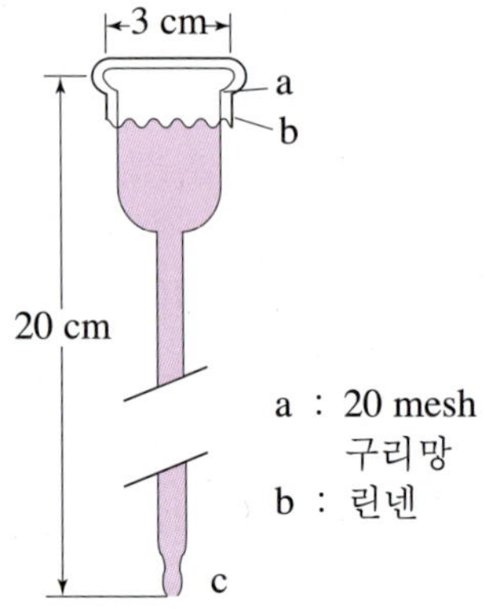

그림 9-4 여과관

[조작]

시료 2~5g(조섬유로서 5~50mg)을 정확히 칭량하여 삼각플라스크에 주입한다. 이때 지방함량이 적은 시료는 그대로 사용하지만 지방함량이 많은 시료는 ether로써 탈지하여 사용한다.

시료를 채취한 500mL 삼각플라스크에 석면 약 0.5g을 가하고 미리 가열해둔 1.25% 황산 200mL를 가해서 환류냉각관을 부착시켜 가열한다. 가열 후 1분 이내에 끓기 시작하도록 하고, 그 후에는 은근히 끓도록 화력을 조절하여 정확히 30분간 비등시킨다. 만약 거품이 발생하여 실험이 곤란할 경우는 amylalcohol을 0.5~1mL가한다.

때때로 플라스크를 흔들어 시료와 황산을 잘 혼합한다. 가열을 마친 후 즉시 냉각관을 분리하고 여과관을 사용해서 산을 흡인여과시킨다.

더운 증류수를 가하여 내용물을 수세하고 같은 방법으로 흡인여과하며 여액이 산성을 나타내지 않을 때까지 4~5회 씻는다.

미리 비등시킨 1.25% 수산화나트륨으로 여과면에 부착해 있는 잔사를 모두 삼각플라스크에 수세하여 넣고 산처리법과 동일하게 30분간 끓인다. 이 경우 수산화나트륨용액은 200mL 사용하고 소포제로서 amylalcohol 0.5~1mL를 가한다.

삼각플라스크 내의 내용물을 glass filter에 주입하여 흡인여과한다. 특히 여액이 중성이 될 때까지 더운물을 가해서 세척(4~5회)하고 마지막에 ethanol 약 15mL로써 씻고 110°C의 건조기에서 건조하여 에테르로 씻은 다음 항량이 될 때까지 다시 건조하여(약 1시간) 데시케이터에서 식히고 칭량한다.

그 다음 전기로에 넣어서 450~500℃의 온도에서 작열회화한다(약 1시간). 이것을 desiccator 내에서 30분 방냉 후 평량하고 항량이 될 때까지 이 조작을 반복한다.

[계산]

$$조섬유(\%) = \frac{W_1 - W_2}{S} \times 100$$

W_1 : glass filter와 조섬유의 건조항량(g)
W_2 : W1 회화 후의 항량(g)
S : 시료 평취량(g)

제6절 전분 및 glycogen의 분리

1. 전분의 분리조제

(1) 전분의 분리

감자를 세척하여 껍질을 벗긴 후에 압착시켜서 여포에 넣어 수중에서 전분을 씻으면 섬유상 물질과 분리할 수 있다. 세액을 정치해 두면 전분이 침강되므로 상등액을 경사로 하여 제거시키고 물을 가하여 다시 침강시켜서 상등액을 버린다.

이와 같은 조작을 여러번 반복한 후에 마지막에 여과시로 여과시킨 후 바람으로 건조시킨다. 감자 100g으로부터 약 10g의 전분을 얻을 수가 있다.

(2) 현미경에 의한 전분립의 관찰

미량의 검체를 slide glass에 취하여 물을 떨어뜨려 부유시킨 후에 cover glass를 놓고 200배로 검경(檢鏡)한다. 특유한 전분입자의 형태에 의하여 전분의 종류를 판별한다(그림 9-5 참조).

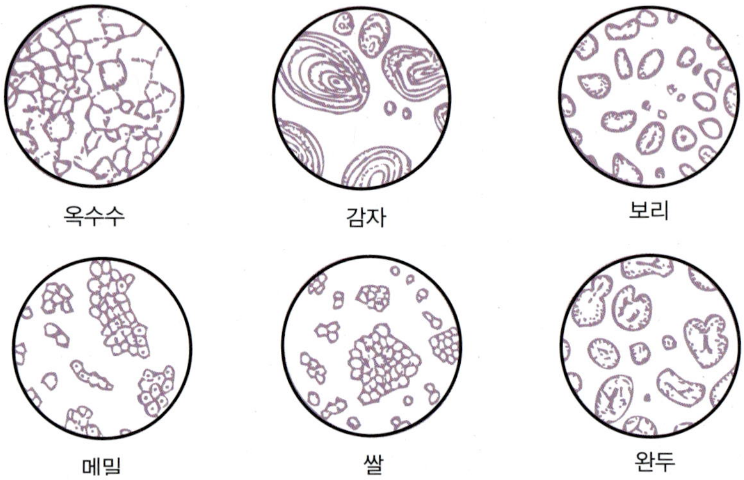

그림 9-5 전분의 전분립

(3) 요오드반응

가용성 전분에 물을 가해 따뜻하게 하여 용해한 액을 냉각 후에 요오드액(요오드 1g을 4% 요오드화칼륨용액에 용해시킨 것) 한방울을 가하면 청남색이 나타난다. 이것을 따뜻하게 하면 청남색이 없어지고 냉각시키면 다시 청남색이 된다.

2. Glycogen의 분리

(1) glycogen의 분리

신선한 소간장 25g을 잘게 썰어서 막자사발에 넣고 3% trichloroacetic acid 75mL를 가하여 잘 혼화시킨다. 이 trichloroacetic acid 추출액을 두꺼운 여포로 여과시켜서 잔사를 재차 trichloroacetic acid로 추출시킨다.

추출여액을 합쳐서 원심분리로 분리시켜 상등액을 분취한다. 이 상등액에 2배량의 ethanol을 가하면 약 2g의 침전이 석출된다. 원심분리하여 조 glycogen (crude glycogen)을 얻는다.

(2) 정제

glycogen의 정제는 조제한 glycogen을 3% trichloroacetic acid에 용해시켜 불용의 단백질을 제거하고 상등액에 ethanol을 가하여 재차 침전을 반복시킨다. 이 침전을 물로 용해시켜서 감압하에서 여과시키고 여액에 ethanol을 가하여 glycogen을 침전시켜서 ethanol을 씻고 수분을 제거한 후에 건조한다.

(3) 확인시험

1) 침전반응

검체를 물에 용해시켜 포화황산암모늄용액을 같은 양 가하면 침전이 생긴다.

2) 요오드반응

검체에 물을 가하여 용해시킨 뒤 요오드액 한 방울을 가하면 황갈색이 나타난다.

Chapter 10.

일반조작법

지질(lipid)이란 물에 녹지 않고 에테르, 석유에테르, 클로로포름, 아세톤 등의 유기용매에 녹는 물질을 총칭한다. 지질에는 중성지질 외에 인지질, 당지질 등의 복합지질, steroid, terpene류, 지용성비타민, 색소 등이 포함된다.

중성지질, **인지질**, **당지질** 등은 알칼리로 검화하면 물에 용해되나 스테로이드 등은 비누화하여도 물에 용해되지 않고 유기용제로 추출되므로 **비비누화물**이라고 부른다.

제1절 유지의 분리조제

동식물 원료로부터 유지를 분리하는 방법으로는 **추출법**, **용출법**, **압착법** 등이 있다. 추출법은 에테르 · 석유에테르 등의 유기용매로 유지를 추출하는 방법이다. 용출법은 원료를 가열하여 유지성분을 용출해내는 방법으로 열을 직접 가하는 **전취법**(煎取法)과 물을 가하여 가열하는 **자취법**(煮取法)이 있다.

1. 돼지기름의 분리 (전취법)

돼지고기 100g을 잘게 썰어서 증발접시에 넣고 수욕상에서 가온하여 용출된 유분을 분취한다. 약 35g의 라드를 얻을 수 있다.

2. 정어리기름의 분리 (자취법)

정어리 100g을 둥근 모양 그대로 1cm 정도로 자른 후에 솥에 넣고 물 20mL를 가한 후에 직화하여 가열비등한다. 용출된 유분을 분액깔대기에 옮겨서 수층과 분리한 후에 무수황산나트륨을 가하여 탕욕 중에서 가온 · 여과하면 투명한 황갈색의 정어리유 약 5g을 얻을 수 있다.

3. 대두유의 분리(추출법)

대두 100g을 40°C로 1시간 정도 가온하여 건조한 후에 분쇄하고 이것을 냉각기가 달려있는 환류플라스크(500mL)에 넣고 에탄올 : 에테르(3 : 1)혼액 200mL를 가하여 수욕상에서 1시간 추출한다. 추출 후 여과하여 여액에 1/2 정도의 물을 가하고, 석유에테르로 기름(油)을 추출한다.

이 추출액에 무수황산나트륨(Na_2SO_4)을 가하여 탈수하고 여과한 후 용매를 증류하여 제거하면 대두유 약 15g을 얻을 수 있다.

제2절 지질의 정성반응

1. Acrolein 반응

중성지질, 인지질 등은 alcohol과 glycerol을 함유하고 있기 때문에 가열분해되어 acrolein을 생성한다.

glycerin을 오산화인(P_2O_5), 황산수소칼륨($KHSO_4$) 등과 같은 탈수제와 함께 강하게 가열하면 분해되어 심한 자극취가 있는 acrolein gas를 발생한다. 이것은 유지를 구성하고 있는 glycerin이 가열되어서 acrolein에 변화를 가져오기 때문이다.

$$CH_2OH \cdot CHOH \cdot CH_2OH \xrightarrow[215\sim230°C]{-2H_2O} CH—CH \cdot CHO$$

acrolein

2. Sterol의 반응

(1) Lieberman Burchard 반응(acetic anhydride 반응)

Cholesterol은 진한 황산 존재하에서 무수초산과 반응하여 초기에는 적자색을 띠다가 최종적으로 청록색의 착색물질을 생성한다. 이는 cholesterol 수산기의 ester화와 동시에 분자내 재배치 반응에 의한 것으로 추정되고 있다.

(2) Salkowski 반응

Sterol을 함유하는 시료를 chloroform으로 용해하고 여기에 황산을 가하면 두 액층이 특유의 색으로 착색된다. chloroform 층은 적 → 자색으로 되며, 황산층은 녹색의 형광을 나타낸다.

3. Hydroxamic acid 반응

지방산의 에스테르, 무수물, 염화물, 아마이드 등에 히드록실아민(hydroxylamine, NH_2OH)을 작용하면 히드록삼산(hydroxamic acid)을 생성하고, 산의 존재하에서 Fe^{3+}(ferric ion)과 결합해서 붉은 자주색의 철-히드록삼산(ferric-hydroxamate)의 킬레이트(chelate) 복합체를 형성한다.

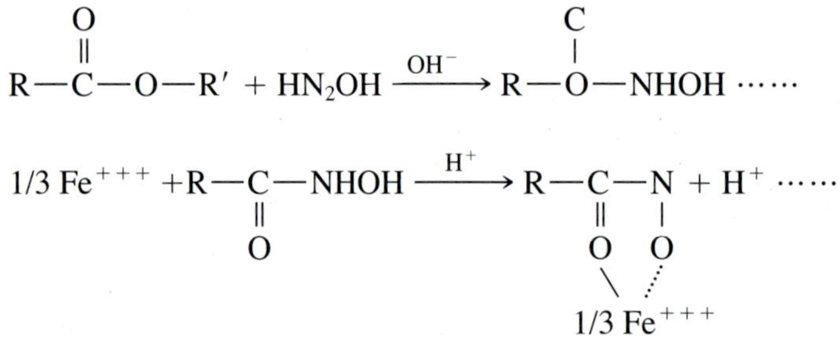

제3절 조지방의 정량법

식품 중의 지질 함량은 에테르, 석유에테르 등의 유기용매에 용해되는 물질의 양을 측정함으로써 구할 수 있다.

이들의 용매에 용해되는 물질에는 지방 이외에 색소류, wax, alkaloid, 지용성 비타민, 유기산의 일부가 함유되어 있으므로 일반적으로 **조지방**(crude fat) 혹은 에테르 추출물(ether extract)이라 한다.

1. 속슬렛(Soxhlet) 추출법

[시약 및 장치]

- 무수에테르
- soxhlet 추출장치(그림 10 1)
- 원통여과지
- 탈지면
- 항온수조
- 데시케이터

[조작]

미세한 분말(필요한 경우)시료 2~10g을 원통여과지에 넣고 그 위를 탈지면으로 가볍게 막고 시료가 원통여과지로부터 흘러나오지 않게 한다. 이것을 적당한 용기에 담아 100~105°C의 건조기에 넣고 2~3시간 건조*한 후에 데시케이터에 옮겨서 냉각 후 추출관에 넣는다.

먼저 충분히 세척하여 건조한 수기를 105°C의 건조기에 넣고 약 1시간 건조한 후에 데시케이터에서 약 30분 방치하고 완전히 상온이 되었을 때 무게를 측정한다. 이와 같은 조작을 반복하여 전후의 중량차가 0.1mg 이내로 되었을 때를 항량(W_0)으로 한다.

이 수기에 무수에테르를 약 1/2 용량 넣고 냉각관, 추출관, 수기를 연결시켜서 60~80°C의 전기항온수조에서 가온한다. 수조의 온도는 냉각관으로부터 1분에 약 80방울 정도의 에테르가 떨어지도록 조절한다.

---

* 건조가 불충분할 때는 추출이 불안전하고 수용성 물질이 수분과 같이 용출하므로 지방정량 전에 충분한 건조처리가 필요하다. 그러나 건조시에는 지방산의 산화 등에 의해서 지질의 추출율에 변화를 가져오므로 장시간의 고온건조는 피하여야 한다.

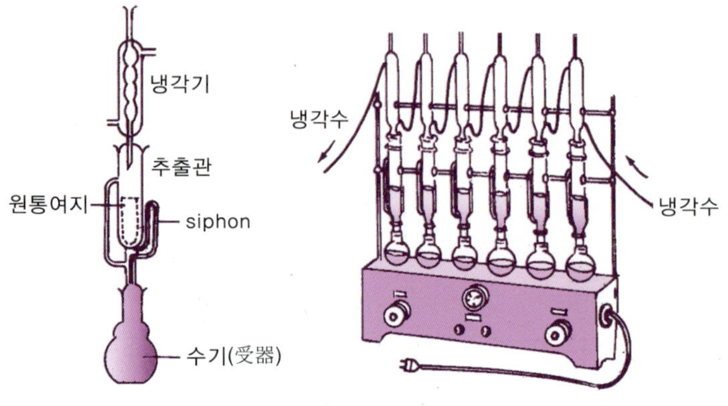

그림 10-1 Soxhlet 장치

에테르는 증기로 되어 측관으로 올라가 냉각관에서 응축되어 원통여지내의 탈지면상에 떨어진다. 에테르는 시료 중의 지질을 추출하여 추출관에 고이고 일정량이 되면 사이폰에 의해서 수기에 흘러내리게 된다.

다시 가온하여 똑같이 반복한다. 이렇게 하면 지질은 수기에 남고 에테르만 순환한다. 8~16시간 정도면 지방은 전부 용출되므로 빨리 냉각관을 분리시켜 추출관 중의 원통여지를 핀셋으로 꺼낸 후에 다시 추출관과 냉각관을 연결시켜서 수욕상에서 가온한다.

수기 중의 에테르가 전부 추출관에 옮겨오면 수기를 추출관으로부터 분리시키고 추출관에 남은 에테르는 에테르수거병에 옮기며, 수기는 수욕상에서 가온하여 남은 에테르를 증발시킨다.

수기의 외측은 부드러운 헝겊으로 깨끗이 닦고 90~105°C의 정온건조기에 넣어 약 1시간 건조시켜 데시케이타에서 30분간 방냉한 후에 상온이 되면 평량한다. 이렇게 하여 항량이 될 때까지 건조 · 방냉 · 칭량을 반복한다(W_1).

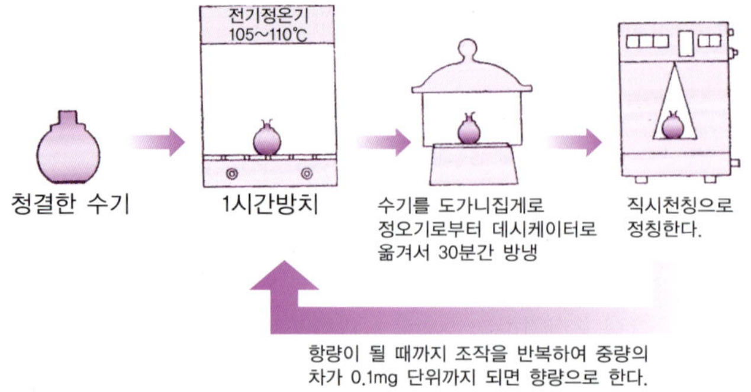

그림 10-2 속슬렛 추출수기의 항량 조작

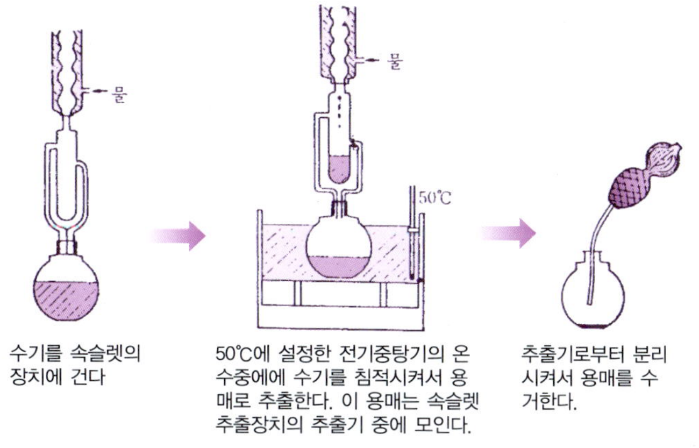

그림 10-3 추출용매의 증류제거

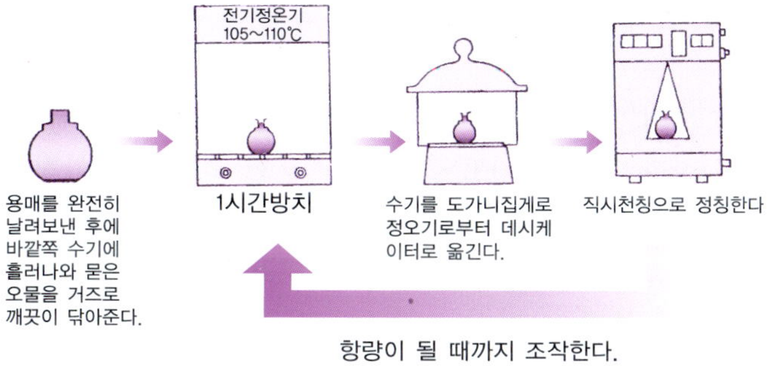

그림 10-4 추출지방수기의 제거 및 지방함량 측정

[계산] 시료 중의 지방량은 다음 식으로 계산한다.

$$지방(\%) = \frac{W_1 - W_0}{S} \times 100$$

W_0 : 수기의 무게(g)

W_1 : 지방추출 후의 수기의 무게(g)

S : 시료의 채취량(g)

2. 뢰제 · 고트리브(Röse-Gottlieb) 법

주로 유제품, 비교적 지방질의 함량이 많은 액상 및 우유와 같은 식품 또는 물을 가하여 액상 및 우유와 같은 모양으로 할 수 있는 식품에 응용되는 방법으로, 시료에 암모니아를 가해서 단백질과 지질의 결합을 이완시키고 에테르와 석유에테르의 혼합액으로 추출하는 방법이다.

[시약 및 기구]

- 진한 암모니아수 (NH_4OH)
- 95% alcohol
- 무수에테르
- 석유에테르
- 마조니어(Mojonnier)관 또는 뢰리히(Röhrig)관

[조작]

시료 1~10g을 정확하게 측정해서 마조니어관 또는 뢰리히관에 넣고 물을 가하여 약 11mL로 한다. 이것을 40℃~50℃로 가온한 후 흔들어 완전히 혼화하고 암모니아수 1.5mL (액이 산성인 경우 2.0mL)를 가하여 혼화한 후 알코올 10mL를 가하여 잘 섞는다.

그 후에 에테르 25mL를 가하여 가볍게 섞고 마개를 열어 에테르 증기를 날려 보낸 후 다시 마개를 닫고 약 1분간 세게 흔든다. 필요하면 냉각 후 석유에테르 25mL를 가하고 다시 1분간 격렬히 진탕한다.

이를 600 rpm에서 원심분리하거나 방치하여 상층액이 완전히 투명해지면 상층액을 미리 항량으로 한 삼각플라스크에 옮기고 관내의 남은 액에 에테르 및 석유에테르 각 15mL씩을 가하여 위와 같은 조작을 반복한다.

다시 석유에테르 및 에테르 15mL씩으로 3회 추출한다. 다음 관의 마개 유출구 및 깔때기를 에테르나 석유에테르와 같은 양의 혼액으로 깨끗이 씻는다. 여액 및 씻은 액을 삼각플라스크에 합쳐 수욕상에서 용매를 날려 보낸 후 100±2℃의 건조기에 넣고 항량이 될 때까지 건조하고 조지방의 함량을 산출한다.

3. 산분해법

물에 녹지 않고 산분해에 의해서 액상으로 되는 식육, 어육 및 수산식품, 소맥분 · 빵류, 마카로니 등 곡류가공품에 적용하는 방법으로, 시료를 진한 염산으로 분해시킨 다음에 Röse-Gottlieb(뢰제 · 고트리브) 법과 동일하게 에테르, 석유 에테르로 추출을 해서 지방의 양을 정량하는 방법이다. 시료의 종류에 따른 방법은 다음과 같다.

(1) 난류 및 마요네즈

전란은 약 3g, 노른자는 약 2g, 흰자는 약 5g, 마요네즈는 약 1g을 작은 비커에 정밀히 측정해서 넣는다. 염산 10mL를 소량씩 가하여 섞어 70℃의 수욕상에서 약 30분간 가온한 다음 5분마다 흔들면서 30분간 끓인다.

여기에 물을 가하여 약 20mL로 하고 식힌 다음 내용물을 뢰리히관에 옮기고 비커는 에테르 25mL로 씻어 뢰리히관에 넣고 흔든 다음 석유에테르 25mL를 가하여 이하 뢰제 · 고트리브법에 따라 시험한다.

(2) 어육 및 수산식품

시료 약 8g을 작은 비커에 정밀히 달아 넣고 염산 2mL를 가하여 유리봉으로 덩어리를 부수고 염산 6mL를 가하여 섞은 다음 수욕 중에서 때때로 흔들면서 90분간 가열한다.
식힌 후 내용물을 뢰리히관에 옮기고 에탄올 7mL로 비커 및 유리봉을 씻은 다음 에테르 25mL로 씻은 후 이하 뢰제 · 고트리브법에 따라 시험한다.

(3) 소맥분 · 빵류 및 마카로니

시료 약 2g을 작은 비커에 정밀히 달아 넣고 에탄올 약 2mL를 가하여 잘 섞는다. 다음 염산(25 → 36) 10mL를 가하여 잘 섞고 70~80℃의 수욕상에서 때때로 흔들면서 20~40분간 가온한다. 그후에 에탄올 10mL를 가하고 식힌 후 내용물은 뢰리히관에 옮기고 이하 뢰제 · 고트리브법에 따라 시험한다.

4. 비유기용매 이용법

(1) 거버(gerber)법

거버법은 일반적으로 생우유, 특별우유, 산양유, 가공유 등에 적용하는 방법이다. 지방구를 보호하고 있는 지방구막을 황산으로 분리시키고, 유리지방을 원심분리하여 측정관 속에 모아서 지방층의 눈금을 읽어 측정하는 방법으로, 진한 황산은 지방 이외의 우유 내의 성분을 녹이고 이때 발생하는 고열로 지방을 액상화하여 다른 액체와의 비중 차이를 크게 한다. 또한 첨가한 isoamyl alcohol은 지방분리를 잘 되게 하고 지방을 투명하게 한다.

(2) 뱁콕(Babcock)변법

우유 및 유제품의 지방질 정량법의 하나인 Babcock법을 개량한 것으로, 시료의 지방분리를 위하여 황산을 사용하지 않고, 과염소산-초산($HClO_4$-CH_3COOH) 혼합용액을 사용하는 방법이다.

Babcock법에서는 단백질 용해제로서 황산을 사용하고 있으며, 유제품에 있어서 전분이나 향신료를 사용하기 때문에 탄화물이 생겨, 물층과 지방층의 계면에 부유해서 지방층을 정확히 읽기 어려운 결점이 있다.

일반적으로 육류 및 육제품에 적용하며, 뱁콕시료병 안에 시료를 넣고 과염소산-초산 혼합액을 가하여 분산시킨 후 유리하는 지방을 원심분리하여 측정관 속에 모아 지방층의 눈금을 읽어 측정한다.

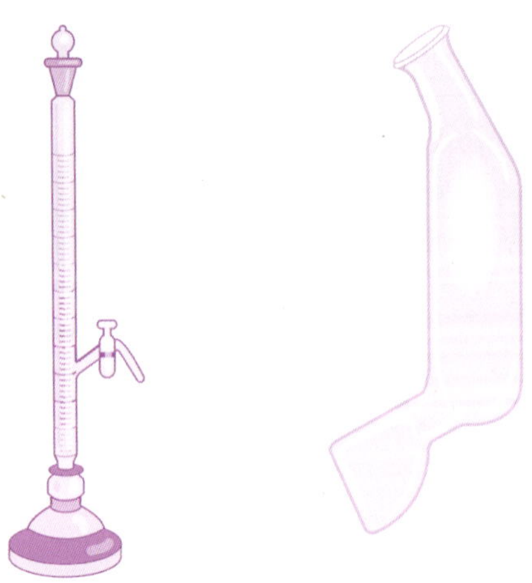

(a) 뢰리히(Röhring) 관　　(b) 마조니어(Mojonnier) 관

그림 10-5 뢰리히관 및 마조니어관

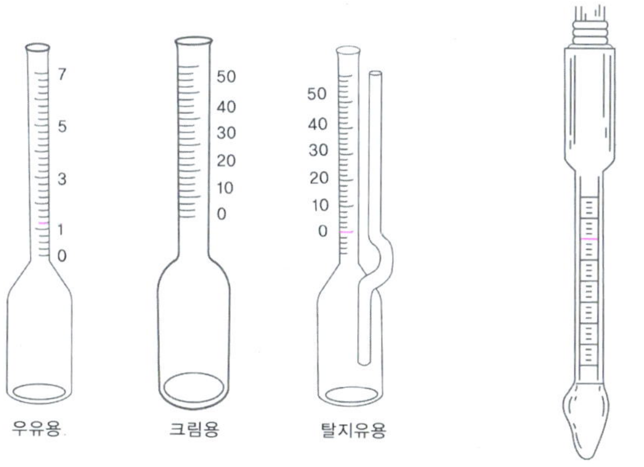

(a) 밥콕시료병 (b) 거버병

그림 10-6 밥콕시료병과 거버병

제4절 지방의 물리화학적 시험법

1. 물리적 시험법

(1) 비중(specific gravity)

비중이란 물질의 질량과 그것과 같은 체적의 표준물질과의 질량비를 의미한다. 지방의 비중은 유지를 구성하는 지방산의 영향을 받으며, 지방산의 불포화도가 클수록, 또한 분자량이 작을수록 비중은 커진다. 천연유지의 비중은 15°C에서 0.91~0.95의 범위에 있으며 wax는 glyceride에 비해서 비중이 작다.

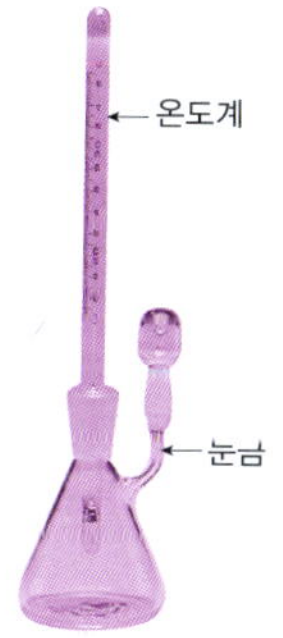

그림 10-7 비중병

1) 액체지방

[측정법]

그림 10-7와 같이 10~100mL의 온도계를 부착한 비중병을 사용하는 것이 편리하다. 비중병을 중크롬산액으로 충분히 세척하고 건조하여 그 무게(b)를 단 다음 마개와 뚜껑을 빼고 시료를 가득 넣은 후 따로 규정이 없는 한 규정온도(25°C)보다 1~3°C 낮게 하여 거품이 남지 아니하도록 주의하며 마개를 막는다.

천천히 온도를 올려 온도계가 표준온도를 나타낼 때 눈금보다 상부의 시료를 제거하고 측관에 뚜껑을 하여 외부를 잘 닦은 다음 무게(a)를 단다. 다시 같은 비중병으로 증류수를 사용하여 위와 같이 조작하고 그 무게(c)를 달아 다음 식에 따라 비중(d)을 구한다.

[계산]

$$\text{비중(D)} = \frac{a - b}{c - b}$$

2) 고체지방

미리 깨끗이 씻어 건조한 스프렝겔피크노메타(그림 10-8, 뚜껑 k가 2개 있는 것)의 무게를 단다. 다음에 뚜껑 k를 열어 b관의 부속관 r을 끼우고 a관에 흡입관 s를 끼우고 부속관 r의 끝을 용융지방 중에 담가 흡입관 s에서 흡인하여 지방은 가득 채운다.

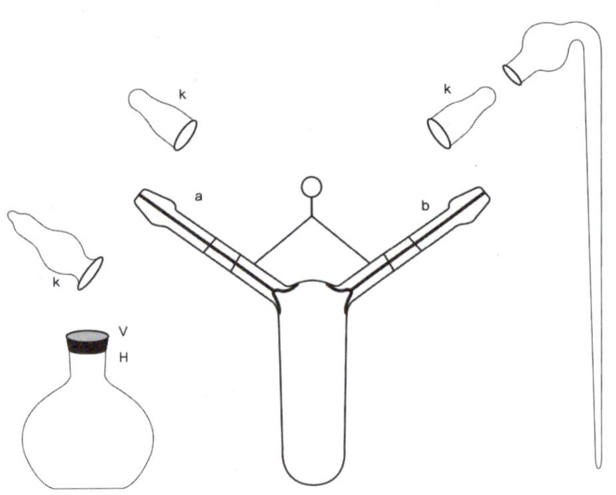

그림 10-8 스프렝겔피크노메타

100°C의 가온조에 피크노메타를 20~30분간 담그고 r과 s를 빼고 b관의 끝에 여과지를 대고 지방량을 a관내에 눈금에 닿게 한 다음 a, b관에 뚜껑을 덮고 건조거즈로 깨끗이 닦고 식힌 다음 무게를 단다. 같은 피크노메타에 25°C의 증류수를 써서 같은 조작을 하여 무게를 달고 액체지방의 계산식에 따라 비중을 계산한다.

(2) 점도(viscosity)

점도는 액체가 내부마찰 또는 유동에 대하여 저항하려는 정도를 의미하며 일정량의 액체가 모세관을 흘러내리는 시간을 측정하여 알 수 있다.

유지의 점도는 고급지방산으로 된 지방일수록 지방산의 분자간 친화력 때문에 점도가 높아지고, 탄소길이가 같은 경우에는 불포화도가 높을수록 점도가 낮아진다. 측정방법에는 Gordner Hoedt법, Redwood법, Engler법, Ostwald법 등이 있으나 여기에서는 Ostwald법에 대하여 설명한다.

[측정법]

Ostwald 점도계는 유리모세관 점도계 중 가장 간단한 점도계이며 그림 10-9와 같은 구조를 가지고 있다.

날개 A로부터 일정한 용량의 유체를 주입하면 이것은 수직평면 C로 들어간다. 이때 모세관은 정확하게 수직일 필요는 없지만 같은 각도에서 유지시켜야 한다.

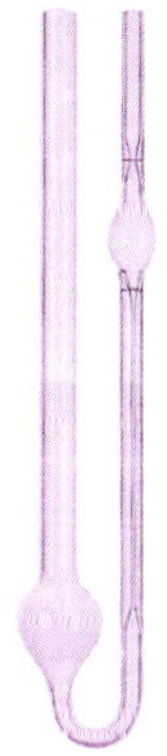

그림 10-9 Ostwald 점도계

유체는 관 C를 통하여 D와 U자형의 관 E로 들어간다. 점도계와 액체가 장치 내에서 표준온도에 도달할 때까지 방치된다. 즉 실험의 온도가 40°C 부근인 경우는 5분, 100°C 부근인 경우는 약 10분간 방치한다.

모세관 F로 통하여 구경 G속으로 유체를 끌어당기기 위해 유체가 상부표선 U_m으로 될 때까지 관 B에서 흡인시킨다.

흡인을 멈추면 중력에 의해서 구경 G로부터 모세관 F를 통하여 유체가 흐른다. 이때 상부표선 U_m으로 되었을 때부터 하부표선 l_m으로 될 때까지의 시간을 0.1초까지 정확히 측정한다.

[계산]

점도는 경과한 시간으로부터 다음식에 의해서 계산된다.

$$\mu = \mu_0 \frac{d_1 \cdot t_1}{d_2 \cdot t_2}$$

μ : 시료의 점도

μ_0 : 표준액(증류수)의 점도

d_1 : 시료의 비중

t_1 : 시료의 유출시간(초)

d_2 : 표준액의 비중

t_2 : 표준액의 유출시간(초)

또한 점도의 단위는 centipoise(CP)로 표시하며, 20°C에서 물의 점도는 1CP이다.

(3) 녹는점(melting point, 융점)

동식물유지는 각종 glyceride와 비비누화물의 혼합물로 되어 있기 때문에 일정한 융점을 나타내지 못하므로 용해하기 시작하여 용해가 끝나는 온도를 기입하는 편이 유지의 성질을 잘 나타낼 수 있다. 즉 융점에는 **상승융점**과 **투명융점**이 있는데 전자는 시료가 가열해서 연화유동하기 시작하는 온도이며, 후자는 완전히 투명해지는 액체의 온도로서 그 차는 ±1~±5°C 정도이다(별다른 표시가 없을 때는 투명융점을 나타낸다).

저급지방산과 불포화지방산 함량이 많은 유지일수록 녹는점이 낮다.

[측정법]

시료유(식품인 경우는 정제 ether 추출물)를 내경 1mm, 길이 50~80mm의 양단이 열려있는 모세관에 주입해서 10°C 이하에서 24시간, 혹은 얼음 위에서 1시간 방치한 후 실험에 사용한다.

이 모세관을 온도계의 수은구와 같은 높이로 고무줄로 밀착시키고 이 온도계를 내경 17mm, 높이 170mm의 시험관에 넣어 그림 10-10와 같이 코르크마개를 한다. 다음에 물을 넣은 비커에 담아 수욕을 저으면서 초기에는 1분에 2°C씩 상승시키고, 융점 10°C이하로 된 후에는 1분에 0.5°C씩 상승하도록 가열하여 상승융점과 투명융점을 측정한다.

시료가 수분을 함유하여 완전히 투명하지 않을 때는 시료를 측정 전에 무수탄산나트륨으로 탈수하여 여과한 다음 사용한다.

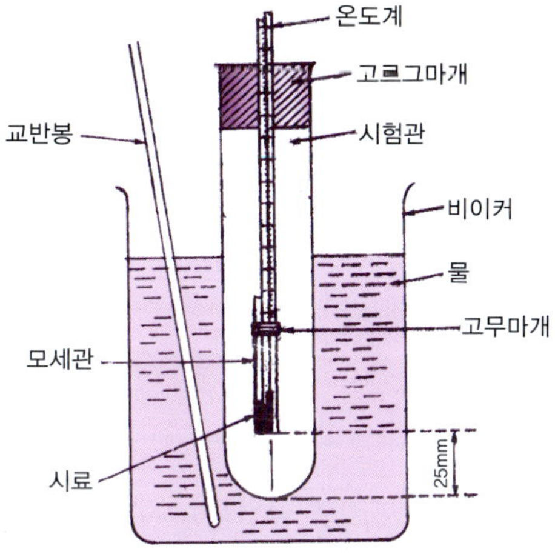

그림 10-10 융점의 측정

(4) 굴절율 (refractive index)

굴절율은 어떤 온도에 있어서 공기로부터 시료유지에 들어가는 빛의 입사각과 굴절각의 비를 말한다. 이것은 유지의 중요한 물리적 성질 중 하나로 유지혼합물의 성분결정, 분산, 가열산화도의 측도로 사용되며 특히 요오드가는 굴절율과 비례하는 성질이 있다. 또한 저급지방산을 많이 함유한 유지의 굴절율은 낮으며, 산도가 높은 유지는 굴절율이 낮고 가열에 의해 굴절율이 증가한다.

측정법으로는 Zeiss법, Abbe법, Goerz법 등이 있으며, 여기서는 Abbe법을 설명한다.

[측정법]

Abbe(압베) 굴절계는 그림 10-11과 같다. 하부의 조절나사를 이용하여 prism을 열고 이중(二重)prism A와 B 사이에 시료를 몇 방울 떨어뜨려 prism을 닫는다.

소정의 온도로 조절된 물을 prism의 횡축에 있는 고무관으로 보내어 일정온도로 되게 한 후 망원경 명암의 경계선을 십자선의 교차점에 일치시켜 prism의 눈금에 의해 굴절율을 소수점 이하 네 자리까지 직접 읽고 평균값을 산출한다.

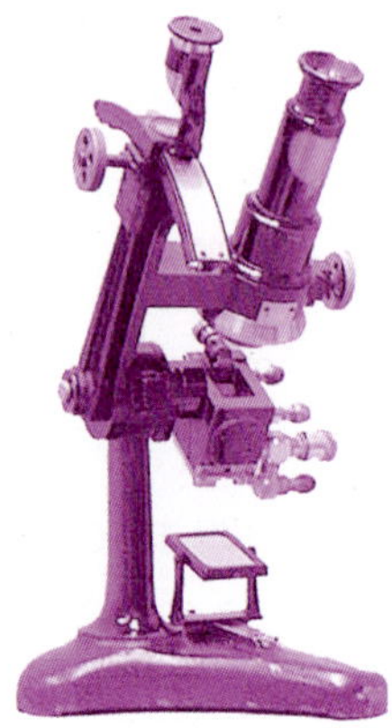

그림 10-11 Abbe 굴절계

굴절계의 표정은 부착되어 있는 굴절판 혹은 물을 사용하여 행한다.

보통 20°C 혹은 25°C에서 측정을 행하며 여름철인 경우는 30°C 혹은 35°C가 적당하다. 지방의 경우는 40°C, 고융점의 경우는 60°C에서 행한다.

[계산] 20°C보다 높은 온도에서 측정한 경우

굴절율(20°C) = (t°C에서의 굴절율) + (t−20)K

20°C보다 낮은 온도에서 측정한 경우

굴절율(20°C) = (t°C에서의 굴절율) − (20−t)K

단, K는 상수(지방 = 0.000365, 기름 = 0.000385)

2. 화학적 시험법

(1) 산가(acid value ; A.V)

유지 1g 중에 함유되어 있는 유리지방산을 중화하는 데 필요한 수산화칼륨의 mg수로서, 지방산이 glyceride로서 결합되어 있지 않은 유리지방산의 양을 나타낸다. 산가는 유지의 보존, 가열 등에 의해서 변하는 변수로서 유지식품의 품질 판정에 있어서 중요한 기준이 되는 값이다.

[시약]

- 0.1N KOH-ethanol용액(KOH 6.4g을 가급적 소량의 물에 용해시킨 후 95% ethanol을 가하여 1L로 한다. 2~3일 방치 후 여과한 것을 수산(oxalic acid)을 표준물질로 사용하여 표정한다.
- ether : ethanol 혼액(1 : 1 또는 2 : 1)
- 1% phenolphthalein 용액

[조작]

시료 5~10g을 표 10-1의 기준으로 정밀히 담아 ether · ethanol 혼액 50mL를 가하여 시료가 완전히 용해될 때까지 충분히 흔들어준다. 고체시료일 경우 미리 수욕상에서 가온 융해하여서 용매를 가하여 용해한다.

이를 phenolphthalein을 지시약으로 하여 0.1N KOH · ethanol 용액(에탄올성 수산화칼륨용액)으로 적정하여서 지시약의 미홍색이 30초 동안 계속되었을 때를 종말점으로 한다.

산가를 측정할 때 주의해야 할 점은 시료 중에 무기산이 혼합되어 있는지 여부를 확인하여야 한다는 것이다. 시료에 약 2배량의 물을 가하여 수욕상에서 가온 후 메틸오렌지(지시약)를 가했을 경우 무기산이 있으면 붉은색으로 변한다.

또한 저급 유리지방산이 존재할 때 적변하는 수가 있으나 이것은 Reichert-Meissl를 측정하면 저급 유리지방산의 유무를 알 수가 있으며 일반적으로 유지 중에는 Reichert-Meissl가가 비교적 적다.

표 10-1 산가측정시료의 채취량 기준

산 가	0~5	5~15	15~30	30~100	>100
시료채취량(g)	20	10	5	2.5	1.0

[계산]

$$산가(A.V) = \frac{56.11 \times a \times b \times F}{S}$$

a : 수산화칼륨용액의 소비량(mL)

b : 수산화칼륨용액의 규정농도(0.1)

S : 시료 채취량(g)

F : 수산화칼륨용액 역가

유리지방산(%)=산가$\times \frac{1}{2}$

(2) 비누화가(검화가, saponification value; S.V) 및 ester가(ester value; E.V)

비누화가는 지질 1g을 비누화시키는 데 필요한 KOH의 mg수를 말하며, 이는 유리지방산의 중화 및 에스테르의 비누화에 필요한 KOH의 mg수를 의미한다. 저급지방산 함량이 높은 지질은 비누화가가 높고 고급지방산 함량이 높은 지질은 비누화가가 낮으므로 유지에 결합하고 있는 지방산의 대체적인 길이를 알 수 있다.

그러나 산가가 높은 유지는 KOH의 일부가 그 중화에 사용되어 사실상 ester의 분해에 사용되는 부분은 적으므로 검화가로부터 산가를 뺀 것을 ester가라고 한다.

[시약]

- 0.5N HCl 수용액(정확히 역가를 표정한 것)
- 0.5N KOH · ethanol용액(KOH 32g을 취하여 산가의 항과 동일하게 처리한 것)
- 1% phenolphthalein

[조작]

시료 1~2g을 용량 150~200mL의 삼각플라스크에 정밀히 달아 넣고 여기에 25mL의 0.5N KOH · ethanol용액을 정확히 가한다. 그리고 역류냉각관 대신에 공기냉각관(길이 약 70cm, 직경 7mm의 유리관)을 달아서 수욕상에서 약하게 끓는 정도로 30~40분 가열한다. 이때 가끔 플라스크를 흔들어 준다.

반응이 끝나면 즉시 냉각시켜 내용물이 gel화되지 않도록 하여 기벽을 수세한 후 냉각관을 제거한다. 여기에 지시약으로 phenolphthalein을 2~3방울 가하고 0.5N HCl로 적정하여 1분간 착색하지 않을 때를 종말점으로 한다.

본시험과 병행하여 공시험을 한다.

[계산]

$$\text{검화가(S.V)} = \frac{28.05(a - b) \times F}{S}$$

b : 공시험의 0.5N 염산 소비량(mL)　a : 본시험의 0.5N 염산 소비량(mL)

S : 시료 채취량(g)　F : 0.5N 염산의 역가

wax의 경우는 비누화가 어려우므로 시료에 xylene 25mL를 가하여 용해한 후 즉시 알코올 50mL를 첨가하고 여기에 0.5N KOH · ethanol액을 25mL 가하여 2시간 가열한다. 이후의 과정은 일반적인 유지의 경우와 같다.

비누화에 있어서 주의할 점은 알코올 농도가 낮으면 비누화가 진행되지 않지만 역으로 농도가 높아도 반응이 에스테르 교환에서 정지되는 수도 있다는 것이다. 또한 공기냉각기가 가늘면 도중에 응축한 알코올분이나 수분이 플라스크 내에 떨어지지 않기 때문에 밖으로 배출되어 위험할 수도 있으므로 주의를 요한다.

(3) 요오드가(iodine value; I.V)

요오드가는 유지 100g에 흡수되는 할로겐의 양을 요오드의 g수로 나타낸 것으로 이 수치로부터 유지의 불포화도를 알 수가 있다. 이중결합에는 할로겐이 부가되지만 I_2는 부가가 불완전하며 Br_2의 부가는 완전하지만 다루기가 어렵고 Cl_2는 부가가 잘 나타나지 않지만 탄소에 결합되어 있는 수소를 치환하는 성질이 있다. 따라서 일반적으로 ICl(염화요오드)를 이용하여 부가반응을 정량적으로 분석할 수 있다.

$$-CH{=}CH + ICl \longrightarrow -\underset{\displaystyle I}{\underset{|}{CH}}-\underset{\displaystyle Cl}{\underset{|}{CH}}-$$

여러가지 방법이 있으나 일반적으로 사용되는 **wijs법**(위이스법)에 대해서 설명하면 다음과 같다. 과잉의 일염화요오드를 유지에 가하여 흡수시키고 잔존하는 ICl에 즉시 요오드화칼륨을 가하여 여기서 유리되는 요오드를 티오황산나트륨으로 적정한다.

$$ICl + KI \longrightarrow I_2 + KCl$$
$$I_2 + 2Na_2S_2O_3 \longrightarrow 2NaI + 2Na_2S_2O_3$$

[시약]

- 1% 전분용액 : 가용성 전분 1g을 물 100mL에 가온 · 용해한다.
- 10% 요오드화칼륨용액(KI) : KI 10g을 물 90mL에 녹인다.
- 0.1N 중크롬산칼륨용액($K_2Cr_2O_7$) : $K_2Cr_2O_7$ 4.9035g을 칭량하여 물에 용해시켜 1L로 한다.

• 0.1N 티오황산나트륨용액($Na_2S_2O_3$) : 티오황산나트륨 24.8g을 물에 용해하여 1L로 하고 역가를 표정한다. 즉 10% 요오드화칼륨 10mL에 진한 염산 5mL를 가하여 잘 혼합한다. 즉시 0.1N 중크롬산칼륨용액 25mL를 pipette으로 가하여 흔들어준다. 100mL의 물을 가하여 혼합한 후 티오황산나트륨용액으로 적정한다.

용액의 황색이 점점 소실될 때 전분용액을 가해서 적정을 계속하고 전분의 청색이 없어지고 녹색이 나타나는 점을 종말점으로 한다. 본시험과 병행하여 공시험을 한다.

$$\text{티오황산나트륨용액의 역가(F)} = \frac{25 \times f}{a - b}$$

a : 본시험의 티오황산나트륨용액 소비량(mL)
b : 공시험의 티오황산나트륨용액 소비량(mL)
f : 0.1N중크롬산칼륨 기준액의 역가

• 사염화탄소(CCl_4)
• wijs 시약 : 요오드 13g을 빙초산 1L에 용해한 후 피펫으로 10mL를 취하여 0.1N 티오황산나트륨용액으로 적정하여서 요오드의 농도를 결정한다. 요오드용액이 건조한 염소를 통하여 연한 등황색으로 변화할 때 중지하고 핀셋으로 10mL를 취하여 여기에 10% 요오드화칼륨용액 10mL를 가한다. 다시 100mL의 물을 가하여 잘 혼합하고 0.1N 티오황산나트륨용액으로 적정하여 그 적정수가 최초의 적정수의 두배가 되도록 한다.
  적정수가 2배에 도달하지 않을 때는 다시 염소를 통하고 과잉의 경우에는 미리 소량 나누어둔 요오드용액을 가하여서 조절한다(한편 삼염화 요오드(ICl_3) 7.9g과 요오드(I_2) 8.7g을 별도의 플라스크에 취하여 초산을 가해서 용해시키고 두 액을 혼합하여 다시 초산을 가하여서 1L로 정용하여도 좋다).

[조작]

표 10-2를 참고로 하여 적당량의 시료를 500mL 공전삼각플라스크에 취하고 사염화탄소 10mL를 가하여 시료를 용해시킨 후 여기에 wijs액 25mL를 pipette으로 가한 후에 천천히 흔들어 암소에 30분간(요오드가 100 이상의 것을 1시간) 방치한다.

다음에 요오드화칼륨용액 20mL 및 물 100mL를 가하여서 흔들어 섞은 다음 0.1N 티오황산나트륨용액으로 적정한다. 용액이 미황색이 될 때 전분용액을 가하여 잘 흔들어주면서 전분의 청색이 소실될 때까지 적정한다. 본시험과 병행하여 공시험도 수행한다.

표 10-2 요오드가 측정시 시료의 채취량

요 오 드 가	120 이상	6~120	60 이하
시료채취량(g)	0.1~0.2	0.2~0.4	0.4~0.8

[계산]

$$요오드가(I.V) = \frac{(b-a) \times F \times 0.01269}{S} \times 100$$

b : 공시험의 티오황산나트륨용액 소비량(mL)
a : 본시험의 티오황산나트륨용액 소비량(mL)
S : 시료 채취량(g)
F : 티오황산나트륨용액의 역가

(4) 과산화물가(peroxide value: P.V)

과산화물가는 유지 1kg 중에 함유된 과산화물의 mg당량수로 표시하며 초기단계에 있어서 유지산패의 정도를 나타내는 기준이 된다. 일반적으로 식물성 유지의 경우에 과산화물가가 60~100meq/kg, 동물성 유지의 경우에 20~40meq/kg의 값에 도달하면 유지의 산패가 발생한 것으로 판단한다.

일반적인 측정방법은 다음과 같다. 유지를 아세트산과 클로로포름 혼합액의 용매에 용해시킨 후 KI(요오드화칼륨)를 가하여 생성되는 I^-을 유지 중의 과산화물과 반응시켜 I_2로 산화시킨다. 이때 생성된 요오드의 양을 티오황산나트륨 표준용액으로 적정하여서 정량한다.

$$ROOH + 2H^+ + 2I^- \longrightarrow ROH + I_2 + H_2O$$
$$I_2 + Na_2S_2O_3 \longrightarrow Na_2S_4O_6 + 2NaI$$

[시약]

- 초산 · 클로로포름 혼합용매 (3 : 2)

- 요오드화칼륨(KI) 포화용액
- 1% 전분용액
- 0.1N 티오황산나트륨

[조작]

250mL 삼각플라스크에 시료 약 1~5g을 달아 초산 · 클로로포름 혼합용액(3 : 2) 25mL에 필요하면 약간 가온하여 녹인다. 포화요오드화칼륨용액 1mL를 가볍게 흔들어 섞은 다음 어두운 곳에 10분간 방치하고 물 30mL를 가하여 세게 흔들어 섞은 다음 전분용액 1mL를 지시약으로 하여 0.01 N 티오황산나트륨액으로 적정한다. 공시험을 병행하여 수행한다.

[계산]

$$과산화물가(meq/kg) = \frac{(a-b) \times F}{F} \times 100$$

a : 본시험의 티오황산나트륨용액 소비량(mL)
b : 공시험의 티오황산나트륨용액 소비량(mL)
F : 티오황산나트륨용액의 역가
S : 시료의 채취량(g)

(5) Reichert-Meissl가(R.M.V.)

Reichert-Meiszl가는 시료 5g을 규정의 방법에 의하여 처리하였을 때 수증기와 같이 휘발하는 수용성의 저급지방산을 중화하는 데 필요한 0.1N KOH 수용액의 mL수를 표시한 것이다. 특히 버터는 이 값이 23~34로서 다른 지방에 비하여 크기 때문에 버터의 순도나 위조검정에 이용된다.

[시약]

- 묽은 황산(1:4용액) : 비중 1.84의 황산 200mL를 증류수에 용해시켜서 1L로 한다.
- glycerine · NaOH 용액 : (glycerine 180mL에 50% NaOH 수용액 20mL를 가한다.
- 0.1N KOH · ethanol 용액
- 1% phenolphthalein

[조작]

약 5g의 시료를 300mL 증류플라스크에 취하고 여기에 20mL의 glycerine · NaOH 용액을 첨가하여 직화와 동시에 흔들어주면서 가열 · 검화를 한다.

액이 투명해지면 약 80°C의 증류수 130mL를 서서히 가한 다음에 묽은 황산 5mL를 가하여 생긴 비누(지방산 나트륨)를 분해하고, 돌비를 방지하기 위하여 비등석 또는 모세관을 가한다.

플라스크는 중앙에 직경 5cm의 구멍이 있는 asbestos판 위에서 불꽃이 플라스크의 밑면에 닿도록 하여 천천히 자비를 시키고 약 30분간 수기에 유출액을 정확히 110mL가 되도록 받는다.

수기는 조작 중에 20°C 이하가 되도록 하면서 증류를 끝낸다. 수기는 15°C의 물에 10분간 침지한 후 4~5회 정도 거꾸로 뒤집어 유출액을 혼합한 후 여과한다. 여액을 정확히 100mL 취하고 phenolphthalein을 지시약으로 해서 0.1N KOH · ethanol 용액으로 적정하며 동시에 공시험을 병행한다.

[계산]

$$R.M.V = \frac{(a - b) \times F \times 1.1 \times 5}{S}$$

a : 본시험의 0.1N KOH · ethanol 용액 사용량(mL)
b : 공시험의 0.1N KOH · ethanol 용액 사용량(mL)
F : 0.1N KOH · ethanol 용액의 역가
S : 시료의 채취량(g)

(6) TBA(Thiobarbituric acid)가

TBA가는 지방산화에 의해 생성되는 카보닐 화합물 중 말론알데하이드(malonaldehyde)의 농도를 측정하는 것으로, 두 분자의 thiobarbituric acid와 한 분자의 말론알데하이드가 반응하여 적색의 색소를 생성하므로 530nm에서 흡광도를 측정하여 말론알데하이드의 양을 산출할 수 있다.

TBA가는 과산화물가보다 재현성이 낮은 경우가 많기는 하지만 지방 산화가 진행됨에 따라 과산화물가와는 달리 계속 증가하는 장점이 있다. 그러나 alkanal, alkenal등은 TBA와 반응하여 적색(530 nm)이외에 황색(450 nm)의 복합체를 형성하므로 정확성이 결여될 때가 있다.

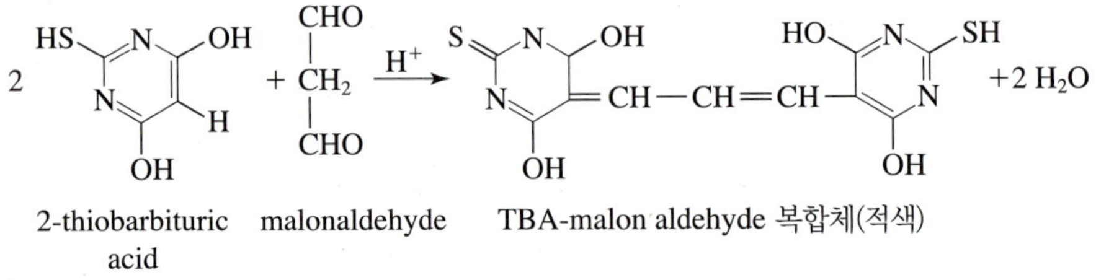

[시약]

- 빙초산
- TBA 용액 : 2–thiobarbituric aicd 1.38g을 증류수 200mL로 용해 · 희석한다.
- TBA 시액 : 위의 TBA 용액과 빙초산을 1:1로 혼합한다.
- Benzene

[조작]

유지 3g을 삼각플라스크에 취하고 benzene 10mL를 가하여 충분히 용해시킨 후 TBA 시액 10mL를 넣어주고 끓는 물에서 30분간 가열한다. 이것을 흐르는 물에서 냉각한 후 530nm에서 흡광도를 측정한다.

[계산]

$$\text{TBA가} = \frac{(a-b) \times 3 \times 100}{S}$$

a: 시료의 530 nm에서의 흡광도

b: 공시험의 530 nm에서의 흡광도

S: 시료채취량

Chapter 11.

회분과 무기질의 정량

식품분석에 있어서 **회분**(灰分, ash)이란 식품을 태우고 남은 재를 말하는 것이다. 따라서 대체로 무기질이라고도 생각될 수 있으나 대다수의 식품에서 무기질인 염소는 그 일부 또는 대부분이 회화될 시에 소실되기 때문에 실제로 식품을 태워서 남은 재를 순전히 무기물 자체라고는 할 수 없다.

왜냐하면 식염을 가한 식품뿐만 아니라 두류, 야채류, 해조류 등의 회분에는 본래 유기질이라고 볼 수 있는 탄산이 다량 함유되어 있기 때문이다.

또한 회분함량에 있어서의 차이는 시료의 회화시간과 온도에 따라서도 달라진다. 예를 들면 두류의 회분은 500~550°C에서의 회화에 있어서는 다량의 탄산을 함유하나, 650~700°C로 가열하면 상당량의 탄산을 소실하여 일부의 중량을 감소시키며 더욱 고온으로 가열하면 다른 성분까지도 휘발되는 경우가 많다.

이와 같이 잔회(殘灰)의 성격은 식품의 종류와 회화의 조건에 따라서 변한다. 따라서 무기질의 정량은 어려우며 식품의 회분은 다만 무기질과 거의 같다는 관념을 가질 수 밖에 없다.

현재 실시하고 있는 방법은 시료의 회화온도를 550~600°C로 규정하여 이 온도에서 각종 식품을 완전히 회화시키고 있다.

제1절 회분 정량법

[장치]

- 회화용기(crucible) : 구경 6cm 정도의 자제 증발접시 또는 25mL 정도의 뚜껑 있는 자제도가니가 필요하다. 대량의 유기물을 비교적 저온에서 회화시

킬 필요가 있는 식품의 회화는 넓은 접시를 사용해서 충분한 공기를 공급할 수 있도록 함이 좋다. 또한 시료회화시에 표면적이 팽창될 것을 고려한다면 넓은 접시가 더욱 편리하다. 회의 성질에 따라 상승기류에 의해서 위로 날려가는 경우가 생기기 쉬우므로 뚜껑이 있는 도가니가 안전하다.

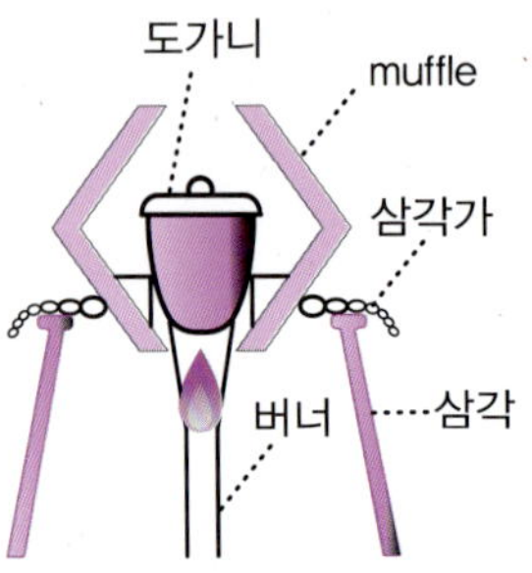

그림 11-1 도가니의 작열

- 전기로(electric muffle furnace) : 적당한 크기의 전기로를 사용할 것이며 버너보다 안전하다.

[조작]

깨끗이 씻은 회화용기를 전기로 속에 넣고 600°C 이상에서 수시간 강열시킨 다음 desiccator에 옮겨 방냉한 후 실온에 달하면 즉시 평량한다. 항량이 될 때까지 이 조작을 반복한다.

항량에 된 도가니에 시료 2~5g을 칭취한다. 주류, 주스, 차 등과 유지류와 같이 회분량이 적은 것은 약 10g을 칭취한다. 회화에 앞서서 식품의 성질에 따라 몇가지 전처리를 할 필요가 있으며 전처리를 필요로 하는 것은 방법으로 구분할 수가 있다.

1) 전처리가 필요치 않은 것

곡류, 두류, 기타 아래 어느 것에도 해당되지 않는 시료로서 이것은 직접 회화한다.

2) 사전에 건조시켜야 할 시료

야채, 과실 등이나 동물성 식품과 같이 수분이 많은 시료는 일단 건조기내에서 가능한 한 장시간 건조시킨 후 회화시킨다. 술, juice 등의 음료, 간장, 우유 등의 액체 시료는 증발건조시킨 후 회화한다.

3) 예열(미리 태우는 것)이 필요한 시료

시료의 종류에 따라서는 회화시에 상당히 팽창하는 것이 있는데 여기에 속하는 식품은 사탕류 및 당분이 많은 과자류, 정제전분, 난백, 어육(특히 새우, 오징어 등) 등이다.

이와 같은 시료는 칭취 후에 전열기상에서 회화용기의 하면(下面)을 약하게 가열하고 내용물이 넘치지 않을 정도로 온도를 점차로 높이면서 강열해서 회화시킨다. 이와 같이 해서 내용물이 넘치지 않을 정도까지 태운다.

4) 연소시킬 필요가 있는 것

유지류는 미리 기름기를 태워 없앤다. 즉 시료를 용기에 칭취 후 전열기상에서 가급적 수분을 제거하고 이것을 연소시켜 불꽃이 약해질 때까지 계속한다. 불꽃이 약해지면 뚜껑을 덮어 불을 끄고 잔사를 회화시킨다.

전처리가 끝나면 각 용기를 전기로에 옮기고 온도를 높여 550~600°C에서 수시간 이상 태우며, 백색 또는 회백색의 재가 남을 때까지 회화를 계속한다.

회화기 끝나면 가열을 멈추고 그대로 방냉하여 온도가 약 200°C 정도로 강하되면 desiccator 속에 옮기어 방냉하며 실온이 되면 칭량한다. 같은 방법으로 회화, 방냉, 칭량을 반복하여 항량을 구한다.

[계산]

시료의 회분량은 다음 식으로 산출한다.

$$\text{회분}(\%) = \frac{W_1 - W_0}{S} \times 100$$

W_0 : 용기의 항량(g)
W_1 : 회화 후의 용기(g) + 회분(g)
S : 시료의 중량(g)

가열 정도나 시료에 따라서 완전히 회화되지 않으면 다량의 탄소가 남아 회백색의 회분을 얻기 어려울 때가 많다. 즉 난황, 이스트 등 산성이 강한 식품, 염장어, 장아찌 등 다량의 식염을 함유하고 있는 식품이 그 예이다.

일반적으로 소량의 탄소는 칭량치에 그다지 영향을 미치지 않아서 무시되는 경우도 있지만 이와 같이 탄소의 양이 많으면 흑색의 재밖에 얻지 못하므로 다음과 같이 처리해야 한다.

흑색의 재를 냉각시킨 후 약 15mL의 물을 가하고 탄소덩어리를 유리막대로 부수면서 탕욕상에서 가온하여 가용분을 침출한다. 회분이 없는 여지로서 작은 비커에 경사여과하고 다시 경사수세하여 세액을 비커에 가한다.

여지상의 잔사는 여지와 함께 사용중인 용기에 넣고 건조 후 550~600°C에서 회화한다.

비커의 액은 탕욕상에서 농축시키고 잔사를 회화시킨 상기의 용기에 그 액을 옮기고 소량의 물로서 비커를 씻고서 세액을 용기에 가한다. 재차 용기를 탕욕상에서 증발시키고 550~600°C에서 2시간 작열을 하면 탄소를 함유하지 않은 회분을 얻을 수 있다.

회화 후 desiccator에 옮겨 냉각시킨 후 실온에 달하면 칭량한다. 이 칭량치를 W_1으로 하고 전식(前式)에 의해서 산출한다.

제 2 절 식품의 산도, 알칼리도의 측정

[원리]

100g의 식품을 회화시켜서 얻은 회분을 중화하는 데 필요한 규정의 알칼리 또는 산의 mL수를 식품의 산도 또는 알칼리도라고 한다.

식품으로부터 얻은 회분의 일정량을 과잉의 규정산에 용해시켜서 이것을 알칼리 표준용액으로 중화시켜 적정치로부터 산도, 알칼리도를 산출한다.

[시약]

- 1N 염산용액(역가측정)
- 0.5N 수산화나트륨(역가측정)
- 0.1% phenolphthalein · ethanol 용액(지시약)

[조작]

약 0.1g의 회분을 함유한 시료(5~10g)를 정확히 도가니에 칭취하여 회분정량과 같이 직열회화한다. 회화가 끝나면 회화도가니를 식히고 소량의 물을 가하여 유리봉으로 잘 부순 후에 시료 1g에 1N−HCl 용액 1mL를 whole pipette으로 가한다. 100mL 삼각플라스크에 용액 및 잔사를 정량적으로 옮기고 환류 냉각기를 부착하여 15분간 천천히 가열한다. 냉각 후 phenolphthalein 2~3방울을 가하여 0.5N NaOH 용액으로 미홍색이 될 때까지 적정한다.

[계산]

$$\text{식품의 산도 및 알칼리도} = \frac{(A \times F_1) - (\frac{1}{2}B \times F_2)}{S} \times 100$$

A : 1N—HCl 용액의 사용량(mL)
B_1 : 1N—HCl 용액의 역가
B : 0.5N—NaOH 용액의 적정량(mL)
F_2 : 0.5N—NaOH 용액의 역가
S : 시료채취량(g)

제3절 무기질의 정량

1. 칼슘(Ca)의 정량

[원리]

칼슘은 미산성 또는 알칼리성으로 수산과 반응하여 수산칼슘의 침전을 만든다. 이 침전을 여과하여 황산에 용해시키고 수산을 유리시켜서 그 수산을 과망간산칼륨 용액으로 적정하여서 칼슘 양을 구한다.

[시약]

- 요소 : 특급 요소[$(NH_2)_2CO$]를 70~80°C에서 건조시켜 데시케이터에 보존한다.
- 3% 수산암모늄 용액
- 암모니아수(50배 희석액)
- 0.5N 과망간산칼륨용액($KMnO_4$ 0.7g)을 1L의 증류수에 용해시키고 살색병에 넣어서 하룻밤 방치 후 상등액을 사용한다.
- 황산용액 : 1 : 25로 희석한 묽은 황산용액
- 0.1% methyl red alcohol 지시약

[주] 계산치가 +일 경우는 알칼리성 식품, −일 경우는 산성 식품이다.

[조작]

1) 시료용액의 조제

10~20g의 시료(해초, 두류, 분유, 종실 등은 2~5g)를 구경 6~9cm의 증발 접시에 정확히 평취한다. 이것을 회분정량하는 것과 같이 회화한다. 방냉 후에 얻어진 회분을 소량의 물로 용해하여 묽은 염산(1 : 1)을 가하고, 잘 저은 뒤에 증발접시를 끓는 수욕상에서 증발건조시킨다. 이 건조물에 묽은 염산(1 : 3) 5mL와 물 10mL를 가하여 가끔 저어주면서 탕욕상에서 가온하여 용해할 수 있는데까지 용해시킨 후에 여과한다. 이 여액을 물로 희석시켜서 100mL로 한다.

2) 정량

위의 시료용액의 일정량(칼슘으로서 1~5mg)을 200mL의 비커에 정확히 취한다. methyl red 지시약을 몇 방울 가하고 수산암모늄용액 10mL, 요소 2g을 가하여서 잘 흔들어준다.

비커를 시계접시로 덮고 methyl red가 적색으로부터 등황색으로 변할 때까지 석면망 위에서 천천히 가열한다. 등황색이 된 시점에서 불을 끝 후에 2시간 방치하였다가 유리여과기(15AG-4)로 흡인 · 여과한다. 증류수 5mL로 침전을 씻은 후에 암모니아수 30mL로 여러번 나누어 침전과 유리여과기를 세척한다.

여과기 내의 수기를 침전물이 들어 있는 비커와 교환하여 천천히 여과하면서 가열한 황산용액 5mL를 유리여과기 내에 주입시켜 침전물을 용해시킨다. 이 조작을 5회 정도 반복하여 침전을 완전히 비커에 용해시켜서 옮긴다. 이것을 60~80°C에서 가열하여 0.02N $KMnO_4$ 용액으로 미홍색이 될 때까지 적정한다. 0.02N $KMnO_4$ 용액 1mL는 칼슘의 0.4008mg에 상당한다.

[계산]

$$\text{칼슘(mg\%)} = \frac{A \times F \times 0.4008 \times D}{S} \times 100$$

A : 0.02N $KMnO_4$ 용액의 적정치(mL)

F : 0.02N $KMnO_4$ 용액의 역가

D : 희석배수

S : 시료의 중량(g)

2. 인(P)의 정량

[원리]

인산과 몰리브덴산암모늄이 반응하여서 된 인산몰리브덴산암모늄을 환원하면 몰리브덴블루라고 하는 진한 청색의 화합물이 생긴다. 이 반응은 대단히 예민하므로 미량이라도 정색이 되며, 인의 농도에 비례하므로 이것을 광전비색계로 비색한다.

[시약]

- 인표준용액 : 사전에 desiccator에서 건조한 KH_2PO_4의 0.439g을 물에 용해시켜 1L로 한다. 그 용액 중 50mL를 200mL로 희석한다. 이 1mL는 0.025mg의 인을 함유한다.

- 몰리브덴산암모늄용액 : $(NH_4)_6Mo_7O_{24} \cdot 4H_2O$ 25g을 300mL의 물에 용해한다. 별도로 진한황산 75mL에 물을 가하여 200mL로 하여 사용 직전에 혼합한다.

- 0.5% hydroquinone($C_6H_4(OH)_2$) 용액 : Hydroquinone 0.5g을 물 100mL에 녹이고, 분해를 방지하기 위해 황산을 한방울 가하여 둔다.

- 10% 아황산나트륨용액 : Na_2SO_3 5g을 45mL의 물에 용해시켜서 여과한다.

[조작]

전처리를 통해 만든 시료용액의 1mL(인으로서 0.01~0.3mg)를 25mL의 메스플라스크에 정확히 취하고 몰리브덴산암모늄용액 2mL를 가하여 흔들어준 뒤 몇 분간 방치한 다음 0.5% hydroquinone 2mL를 가하여 혼합하고, 아황산나트륨용액 2mL을 가하며 이때의 시각을 기록해 둔다.

그리고 재빨리 표선까지 물을 가하여 잘 흔들어주면서 아황산나트륨을 가할 때부터 정확히 30분 후에 비색한다. 분광광도계에서는 650nm, 광전비색계는 황 또는 등색 필터(filter)을 사용하여서 흡광도 E를 구한다.

[계산]

$$인(mg\%) = 0.05 \times \frac{E_2}{E_1} \times \frac{100}{S}$$

E_1 : 인표준액의 흡광도
E_2 : 시료용액의 흡광도
S : 시료 채취량(g)

3. 철(Fe)의 정량

[원리]

제일철이온(2가)은 O–phenanthroline과 반응해서 적색의 착염을 생성한다. 이때 적색은 철의 농도에 비례하므로 이것을 비색정량한다. 제이철이온은 미리 hydroquinone으로 환원해서 제일철이온으로 해둔다.

[시약]

- O–phenanthroline 용액 : 특급 $C_{12}H_8N_2 \cdot HCl \cdot H_2O$ 결정 0.5g을 200mL의 물에 용해한다. 냉소에 보존한다.
- 2M 초산나트륨용액 : $CH_3COONa \cdot 3H_2O$ 결정 272g을 물에 용해시켜서 1L로 한다.
- 1% hydroquinone 용액 : $H_6H_6O_2$ 0.5g을 50mL의 물에 용해시킨다. 사용할 때마다 조제한다.
- BPB 지시약 : bromophenolblue 0.1g와 0.05N NaOH 3mL를 유리봉으로 잘 혼합하고 이것을 증류수로서 250mL 정용한다.
- 철표준용액 : 특급황산 제1철암모늄($(NH_4)_2 \cdot Fe(SO_4)_2 \cdot 6H_2O$) 0.7021g을 0.2%의 황산으로서 1L로 한다. 이 액 1mL는 0.1mg의 철을 함유하고 있다.

[조작]

칼슘의 항에서 만든 시료용액 10mL(철로써 0.02~0.2mg)을 25mL 메스플라스크와 삼각플라스크에 취한다.

[주] 검량선을 사용할 때는 인 0.02~0.3mg의 여러점에 있어서 상기와 같이 조작해서 흡광도를 구하고 검량선을 작성한다.

삼각플라스크에 BPB 지시약 몇 방울을 가해서 2M 초산나트륨용액으로, 용액이 황색에서 담록색(pH 3.5)이 될 때까지 적정한다.

한편 메스플라스크에 hydroquinone 1mL, phenanthroline 용액 2mL를 가하고 이것에 상기의 적정치와 동량의 2M 초산나트륨을 가하고 물을 부어 25mL로 만든다. 1시간 후에 광전비색계 또는 광전광도계로 560mμ에서 흡광도 E를 측정한다.

한편 철표준용액을 10배로 희석시켜 이중 1, 2, 5, 10, 20mL를 각각 25mL 메스플라스크에 취하고 상기와 똑같은 방법으로 발색시켜서 흡광도 E를 구하여 검량선을 작성한다.

[계산]

$$철(mg\%) = a \times \frac{100}{S} \times \frac{100}{b}$$

a : 시료용액의 흡광도 E를 검량선으로부터 구한 Fe량(mg)
b : 비색에 사용한 시료용액의 양(mL)
S : 시료의 채취량(g)

4. 염소(Cl)의 정량

(1) Volhard법

[원리]

질산은과 제이철염의 질산산성 용액에 thiocyan화칼륨을 떨어뜨리면 thiocyan화은의 백색침전이 생기고 thiocyan화칼륨이 과잉되면 제이철이온과 반응하여서 액은 홍색을 나타낸다. 질산산성의 염소이온을 함유하고 있는 용액에 과잉의 질산은을 가하면 과잉의 철은 이온 상태로 용액 중에 남는다. 이 남은 은의 양을 상기와 같이 thiocyan화칼륨 표준액으로 적정하면 염소의 양을 산출할 수 있다. 이 방법을 Volhard법이라고 부른다.

[시약]

- 10% 탄산나트륨용액 : 특급무수탄산나트륨을 물에 용해시켜 밀봉하여 보존한다.

- 질산 : 진한 질산과 묽은 질산(1 : 9)의 2개를 사용한다.
- 철명반지시약 : 황산제이철암모늄($NH_4 \cdot Fe(SO_4)_2 \cdot 12H_2O$) 10g을 85mL의 물에 2mL의 진한질산을 가한 액에 용해시킨다.
- 질산은 표준액 : 0.1N 특급 $AgNO_3$ 약 17g을 물에 용해시켜서 1L로 한다. 갈색병에 넣어서 보존한다. 역가는 다음과 같이 구한다.
- 삼각플라스크에 0.1N KCl 기준액을 정확히 20mL 취하고 크롬산칼륨 1% 수용액을 몇방울 가하여 0.1N 질산은용액으로 적정한다. 종점은 액이 정확하게 오렌지색을 나타내는 지점으로 한다.
- 적정치를 a mL로 하고 0.1N KCl의 역가를 FCl로 하면 0.1N 질산은용액의 역가 FAg는 $FCl \times \frac{20}{a}$ 이 된다.
- 0.1N KCl 기준액 : 특급 KCl을 100~200°C로 2시간 건조해서 desiccator 내에서 냉각시킨 것 3.73g을 정확하게 평취하고 물에 용해시켜서 500mL로 한다. KCl의 양을 a g으로 하면 0.1N KCl의 역가 FCl은 $\frac{a}{3.728}$ 이다.
- 0.1N thiocyan화칼륨 표준액 : 특급 KSCN의 결정 약 9.7g을 물에 용해시켜서 1L로 한다. 0.1N 질산은 표준액 20mL를 정확히 삼각플라스크에 취하여 진한 질산 0.5mL와 철명반지시약 1mL를 가하여 세게 흔들어주면서 thiocyan화칼륨 표준액을 떨어뜨린다. 종점은 액이 백색으로부터 미홍색이 될 때로 한다.

적정치를 V mL로 하면 역가 F_{SCN}는 $F_{Ag} \times \frac{20}{V}$ 이다.

[조작]

시료 2mL를 100mL 메스플라스크에 정확히 취하여 물을 표선까지 채운다. 이 액에서 10mL를 삼각플라스크에 취하고 진한 질산 0.5mL를 가하여 플라스크를 강하게 흔들어주면서 뷰렛을 이용해 0.1N 질산은용액을 떨어뜨린다.

염화은의 백색침전이 응결하여 투명한 상등액이 생긴 후 한번 더 수 mL를 떨어뜨린다. 이 백탁한 액에 nitrobenzene 5mL를 가하면 백탁은 nitrobenzene에 흡착되어 액은 투명해진다.

여기서 철명반지시약 1mL를 가하여 0.1N thiocyan화 칼륨 표준액으로 적정한다. 적정의 종점은 1분간 흔들어도 적갈색이 소실하지 않는 지점으로 한다.

[계산]

시료 1mL 중의 염소량(mg)은 다음 식에 의해서 계산한다.

$$Cl(mg) = 3.545 \times (F_{Ag}V_1 - F_{SCN}V_2) \times \frac{100}{10} \times \frac{1}{2}$$

V_1 : 적하한 0.1N 질산은 표준액 mL 수
V_2 : 0.1N thiocyan화칼륨의 적정치(mL)
F_{Ag} : 0.1N 질산은표준액의 역가
F_{SCN} : 0.1N thiocyan화칼륨의 역가

(2) Mohr법

[원리]

염소를 함유한 액에 크롬산칼륨을 가하여 질산은을 적하하면 즉시 염화은 백색침전이 생긴다. 염소는 모두 염화은으로 침전하기 때문에 그보다 용해도가 큰 크롬산은이 적갈색으로 침전되어서 나타난다.

[시약]

- 0.1N 질산은표준액(Volhard법과 같다)
- 10% 크롬산칼륨(K_2CrO_4) 수용액

[조작]

Volhard법과 같이 시료를 희석하여 10mL를 100mL 삼각플라스크에 취한다. 이것에 크롬산칼륨용액을 몇 방울 가하고 0.1N 질산은용액으로 적정한다.

처음에는 염화은의 백색침전이 생기고 나중에는 크롬산은의 적갈색이 된다. 플라스크를 흔들면 없어지므로 질산은을 떨어뜨리면서 적갈색이 없어지지 않을 때까지 계속한다.

[계산]

시료 1mL 중의 염소(mg)는 다음 식에 의한다.

$$Cl(mg) = 3.545 \times F_{Ag} \times V \times \frac{100}{10} \times \frac{1}{2}$$

V : 0.1N 질산은 표준액의 적정치(mL)
F_{Ag} : 0.1N 질산은표준액의 역가

Chapter 12. 비타민의 정량

제1절 비타민 A의 정량

[원리]

비타민 A는 불검화물 중에 존재하는 비타민으로 이것에 삼염화안티몬의 chloroform 용액을 가하면 청색을 나타낸다. 이 반응을 carr-price **반응**이라고 한다.

[시약]

- chloroform : 특급 $CHCl_2$
- ether : 특급 ethyl ether
- 삼염화안티몬용액 : $SbCl_3$ 20g을 100mL의 chloroform에 용해한다.
- 1N KOH · ethanol : KOH 28g을 가능한 한 소량의 물로 완전히 용해시켜 에탄올로 500mL로 만든다.
- 일급무수황산나트륨 : 탈수용
- 표준용 비타민 A : 비타민 A 표준품

[조작]

1) 검화 및 추출

적량의 시료(비타민 A로 200~300I.U.)을 정확히 칭취하여 100~200mL의 검화플라스크에 넣고 10배량의 1N KOH · ethanol액과 소량의 L-ascorbic acid(비타민 C) 결정을 가한다. 한쪽 끝을 봉한 모세관 여러개를 넣고 환류냉각기를 달아 80°C 전후의 탕욕상에서 30분간 가열하여 환류시킨다.

냉각하여서 KOH · ethanol 용액과 동량의 물로 플라스크 내용물을 분액깔때기에 씻어 넣는다. 그리고 즉시 30~40mL의 에테르로 플라스크를 씻어 이 액도 분액깔때기에 넣는다. 분액깔때기를 천천히 흔들고 정지시켜서 수층과 에테르층을 나눈다.

이 수층(하층)을 별도로 분액깔때기에 취해서 여기에 에테르 30mL를 가하고 흔든다. 수층과 에테르층을 분리시켜서 에테르층은 앞의 분액깔때기에 옮기고 수층은 즉시 다른 분액깔때기에 옮겨 이와 같은 조작을 몇 번 거듭한다.

다음으로 그것을 합한 에테르층에 50mL의 물을 가하고 흔들어 방치한 다음 수층을 제거한다. 이와 같은 조작을 3회 반복한다.

2) 검액의 조제

200mL 비커에 에테르층을 옮겨 여기에 무수황산나트륨 10~15g을 넣은 뒤 저어주며 에테르 중의 물을 제거한다. 이 에테르층을 가지달린 플라스크에 옮겨 에테르를 감압하에 유거시긴다.

플라스크 내의 잔유물은 chloroform 5mL로 용해시켜 25mL 메스플라스크로 옮긴다. chloroform으로 플라스크를 몇 번 씻어 메스플라스크에 넣고 마지막에 chloroform으로 표선까지 채운다.

3) 검량선의 작성

표준비타민 A액을 chloroform에 용해시켜 각각 1mL 중에 5, 10, 25I.U.의 비타민 A를 함유한 choroform 용액을 조제한다. 이 중 1mL를 비색계의 cell에 취하여 삼염화안티몬용액 5mL를 가하고 재빨리 비색하여 흡광도 E를 측정한다.

같은 방법으로 3가지 농도의 비타민 A액에 있어서 흡광도 E를 측정한다. 종축에는 흡광도를, 횡축에는 비타민 A(I.U.)를 표시한 그래프를 그린다.

4) 비색

2)에서 조제한 검액 1mL를 정확하게 취하여 비색계의 cell에 넣고 검량선작성과 같이 하여 발색을 시켜 흡광도 E를 측정한다.

[계산]

상기에서 구한 흡광도를 검량선에 맞추어서 검액 1mL 중의 비타민 A(I.U.)를 구한다.

식품 100g 중의 비타민 A(I.U.)는

$$\text{비타민 A(I.U.)/100g} = y \times \frac{25}{W} \times 100$$

y : 검량선에서 구한 검액 1mL 중의 비타민 A(I.U.)
W : 시료의 평취량(g)

제2절 비타민 B_1의 정량(thiochrome법)

[원리]

비타민 B_1(thiamine)은 알칼리성에서 적혈염 또는 bromcyan으로 산화되어 thiochrome이 된다. 이것에 자외선을 쪼이면 형광을 발하므로 이 강도를 형광광도계로 측정한다.

그러나 동식물계에서는 B_1의 대부분이 인산염으로 존재하고 있으며, B_1 이외에도 형광물질이 존재하기 때문에 가수분해, permutit 흡탈착 혹은 기타의 조작을 행한다.

[시약]

- 25% 염화칼륨염산용액 : KCl 결정 250g을 0.1N HCl 용액으로 1L로 만든다(0.1N HCl은 HCl 8.3mL를 물로서 1L로 한다).
- 25% 염화칼륨용액 : KCl 250g을 물로 1L로 한다.
- 3% 초산용액
- 4M 초산나트륨 : 초산나트륨($CH_3COONa \cdot 3H_2O$) 54.5g을 물 100mL에 용해시킨다. 본용액 1에 대하여 0.1N H_2SO_4 15들이를 가하여 pH 4.5가 되게 한다.
- 초기완충액 : 초산나트륨 13.6g에 빙초산 6mL를 가하여 물로 1L로 만든다. pH 4.5가 되게 한다.
- 0.1N H_2SO_4 용액 : 진한황산 2.9mL를 물로 1L로 한다.
- 다가 diastase 용액 : 5%(장시간 수해할 때는 2%)를 초산완충용액에 용해시

켜 산성백토 0.4g을 가하고 잘 흔들어서 원침(3,000rpm 15분)분리시켜서 상등액을 사용한다.

- 30% NaOHdor : 조제한 것을 10일 이상 방치하여 상등액을 사용한다.
- B_1 표준액 : 결정비타민 B_1 염산염 25mg을 정평하여 물로 100mL로 한다. 사용시에 그 1mL를 초산완충액을 이용하여 정확히 250mL로 하여 사용한다$\left(\frac{1g}{mL}\right)$.
- buthanol : 특급을 사용한다. 형광물질이 있을 경우에는 증류장치로 재증류하여 둔다.
- 정제 permutit : permutit 100g을 60~100 mesh로 하여 플라스크에 넣어서 다음과 같은 조작을 한다.

① 물 400mL를 가하여 15분간 교반해서 정치한 후 경사하여서 물을 제거한다. 이 조작을 3~4회 반복한다.

② 3% 초산용액 400mL에 같은 조작을 2회 행한다.

③ 25% KCldor 300mL를 가하여 비등욕에서 15분간 가열한다. 냉각 후 액을 경사하여 버린다.

④ ②를 반복한다(가온하지 않고).

⑤ ①을 반복한다. 충분히 수세한다.

⑥ 이상의 조작이 끝난 것은 90°C에서 하룻밤 건조한다.

[조작]

1) 치환탑 준비

시험관에 permutit 약 1.5g을 넣고 물을 가하여 흔들어서 permutit 내의 기포를 제거한 후 상등액을 버리고 다시 물을 가한다. 한편 치환탑 하부에 glass wool을 넣어 유리봉으로 조질하고 마개를 열어 물은 채운 다음 다시 마개를 막아 물을 밑으로 유출시킨다.

다음에 물을 탑에 반 정도 넣고 상기의 시험관을 흔들어서 permutit를 흘러들이기게 한다. permutit를 완전히 탑에 옮긴 다음 마개를 열어서 물을 유출시킨다. 이어서 3% 초산수 10mL를 유출시킨 다음 물 20mL를 1분간 1mL(3초에 1방울) 흐르게 하여 permutit층을 통하게 한다. 이 단계에서 시료를 흡착한다.

2) 시료의 침출

증류수 20mL에 검체(1~5g)를 정평하여 넣고 homogenizer로 분쇄하여 100mL 메스플라스크에 옮긴다. 그리고 0.1N 황산액을 45~60mL 가하여 30분간 탕욕상에서 가열시킨다. 가열할 때 5분마다 잘 흔들어주고 그 이후에는 5분마다 1회 정도 흔들어준다. 50°C이하로 냉각시킨 후에 4M 초산나트륨액을 가하여 pH 4.5~4.7로 조정한다(pH는 시험지로 확인한다).

조정 후 5%에 diastase 액 6mL를 가하고 45~50°C의 탕욕에서 2시간 보존하다(장시간 수해할 때는 2% diastase 액 4mL와 toluene 0.2mL를 가하여 38°C에서 하룻밤 보관한다). 실온에서 냉각 후 증류수를 표선까지 채워서 원심분리(3,000rpm, 15분간)하여 상등액을 검액으로 한다.

3) 흡착

상기에 의해서 얻은 검액의 일부(10~30mL, B_1으로서 0.5~4g 정도)를 whole pipette으로 취하고 치환탑에 주입시켜서 1분 동안 1mL(3초에 한방울)의 속도로 적하시킨다. 완전히 검액이 통과한 후에 즉시 염산으로 pH 4.5로 조정한 물 10mL를 치환탑을 씻으면서 통과시킨다. B_1은 permutite에 흡착된다.

4) 수세

흡착이 끝나면 비등수(보통 100~150mL)를 치환탑에 넣고 마개를 열어 유하시켜 흡착증을 세척한다.

엽차 또는 균 등을 시료할 경우는 수세할 때 먼저 4% 구연산용액 5mL를 1분 동안 1mL의 속도로 통과시킨다.

5) 탈착

수세에 의해서 치환탑이 뜨거울 때 계속하여 비등한 25% KCl · HCl액을 주입시켜서 1분간 3~4mL(1초에 한방울)의 속도로 통하게 하여 나오는 탈착액을 25mL 메스플라스크에 받는다.

25% KCl · HCl액을 강한 열에서 빨리 비등시킨다(강열이 늦으면 KCl이 석출하여서 실험이 불가능하다). 냉각 후 25% KCl · HCl액으로 표선까지 채운다.

6) 산화

탈착액을 혼합한 후 whole pipette을 사용해서 마개달린 원침관에 5mL씩 3개를 취하여 각각 다음 순서에 따라 천천히 반응시킨다. 액을 가하는 순서는 표 12-1과 같다.

표 12-1 B_1 정량에 있어서 산화의 절차

	주검	첨가검	맹검
탈착액	5mL	5mL	5mL
B_1 표준액	–	0.5	–
초산완충액	0.5	–	0.6
30% 수산화나트륨용액		–	3
적혈염알칼리용액	3.1	3.1	–

단, 적혈염액은 1% Ferrocyan화 칼륨용액 0.1mL를 30% NaOH 3mL에 동시에 섞는다.

잘 흔들어서 산화시킨 후에 15mL의 butanol을 각각의 원심관에 가하여 100~150회 강하게 흔들어 준다. 정치 후 하층(수층)을 pipette으로 취하여 버리고 남은 butanol 층에 망초 3g을 가하여 다시 100회 강하게 흔들어서 원심분리(1,000rpm, 3분)한다. 첨가 B_1량은 주검의 B_1량의 1~2배가 좋다.

7) 측정

형광광도계에서 butanol액의 형광강도를 측정한다. 영점을 조정한 후에 첨가검액을 넣은 cuvette를 중심부에 넣어서 눈금을 100에 맞추어 주검, 맹검을 읽는다.

[계산]

첨가한 B_1의 양을 Cg로 하면 주검 중의 B_1(Mg)은

$$M(g) = C \times \frac{\text{주검을 읽은 것} - \text{맹검을 읽은 것}}{\text{첨가검을 읽은 것} - \text{주검을 읽은 것}}$$

시료 100g 중의 B_1의 g(g%)는

$$M(g\%) = M \times \frac{25}{5} \times \frac{V}{A} \times 100$$

A : 흡착액량

V : 희석배수

제3절 비타민 B_2의 정량

[원리]

비타민 B_2의 알칼리성용액에 빛을 쪼이면 B_2는 lumiflavin으로 변한다. 이 lumiflavin은 미량이라도 황록색의 형광을 발하며 산성에서 chloroform에 용해되는 성질이 있다. 이것을 이용해서 시료 중에 함유된 다른 형광물질과 분리하여 lumiflavin의 형광도를 측정한다.

[시약]

- chloroform : 시판 chloroform을 정류하여서 무형광으로 한다.
- B_2 기준액 : B_2의 결정 10mg(정확히)을 1% 초산수 100mL에 용해한다(100g/mL). 이 때 소량의 초산수를 가하여 60°C 이하에서 완전히 용해하여 메스플라스크에 옮겨 정확하게 100mL로 맞춘다.
  이것을 1% 초산수에 희석하여서 0.1g/mL의 기준액으로 한다. 원액과 기준액은 갈색병에 넣어서 보존하며 기준액은 일주일마다 조제한다.
- 1N 수산화나트륨 : 40g의 NaOH를 물로서 1L로 맞춘다.
- 빙초산 : 시약특급

[조작]

1) 침출

① 동물조직

시료 0.1~0.5g을 정확하게 취하여 시험관에 넣고 미리 80°C로 가온한 증류수 3~5mL를 가하여 80°C의 수욕에서 3~5분간 가열한다. 이것을 homogenizer에 씻어넣고 냉각시키면서 5분간 마쇄한다.

마개 달린 눈금이 있는 원침관에 마쇄물을 옮겨 증류수 20mL를 가하고 가끔 흔들어 주면서 80°C의 수욕에서 15분간 가온한다. 그리고 유수 중에서 냉각하고 정확하게 100mL로 맞춰 원침시키고 상등액을 검액으로 한다.

② 식물조직

비교적 조직이 연약한 것은 동물조직의 경우와 같이 처리하지만 곡류와 같이 조직이 단단한 것은 막자사발에서 마쇄하여 상기와 같이 처리하거나 혹은 마쇄물에 1N 황산을 가하여서 0.25N이 되게 하여 마개가 달린 원침관에 넣어 똑같은 방법으로 처리한다.

2) 광분해

마개달린 원침관에 검액, 1N NaOHdor, B_2 기준액을 표 12-2와 같이 가한다. 단맹검의 원침관은 aluminium foil로 빛이 들어가지 않도록 싼다. 이때 주검과 첨자검을 100W 형광등 2~3개를 광원으로 하여 여기서부터 15cm의 거리에서 30분간 광분해한다.

표 12-2 B_1 정량에 있어서 광분해의 절차

	첨가검	주검	맹검
검액	1.0mL	1.0mL	1.0mL
물(水)	–	1.0mL	1.0mL
비타민 B_2 기준액 (0.1g/mL)1.00	1.0mL	–	–
1N수산화나트륨용액	1.0mL	1.0	–

3) 추출

광분해를 한 주검과 첨가검, 그리고 맹검에 각각 빙초산 0.2mL, chloroform 15mL를 가하여 수냉시키면서 세게 흔들어 lumiflavin을 chloroform으로 옮긴다.

4) 측정

첨가검의 chloroform층(하층)을 pipette으로 형광광노계의 cuvette에 취하여 눈금을 100내외로 하여 읽는다. 이 상태에서 주검과 맹검의 chloroform층을 사용하여 각각의 값을 읽는다.

[계산]

$$\text{시료 중의 } B_2\text{량(g\%)} = 0.1 \times \frac{\text{주검을 읽은 것} - \text{맹검을 읽은 것}}{\text{첨가검을 읽은 것} - \text{주검을 읽은 것}} \times \frac{100 \times 100}{\text{시료(g)}}$$

제4절 비타민 C의 정량

1. Indophenol 적정법

[원리]

2.6-dichlorophenol indophenol은 ascorbic acid(환원형 비타민 C)에 의해서 환원되어 홍색이 무색으로 되므로 indophenol 용액에 ascorbic acid를 떨어뜨려 홍색이 없어지는 점을 구하여 정량한다. 즉 dehydro ascorbic acid(산화형 비타민 C)를 미리 황화수소에서 환원하여 두면 총 비타민 C를 얻을 수가 있다.

[시약]

- 5% 메타인산액 : 특급 HPO_3 25g을 물로 500mL로 맞춘다(빙실 중에서 보존).
- 2% 메타인산액 : 5% 메타인산액 40mL를 물로 100mL로 맞춘다.
- 0.001N 요오드산칼륨용액 : 0.1N KIO_3액(KIO_3 0.357g을 정확히 평취하여 물로 100mL로 만든다. 갈색병에 보존)을 원액으로 하고 사용시에 원액 1mL를 정확하게 물로 100mL로 만든다.
- indophenol 용액 : 2.6-dichlorophenol indophenol 나트륨 1mg을 물 200mL에 용해하여 여과한다. 매일 새로 조제한다.
- 4mg % ascorbic acid 용액 : L-ascorbic acid 4mg을 2% 메타인산액으로 100mL로 한다.
- 해사 : 시판해사를 사용한다.

[조작]

1) Ascorbic acid 용액의 농도검정

ascorbic acid 용액 2mL를 시험관에 취하고 요오드화칼륨액 0.2mL와 전분액 2~3방울을 가하여 microburette를 사용하여 0.001N 요오드산칼륨용액을 떨어뜨린다. 적정의 종점은 엷은 청색이 나타나는 점으로 한다(이때 백색종이를 사용하면 쉽다).

$$\text{ascorbic acid 용액농도(mg\%)} = \text{적정치(mL)} \times \frac{1}{2} \times 8.8$$

2) Indophenol 용액의 농도검정

indophenol 용액 1mL를 시험관에 취하고 여기에 농도검정을 한 ascorbic acid 용액을 microburette으로 떨어뜨린다. 액은 도중에 청색에서 적색으로 변하며 적색이 없어지는 점을 종점으로 한다.

3) 시료용액의 조제

시료를 일정희석배수의 침출액(5배 또는 10배)으로 만들고 이것이 최종적으로 2% 메타인산용액이 되게 한다.

① 10배 희석액

적당량의 시료(야채, 과실의 경우 5~10g)를 측정하여 막자사발에 넣고 시료 1g에 4mL의 5% 메타인산용액과 해사를 적당량 가하고 잘 마쇄한다. 여기에 시료 1g에 5mL의 물을 가하여 흔들어서 원침시킨다. 이 상등을 시료용액으로 한다. 상등액이 깨끗하지 않으면 여과한다.

② 5배 희석액

시료 1g에 따라 5% 메타인산 2mL와 물 2mL를 가하여 ①과 같이 한다.

4) 적정

이와 같이 조제한 시료용액을 microburette에 넣고 시험관에 1mL indophenol 액을 취하여 적정한다. 적정방법은 색소용액의 검정과 같이 한다.

[계산]

시료 중의 ascorbic acid량 A는 다음 식에서 구한다.

$$A = b \times \frac{m}{n} \times V$$

b : ascorbic acid 용액의 농도(mg%)
m : 색소액에 대한 ascorbic acid 용액의 적정치(mL)
n : 색소액에 대한 시료용액의 적정치(mL)
v : 희석배수

2. Hydrazine 비색법

[원리]

dehydroascorbic acid(산화형 비타민 C)는 dinitrophenyl hydrazine과 작용하여서 정량적으로 적색의 Ozazon을 만든다. 따라서 시료 중의 ascorbic acid를 산화시키면 dehydroascorbic acid로 되기 때문에 Ozazon을 만들어서 비색시키면 총 비타민 C가 정량된다.

[시약]

- 0.2% indophenol액 : 2,6–dichlorophenol indophenol나트륨 0.2g을 온탕 100mL에 용해시킨다. 냉소에 저장하면 2주간 유효.
- 5% 및 2% 메타인산용액
- thiourea 메타인산용액 : 사용시에 thiourea 2g을 2% 메타인산 50mL에 용해하여 물로 100mL로 맞춘다.
- DNP 용액 : 2,4–dinitrophenyl hydrazine 2g을 9N 황산 100mL에 용해하여 유리여과기로 여과한다. 2주간 유효하다.
- 25% 황산용액 : 물 12mL에 진한황산 100mL를 용해한다. 처음에는 조금씩 천천히 가하고 과열에 주의하면서 서로 섞는다.
- 8N 황산용액 : 3배의 물에 황산 1배를 천천히 가한다. 과열에 주의한다.
- 비타민 C 표준용액 : 순결정 비타민 C 100mg을 2% 메타인산용액에 용해하여 100mL로 한다. 이 액 0.25, 0.5, 1.0, 1.5, 2.0, 2.5mL를 각각 2% 메타인산용액에 용해하여 100mL로 하여서 6종류의 표준용액으로 한다.

[조작]

1) 시료용액의 조제

indophenol 법과 같이한다.

2) 산화

3개의 시험관에 시료용액을 2mL 씩 넣고 ① 총 비타민 C용 ② dehydroascorbic acid용 ③ 맹검용으로 한다.

①의 시험관에 indophenol용액 한방울을 가하여 홍색이 될 때 3개의 시험관 각각에 thiourea용액 2mL를 가한다.

3) Ozazon의 생성

① 및 ②의 시험관에 DNP 용액을 각각 1mL씩 가하고 37°C에서 3시간 보온한다. 다음에 3개의 시험관을 얼음물에서 식히며 85% 황산용액 5mL를 주의하면서 조금씩 가하고 흔들어 혼합한 후 ③의 시험관에 DNP 용액 1mL를 가한다. 시험관 전부를 얼음물에서 꺼내어 실온에서 30~40분 방치한다.

4) 비색

시약항에서 만든 6종의 표준용액을 전기 시험관 ①과 같이 처리하고 비색계의 510~540μm에서 비색하여 검량선을 작성한다. 다음에 시험관 ③의 액을 대조용액으로 하여 ① 및 ②의 흡광도를 측정한다.

[계산]

다음과 같이 시료 중의 총 비타민 C, dehydroascorbic acid 및 환원형 비타민 C를 구한다.

$$\text{총 비타민 C량(mg\%)} = C_1 \times \frac{A}{2} \times \frac{100}{S}$$

$$\text{dehydroascorbic acid량(mg\%)} = C_2 \times \frac{A}{2} \times \frac{100}{S}$$

$$\text{환원형 비타민 C량(mg\%)} = \text{총 비타민 C량(mg\%)} - \text{dehydroascorbic acid량(mg\%)}$$

C_1 : 검량선에 의하여 구한 비타민 C량(시험관 ①)
C_2 : 검량선에 의하여 구한 비타민 C량(시험관 ②)
A : 조제시료용액량(mL)
S : 시료 채취량(g)

Food Analysis

PART Ⅲ

식품첨가물 실험

Chapter 13. 인공감미료

14. 보존료

15. 착색료

Chapter 13. 인공감미료

제1절 Saccharin의 검출법

1. 정성시험법

[시약]

- 2% 탄산나트륨액
- 30% 황산
- 1% $KMnO_4$
- 1% 염화제이철액
- 5% 염화바륨액 또는 5% 황산바륨액
- 질산칼륨
- 염산

[검액조제]

1) **액상시료** : 점조성이 많은 것은 물을 2~3배 가한다. 탄산을 다량함유한 것은 약간 가온하여 탄산가스를 제거한다. 시료 50~100mL를 분액깔때기에 취하여 30% 황산 또는 인산을 가하여 산성으로 하고 에테르를 같은 용량 가하여 침탕추출한다. 이때 에테르를 분리채취하여 매회 물 약 50mL로 2회 씻어낸다. 필요하면 여과하여 검액으로 한다.

2) **고체시료** : 세분한 시료 30~50g(saccharin 함량이 극히 미량이라고 예상될 경우에는 적당히 증량한다)을 비커에 취하여 탄산나트륨액 50mL를 가하고 잘 교반한 후 시계접시로 덮고 끓는 수욕상에서 30분간 가온한다. 다음에 액이 따뜻할 때 여과하여 액상검액의 경우와 같이 처리한다.

[검출반응]

1) **감미시험** : 검액의 조제에서 얻은 추출액의 약 1/3을 비커에 옮겨 수욕 상에서 증발시켜 잔유물의 맛을 검사한다. 이때 탄산나트륨액을 가하면 saccharin의 맛이 명확하게 나타난다.

saccharin맛이 불명확할 때는 그 잔유물을 소량의 암모니아수에 용해하고 묽은 염산을 가하여 산성으로 만든 다음 과망간산칼륨액을 약간 가하여 50°C 이하에서 가온하면 탈색한다.

이때에 탈색이 안되면 에테르를 가하여 혼화하고 에테르층을 분리채취하여 소량의 물로 씻은 다음 에테르를 증발시키고 잔유물로 감미를 검사한다.

2) **정색반응** : 검액조제 2)에서 얻은 추출액의 약 1/3을 자제절구 내에서 서서히 증발시킨 후 그대로 가성소다 0.5~1.0g을 넣고 약 20분간 250°C에서 용융한다. 이것을 냉각한 후 용융덩어리를 물에 용해하여 분액깔때기에 넣고 황산을 가하여 산성으로 만든다. 이것을 에테르로 추출하여 에테르층을 분리 채취한 후 에테르를 증발시킨다.

이 잔유물을 약 5mL에 용해하여 test tube에 넣고 소량의 염화제이철액을 서서히 가하면 자색이 나타난다. 자색이 나타나면 saccharin이 있다는 증거이다.

3) **침전반응** : 검액조제 2)에서 얻은 추출액의 약 1/3을 비커에 취하여 에테르분을 증발시키고 잔유물을 4~5배의 무수탄산나트륨과 혼합하여 용융한 소량의 질산칼륨에 서서히 넣어서 산화시켜 알칼리용융이 일어나도록 한다.

용융을 20~30분 안에 완료한 후 적당량의 물에 용해시키고 염산을 약간 가하여 산성으로 만든 후 염화바륨액 또는 황산바륨액을 가하면 백색침전이 나타난다. 이것은 saccharin이 있나는 증거이다.

2. 정량시험법

[시약]

- 2% $Na_2CO_3 \cdot 10H_2O$
- 50% NaOH
- 5% $BaCl_2$
- ethyl ether
- HNO_3
- KNO_3

[조작]

시료를 평량하여(용성 saccharin 0.1~0.3g에 상당하는 양) 이것을 100~250mL 메스플라스크에 넣고 2% $Na_2CO_3 \cdot 10H_2O$ 용액을 가하여 알칼리성으로 만든 후 물을 가하여 정용한다(고체시료일 때는 시료를 메스플라스크에 넣어 전량의 9/10까지 물을 가한다. 2% $Na_2CO_3 \cdot 10H_2O$ 용액으로 약알칼리성으로 만들어 50~60%의 탕욕 상에서 약 2시간 가온하여 충분히 추출한다. 냉각 후 리트머스 시험지로 알칼리성을 확인한 후 물을 가하여 정용함).

전량의 1/2을 분액깔때기에 취하여 절반가량의 에테르로 추출하여 에테르가용성 불순물을 제거한다. 이것을 분액깔때기에 취하여 인산으로 충분히 산성화 하고 NaCl을 가하여 포화시킨 후 검액과 동량의 에테르로서 몇 번 추출한다.

에테르 추출액을 합하여 소량의 물로 충분히 씻은 후 플라스크에 옮겨 에테르를 증발시키고 잔사를 자제도가니에 옮겨 약 50% NaOH 용액 3~5mL 및 KNO_3를 가하여 금속망 위에서 서서히 가열하여 수분을 증발시킨다. 기포발생이 끝난 후부터 약 10분간 250~300°C에서 용융하여 방냉한다.

이것을 50~100mL의 물에 융해하고 HCl 또는 HNO_3를 가하여 충분히 산성화로 하고 5% $BaCl_2$ 용액을 가하여 상법에 따라 $BaSO_4$를 정량한다.

$$BaSO_4\ 1g = \text{용성 saccharin } 1.034g = \text{saccharin } 0.785g$$

제 2 절 Dulcin의 검출법

1. 정성시험법

[시약]

- 30% 가성소다
- 2% 탄산나트륨
- 수산화칼륨
- 질산제이수은

[검액의 조제]

1) **액체시료** : 점도가 높은 시료는 물을 가하여 약 2~3배로 한다. 또 단산을 많이 함유한 시료는 가온하여 탄산을 제거한다. 시료 50~100mL를 분액깔때기에 넣고 가성소다액 2~4mL를 가하여 알칼리성으로 한다. 여기에 시료의 약 2배량의 에테르로 몇 번 추출한다.

   에테르를 분리시킨 후 수층은 버리고 에테르층을 전부 합한다. 씻어낼 때는 5mL의 물로 두 번 씻은 다음 검액으로 한다.

2) **고체시료** : 세분한 시료 30~50g(dulcin 함량이 극히 미량으로 생각될 경우에는 시료를 적당히 증가시킨다)을 비커에 취하여 탄산나트륨용액 50mL를 가하고 교반한다. 다음에 시계접시를 덮고 탕욕상에서 수시로 교반하면서 30분간 가온한 후 여과한다. 여액을 액상시료와 같이 처리한다.

[검출반응]

다음 1) ~ 2)의 반응이 나타났을 때는 dulcin이 함유되어 있다는 것으로 간주해도 무방하다.

1) 감미시료

검출반응에서 얻은 추출액의 약 1/3을 비커에 넣어 수용상에서 증발시킨 후 잔사의 일부를 취하여 감미를 검사한다.

2) Berlin blue 및 Thomas 반응

검출반응에서 얻은 추출액의 약 1/3을 비커에 넣고 수욕상에서 증발시킨 후 잔사 약 0.02g을 test tube에 취하여 액상석탄산 4방울과 황산 4방울을 가하여 끓을 때까지 가열한다. 끓은 후 식으면 물 10mL를 가하여 용해시킨 다음 수산화칼륨액을 가하면 층이 생기며 2~3분 후에 청색을 띤다.

3) Jorissen 반응

검출반응에서 얻은 추출액의 약 1/3을 증발시켜 잔사를 test tube의 물 약 5mL 중에 분포시키고 질산제이수은액 2~4 방울을 가하여 5~10분간 끓는 물 위에서 가열한다. 이때에 검액은 자색을 띠며 과산화납을 가하면 짙은 자색이 된다.

2. 정량시험법

[시약]

- 빙초산(CH_3COOH)
- 20% $Pb(CH_3COO)_{23}H_2O$
- $NaSO_4 \cdot Na_3PO_4$ 포화액 : 각 20g을 물 100mL에 가하여 용해한 것
- 10% NaOH

[조작]

액체시료는 50mL를 비커에 취하여 물 60mL 가하며(탄산함유 시료는 150~200mL를 증류하여 약 110mL로 한다) 빙초산 약 20방울을 넣어 산성으로 한다. 교반하면서 20% $Pb(CH_2COO)_2 \cdot 3H_2O$ 용액 약 10mL를 가하여 잠시 방치하여 여과한다.

이때 침전물 및 비커는 물로 씻고 세액과 여액을 합쳐 $Na_2SO_4 \cdot Na_3PO_4$ 포화혼액 20mL(초산납용액의 사용량에 따라 증량한다)를 가하여 잠시 가온한다. 방치 후 분액깔때기에 옮겨 침전물은 물로 씻고 세액과 여액을 합하여 10% NaOH 용액을 가하여 알칼리성으로 하고, 이 용액과 동량의 에테르를 가해 3회 추출한다.

에테르액을 분리시키고 NaOH 용액을 가하여 약알칼리성으로 한 후 물 10mL로 씻어서 에테르층을 검액으로 한다. 고체시료는 30~50g을 300mL 플라스크에 취하여 무수알코올 100~150mL를 가하고 환류냉각기를 달아 수욕상에서 약 30분간 끓인 후 여과한다.

이때 잔사는 무수알코올을 세번 온침하고 알코올추출액을 합하여 알코올을 제거한다. 잔사를 물 60mL에 용해하여 빙초산 약 20방울을 넣고 액체시료와 같이 다음 조작을 처리한다.

[암모니아 측정법]

검액을 상법에 따라 암모니아를 정량한다. 0.1N H_2SO_4 1mL = dulcin 9mL에 상당한다.

[Xanthohydrol 법]

검액을 플라스크에 넣어 온탕상에서 에테르를 제거하고 잔사를 열탕 15mL에 용해하여 여과한다. 이때 플라스크 및 여지는 10~20mL의 온수로 씻는다. 여액과 세액을 합쳐 시계접시 중에서 증발시키고 잔사를 50% 초산 20mL에 용해시켜 여지로 여과한다. 접시 및 여지는 50%의 초산 20mL로 씻는다.

그리고 세액과 여액을 합하여 약 40mL로 하고 새로 만든 xanthohtdrol액 (2g을 무수메칠알코올 30mL에 가온 용해하여 식힌 후 여과한다. 사용은 10분 이내에 해야 한다) 3~8mL를 가하여 잘 교반하고 2시간 방치 후 생성된 침전물을 여별하여 50%의 초산 10mL로 씻는다.

다음으로 80% 메칠알코올 5mL로 씻어 30분간 100°C에서 건조하여 상법과 같이 평량한다. 감량은 xanthohydrol의 g수를 2로 나누어 채취하고 검체 중에 함유되어 있는 dulcin의 g수로 한다.

제3절 sodium cyclohexyl sulfanilic acid

[시료조제]

1) 액체시료

액체시료는 그대로 사용한다. 탄산을 함유한 것은 약간 가온하여 제거한 다음 검액으로 하고 필요에 따라서 여과하여 사용한다.

2) 고체시료

고체시료는 분쇄한 50~200g을 플라스크에 취하고 물을 가해 400mL가 되게 한다. 여기에 염화칼슘 2~5g을 가해 용해한 후 10%의 NaOH로서 약알칼리성으로 만들고 가끔 흔들어 주면서 2시간 방치한다. 이것을 여과하여 여액을 검액으로 한다.

[침전반응]

조제한 검액 100mL에 염화바륨 2g을 가해 5분간 방치한 후 여과한다. 이 여액에 HCl을 가하여 산성으로 하고 아질산나트륨 0.02g을 가했을 때 cyclohexyl sulfanilic acid가 존재하면 바륨의 백색침전이 생긴다.

Chapter 14. 보존료

제1절 Salicylic acid 및 그 염류

1. 정성시험법

(1) 검액의 조제

[액체시료]

1) 알코올

시료 200mL를 10% NaOH 용액으로 알칼리화한 후 액량이 약 1/3이 될 때까지 water-wath 위에서 증발시킨 다음 나서 물로 희석시켜서 원래의 액량이 되도록 한다.

2) 그밖에 액체시료

그대로 검액으로 사용한다. 그러나 조작 중에 거품을 일으켜 분리가 곤란할 때에는 다시 시료 100mL를 플라스크에 취하여 NaCl 약 5g을 가하고 이것이 용해될 때까지 교반한다. 다시 이것을 흔들면서 10분간 방치해 둔다. 이 액을 여과시켜 1)의 방법과 같이 처리한다.

3) 그밖에 반고체시료

시료를 세분하여 혼화한다. 여기에서 100~200g을 500mL 메스플라스크에 취하여 물을 가하고 약 400mL로 한다. 이것을 잘 섞어서 KCl 2~5g을 가한 후 용해될 때까지 교반하고 10% NaOH를 가하여 알칼리성이 되게 한다. 다음에 표선까지 물을 가하여 잘 섞어가면서 2시간 방치하고 여과한다.

(2) salicylic acid의 추출

검액 500mL를 분액깔때기에 취하여 묽은 염산 5mL를 가하고 ether 50mL로서 추출한다. 혼액에서 유탁이 생길 때에는 석유 benzen(b.p 60°C 이하) 10~15mL를 가하고 섞는다.

이 조작으로 분리가 곤란하면 원심분리를 시키거나 상당량의 수층이 분리될 때까지 방치시킨 후 수층을 제거하고 잔액을 힘차게 흔든 후 재차 방치하여 수층을 제거한다.

ehter 층을 물 각 5mL로 2차에 걸쳐 수세하고 플라스크에 넣어 수욕상에서 ether층을 대부분 증발시키고 나머지를 증발접시에 옮긴 후 자연휘산시킨다. 만약 잔사 중에 색소나 기타 착색물질이 존재할 때는 다음 세 가지 방법에 의해서 제거하여야 한다.

① ether 증발잔사를 ether 약 25mL에 용해시켜서 이것을 분액깔때기에 옮기고 10% NH_4OH 여러 방울을 가한 물 25mL와 진탕시켜 정치한다. 여기에서 분리된 수층을 취하여 증발접시에 여과하고 수욕상에서 건고될 때까지 증발시킨다.

② ether 증발잔사물을 데시케이터(황산)에서 건조시킨 후 이황화탄소 또는 석유 benzen(b.p 60°C 이하) 1mL를 가하여 유리봉으로서 잘 섞어 추출한다. 추출액을 별도 건조여지를 사용하여 여과한다. 동일한 조작을 몇번 반복하고 전추출액을 수욕상에서 주의깊게 증발시킨다.

③ ether 증류잔사를 소량의 ether로서 용해시키고 작은 도가니 속에 옮겨 ether를 실온에서 증발시킨다. 이때 도가니의 약 2/3가 들어가는 구멍이 뚫린 asbestoes를 장치하고 냉수로 가득찬 소형환저 플라스크를 도가니 위에 넣고 약한 불꽃으로 가열시킨다. 플라스크의 저부에 승화물의 발생여부를 확인한다.

(3) 정색반응

(2) 방법에 의해서 얻은 ether 증발잔사 또는 ①, ②, ③의 방법에서 착색물을 제거한 물질을 가검물로 사용한다. salicylic acid가 함유되어 있을 때는 다음 반응에서 양성을 나타낸다.

① 염화제이철 반응

가검물의 일부를 백색적판상(白色滴板上)에 취하고 0.5%의 염화제이철액 한 방울을 가하여 자색 발생여부를 검사한다.

② Jorissen 반응

가검물의 일부를 시험관에 취하고 열탕 약 5mL에 용해시켜 냉각시킨 후 약 10%의 HNO_3 용액 4~5방울, 30% 초산 5~6방울, 1% 황산동액 1방울을 가한다. 이것을 잘 흔들어 약 30분간 끓인 후 2분간 방치시키고 그 액의 적색발생 여부를 검사한다.

③ Millon Lintner 반응

가검물의 잔사를 열탕 약 5mL에 용해시켜 이것을 test tube에 취한다. 10%의 질산제2수은[1] 2방울을 가하고 2분간 끓여서 식힌 후 묽은 염산 2방울과 1% 아질산나트륨액 5방울을 가하여 잠시동안 방치한 후 홍색의 발생여부를 검사한다.

2. 정량시험법

(1) salicylic acid의 추출

정성시험 (1)에서 얻은 검액 100mL를 분액깔때기에 취한다. 액이 알칼리성을 나타낼 때는 묽은 염산으로 중화한 후 다시 묽은 염산 2mL를 가하여 매회 ether 50mL로 4회 추출한다. 추출할 때 유탁이 일어나면 ether층의 1/5 정도의 pertroleum benzen(b.p 60°C 이하)을 가하여 다시 흔들어서 원심분리를 한다.

이때 모든 ether 추출액을 합하여 ether액의 1/10 정도를 물로 몇 번 씻고, 다음에 ether액을 플라스크에 넣은 후 ether의 대부분을 증발시켜 잔사를 증발접시에 옮겨 자연휘산시킨다. 잔사물 중에 착색물질이 없으면 다음 (2)의 비색시험법에 의거한다. 이때 착색물질이 있으면 다음 ①, ②에 따라 제거한다.

① ether 증발잔사를 진공 데시케이터(황산) 중에서 잘 건조한 후 이황화탄소 또는 석유 benzen(b.p 60°C 이하) 10~15mL를 가하여 내용물을 유리봉으로 교반하여 추출하고 추출액을 별도로 증발접시에 건조여지로 여입한다.

---

[1] 질산제2수은액 : 질산제2수은 10g에 물 90mL를 가하여 끓을 때까지 가열한다. 다음에 진한 질산을 떨어뜨려 염기성 염을 용해하여 냉각하고 물을 가하여 100mL로 한다.

이와 같은 조작을 10번 반복해서 모든 추출액을 플라스크에 옮기고 용매의 대부분을 증발시켜 잔부를 자연휘산시킨다.

② ether 증발잔사를 ether 40~50mL에 용해시켜 이것을 분액깔때기에 옮기고 1% 암모니아액 15mL씩을 사용하여 3회 추출한다(최초에 ether 증발잔사에 치방이 함유되어 있을 때는 ether에 용해시켜 암모니아액으로 4회 추출한다).

암모니아성 추출액을 합하여 전기방법에 따라 다시 산성으로 하여 에테르로서 추출한다. 에테르 추출액을 수세한 후 대부분의 ether을 증발시키고 잔사를 증발접시에 옮겨 자연휘산시킨다.

(2) 비색시험

앞의 (1)에서 얻은 증발잔사를 소량의 열탕에 용해하여 식힌 후 100mL로 희석한다. 이때 용액이 선명치 않으면 건조여지를 사용하여 여과한다. 이 액을 적당히 희석하여 적량의 0.5% 염화제이철액을 가하여 정색시킨다. 이것을 비색계를 사용하여 표준액(50mL 중 salicylic acid 1mg을 함유한다)을 같은 방법으로 처리한 것을 비색정량한다.

제2절 benzoic acid 및 그 염류

1. 정성시험법

[시약]

- 묽은 염산 및 묽은 인산
- ether 및 petroleum ether
- 50% alcohol
- 10% NaOH
- 석회수 및 수산화바륨
- 분말 황산칼륨
- 0.1N 중탄산나트륨
- 0.5% 염화제이철

[검액의 조제 및 안식향산의 추출]

1) 일반시료

액체시료는 100~200mL를 분액깔때기에 취하고 묽은 황산 또는 인산을 가하여 산성으로 만든다. 석유에테르 및 에테르의 등용혼액을 같은 양 가하고 힘차게 흔들어 에테르층을 분리채취한다. 이것을 적은 양의 물로 씻은 후 에테르를 증발시키고 잔사를 증발접시에 옮겨 자연증발시킨다.

고체시료는 잘게 끊어서 50g을 비커에 취하고 50%의 알코올 100mL를 가하여 강하게 흔든다. 여기에 묽은 황산 또는 묽은 인산을 가하여 산성으로 만들고 때때로 교반하면서 약 30분간 침출 후 비커의 내용물을 여과한다. 여액에 10% NaCl 용액을 가하여 알칼리성으로 만든다.

이것을 water bath 위에서 알코올을 제거하고 잔액을 분액깔때기에 취하여 묽은 황산 또는 묽은 인산을 가하여 산성이 되게 한다. 이하 액체시료와 동일한 방법으로 조작한다. 만약 잔사 중에 색소나 기타 착색물질이 있을 때는 salicylic acid ①, ②, ③의 방법에 따라 제거한다.

2) 지방유

시료 50g을 공전삼각플라스크에 취하여 수용상에서 용융시켜 0.1N 중탄산나트륨액 100mL(산도가 높은 지방에는 적당히 증량한다)를 가한다. 이것을 1분간 강하게 흔든 다음 수욕상에서 가열하고 투명 혹은 유탁으로 분리한 수액층을 분리채취하여 묽은 산으로 산성화시켜 끓인다.

이것을 식힌 후 여과한 투명한 수액을 분액깔때기에 옮겨 ether 25mL를 가하고 강하게 흔들어 추출한다. ether 추출액을 각 5mL 씩 2회 물로 씻어서 이하는 일반시료와 같이 처리한다.

[침전반응 및 정색반응]

ether 증발 잔사가 상당량 있을 때는 일부를 취하여 salicylic acid 정성시험 (2)의 ③에 따라 승화정제(昇華精製)를 하여 융점을 측정하고 다음에 잔부를 적은 양의 열탕에 용해한다. 이것을 검액으로 하여 다음 반응에 따라서 검사한다.

(1) 염화제이철 반응

검액의 일부를 취하여 암모니아수 몇 방울을 넣고 알칼리화한다. 이때 과잉의 암모니아는 증발시킨다. 다음에 소량의 열탕을 가하여 여과하고 0.5% 염화제이철액 몇방울을 가하여 안식향산이 있으면 홍색의 침전을 생성한다.

2) Mohlar법

검액의 잔부에 10% 수산화나트륨액 1~2방울을 가하여 증발건조하고 잔사에 진한 황산 5~10방울 및 황산칼륨의 결정을 가하여 glycerin욕 중에서 (120°~130°C) 10분간 가열한다. 이것을 식힌 후 물 1mL를 가하여 암모니아수로 알칼리화 하고 끓인다. 식힌 후 새로 만든 무색황화암모니아액을 가하여 안식향산이 있으면 접촉면에서 적갈색이 나타난다. 이것을 흔들어서 가열하면 액은 녹황색을 나타낸다.

2. 정량시험법

[시약]

- 분말 염화나트륨
- 10% 수산화나트륨 또는 석회유(石灰乳)
- ether
- 10% HCl
- chloroform
- alcohol
- phenolphthalein
- 0.05N NaOH

[검액의 조제]

1) 일반시료

액체시료는 150mL, 고체 또는 반고체시료는 가늘게 끊어서 혼화한 150g을 500mL의 메스플라스크에 취하여 시료 중의 수분이 포화할 때까지 분말나트륨을 가한다. 다음에 10% NaOH 용액 또는 석회유(산화칼륨에서 만든 분말 수산화칼륨액 1에 물 3을 현탁한 것)로 알칼리화고 포화염화나트륨액을 표선까지 가한다.

잘 흔들어서 최소한 2시간 동안 방치하고 여과한다. 여액 중에 지방이 함유되어 있을 때는 여액에 적은 양의 수산화나트륨을 가한 후 ether로 추출하여 제거한다. 시료가 염화나트륨액에 침전하는 물질을 다량 함유할 때는 다음 2)의 방법과 같이 한다.

2) 염장어 및 건조어류

분쇄한 시료 50g을 물로서 500mL 메스플라스크에 씻어 넣는다. 10% NaOH 용액으로 알칼리화하여 표선까지 물을 가하여 흔들고 2시간 방치한 후 여과한다. 일정량의 여액(적어도 200mL)을 pipette으로 다른 500mL의 메스플라스크에 취하고 액 100mL에 대하여 30g의 분말 염화나트륨을 가하여 용해될 때까지 흔든다. 다음에 포화나트륨액을 표선까지 가하여 잘 흔든 후 여과한다.

3) 과실주 및 알코올음료

시료 250mL를 증발접시에 취하여 10% NaOH 용액으로 알칼리성으로 하고 수욕상에서 약 100mL가 될 때까지 증발시킨다. 이 액을 250mL 메스플라스크에 옮겨 분말 염화나트륨 30g을 가하여 용해될 때까지 흔든다.

증발접시를 포화염화나트륨액으로 씻고 세액을 메스플라스크에 합한 다음 다시 포화염화나트륨액을 표선까지 가하여 가끔씩 흔들고 적어도 2시간 방치한 후에 여과한다.

[안식향산의 추출 및 적정]

100~200mL의 검액를 pipette으로 분액깔때기에 취하여 10% 염산으로 중화한 후에 다시 10% 염산 5mL를 가한 다음에 매회 chloroform 각 70mL, 50mL, 40mL 및 30mL를 사용하여 순차적으로 추출한다. 맑은 추출액을 합하여 증발접시에 옮기고 용기를 소량의 chloroform으로 몇 번 씻은 후 세액을 증발접시에 합하여 건조공기를 통해 실온에서 증발시킨다.

또다른 방법으로 추출액을 300mL의 삼각플라스크에 옮겨 용기를 chloroform 5~10mL로 씻고 세액을 주액과 합하여 건조공기를 통해 증발건조 한다.

여기에서 얻은 잔사를 desiccator(황산)에서 하룻밤 방치하여 건조한 후에 알코올 30~50mL에 용해하여 약 1/4 정도의 물을 가해 1~2 방울의 phenolphthalein 지시약을 떨어뜨려 0.05N NaOH 용액으로서 적정한다.

$$0.05\text{N NaOH } 1\text{mL} = 0.0072\text{g } C_6H_5COONa$$

제3절 P-oxybenzoic acid ester류

[시료의 조제]

carrez 침전제(A액 : 15% ferrocyan화 칼륨, B액 : 30% 황산아연)로 colloid성 물질을 분리하고 지방이 많은 시료는 이것을 제거한 후 P–oxybenzoic acid ester를 가수분해해서 P–oxybenzoic acid로 하고 검출을 행한다.

(1) 액체시료

액체시료 50mL를 같은 양의 물로 희석한다. 단백질을 함유한 시료는 이것을 제거하기 위하여 알코올 30mL를 가한 후 탕욕 상에서 10분간 가온하고 액이 산성을 나타낼 때는 냉각 후 5% NaOH로 중화하여 같은 양의 물로서 희석한다. 여기에 carrez 침전제의 각 액을 5~10mL 가해서 침전물을 여과한 후 여액을 검액으로 한다.

(2) 반고체시료

반고체시료 50g에 물 20mL를 가해 잘 진탕시킨 후 여과한다. 지방 및 단백질이 많은 시료(제과용 크림)는 casein을 침전시키기 위해서 50% 알코올 및 30% 초산 0.5mL를 가해 30분간 자비한 후 50% 알코올로 전량을 250mL에 맞춰 여과한다.

이 여액을 가열하여 알코올을 제거하고 잔유액을 5% NaOH액으로 중화한 후 carrez 침전제를 가해서 침전물을 여과 · 제거하여 검액으로 한다.

(3) 고체시료

고체시료 50g을 물 200mL에 30분간 냉침시킨다. P–oxybenzoic acid ester는 열탕에 비교적 잘 용해하기 때문에 온탕에서 교반하면서 30분간 가열한다. 냉각하지 않고 여과해서 여액을 취한다. 여기에 carrez 침전제를 가해서 (1)과 같은 방법으로 처리한다.

지방이 많은 시료는 25g을 플라스크에 넣고 50% 알코올 50mL를 가한다. H_2SO_4 2~3방울을 떨어뜨린 후 지방의 검화를 방지하여 환류냉각기를 부착하고 온탕상에서 1시간 가열한다. 냉각 후 상등액을 경사해서 분리한다.

잔유물을 같은 방법으로 처리하고 양자의 알코올 침출액을 합쳐서 알코올을 제거한다. 그 잔액을 5% NaOH로서 중화하고 침전제를 가하여 (1)과 같은 방법으로 처리한다.

위에서 설명한 조작에서 얻어진 검액을 분액깔때기에 취하여 묽은 황산 5mL를 가한 다음 ether 100mL씩으로 3회 추출한다. ether액을 합쳐 물 50mL로 수세한다. 그후 salicylic acid, benzoic acid 등의 산성물질을 제거하기 위하여 1% 중탄산소다액으로 2회, 물로 2회 세척한 다음 에테르를 증류하여 제거 냉각하면 P–oxybenzoic acid ester는 유리산과 알코올로 분해된다. 여기에 묽은 황산 5mL를 가하여 에테르 40mL 씩으로 3회 추출하고 수세 후 에테르를 제거한다.

잔유물에 이황화탄소 5mL를 가하고 탕욕상에서 자비할 때까지 가열한 다음 냉각하여 건조여지로 여과한다. 다시 잔유물을 이황화탄소로서 세척한 후 ether를 가해서 플라스크로 옮겨 에테르를 제거한 후 열탕 2mL에 용해해서 검액으로 한다.

[정색 및 침전반응]

① 검액 1mL에 10% 질산 제2수은 5~6방울을 가하여 2분간 탕욕상에서 가온한다. 이것을 냉각시켜 1% 황산 1~2방울과 1% 아질산소다 5~6 방울을 가하여 재차 가열하면 홍색을 나타내는지를 관찰한다.

② 검액 1mL에 브롬포화용액을 3방울 떨어뜨릴 때 P-oxybenzoic acid가 존재하면 황색의 결정성 침전이 생긴다.

Chapter 15.

착색료

제1절 수용성 Tar 색소

[시료의 조제]

(1) 알코올 음료, 청량음료, 간장, 그 밖의 액상시료

시료 20~200g(착색의 정도에 따라 채취량을 적당히 가감한다)을 채취하고 1~3배량의 물을 가하여 검액으로 한다. 이때의 알코올 함량이 많은 시료는 수욕상에서 알코올을 증발시킨 후 물에 희석하여 검액으로 한다.

(2) 과자 및 농산식품

시료 20g~200g을(착색의 정도에 따라 채취량을 적당히 가감한다) 채취하고 가능한 세분하여 다음과 같이 검액을 조제한다.

① 캔디 등의 당제품은 검체의 5배량의 온탕을 가하여 용해한다.

② 잼, 젤리 등은 시료 10~20g에 물 100mL를 가하여 용해한다. 이때 추출이 되지 않은 경우에는 다음과 같은 방법에 따라 조제한다.

③ 저장과실 및 야채류 등은 시료 20~200g(착색의 정도에 따라 채취량을 적당히 가감한다)을 취하여 80% 알코올을 그 용량의 4~5배를 가하여 2~3 시간 방치한 후 액을 완전히 분리한다. 1% 암모니아수를 함유한 70% 알코올로 다시 침출한다. 다음에 암모니아 알칼리용액을 끓여서 암모니아수를 대부분 증발시킨 후 검액으로 한다.

④ 초콜릿, 코코아 제품과 같이 지방이 많은 시료는 20~200g(착색의 정도에 따라서 채취량을 가감한다)을 여지에 취하여 petroleum ether로 탈지한다(petroleum ether가 착색할 때는 유용성 tar 색소법에 준한다).

그리고 시료에 부착한 용매는 증발하나 여과지 사이에 부착되어 있는 것은 완전히 제거하여 야채류와 같이 처리한다.

지방이 적은 것은 시료에 직접 그 중량의 3~4배의 온탕을 가하여 여과하지 않고 그대로 검액으로 한다.

⑤ 곡류제품은 분말 시료 500g에 80% 알코올 약 700mL를 가하여 24시간 방치한 후 여과하고, 여액을 증발시킨 후 100mL로 하여 이것에 약 1/4가량의 25% NaCl 용액과 약간의 암모니아수를 가한다.

이 액을 분액깔때기에 옮겨 같은 양의 petroleum benzen(b.p 60°C 이상)으로 유용성 tar 색소를 시험한다. 그리고 하층의 알칼리성 수용액을 중화하여 수용성 tar 색소의 검액으로 한다.

(3) 수산 및 축산식품

시료 20~200g(착색의 정도에 따라서 채취량을 가감한다)을 취하여 초콜릿, 코코아 제품과 같이 petroleum ether에 탈지 후 (2) ③ 야채류에 따라서 검액을 조제한다.

(4) 기호품

시료 20~25g(착색의 정도에 따라 채취량을 가감한다)을 취하여 1~3배량의 물에 끓여서 수용액이 착색되면 냉각시켜 여과한 후 검액으로 한다.

[모사염색법] (毛絲染色法)

① 시료의 조제에서 얻은 검액의 일부를 묽은 암모니아수를 넣고 약알칼리성으로 한 다음 탈지한 백색모사(수세건조한 것) 30cm를 넣고 가온한다. 이때 모사가 착색되면 끓여내어 수세한다.

② 검액의 일부를 묽은 염산을 넣고 약산성이 되게 한 다음 전항 ①과 같이 백색모사를 넣어서 가온한다. ①, ②의 양시험에서 모사가 명확하게 착색될 경우에는 tar 색소가 존재한다. 그리고 전기 ① 및 ②의 시험에서 모사를 염색할 경우에는 다시 다음과 같이 처리한다.

③ 전항 ②에서 얻은 모사를 소량의 묽은 암모니아수에 넣어서 수분간 가온한다.

모사를 끓여낸 후 다시 검액을 끓여서 암모니아를 제거하고 새로운 모사를 넣고 묽은 염산 몇 방울을 가하여 약산성으로 한 후에 다시 끓인다.

이 조작에 따라서 모사가 염색되면 산성 tar 색소가 존재한다.

④ 전항 ①에서 얻은 모사를 소량의 묽은 초산에 넣고 몇 분간 끓여서 모사를 제거한다. 암모니아수를 가하여 약알칼리성으로 한 후 새로운 모사를 넣어서 다시 끓인다. 이때 모사가 염색되면 염기성 tar 색소가 존재한다.

천연(식물성) 색소가 다량 공존한 검액에는 염색한 모사에 따라서 먼저와 같이 이 색소의 용출 및 염색조작을 2~3회 반복하여 실시한다. ① 및 ②에서 얻은 염색모사를 수세하여 건조한 후 깊이 2cm씩 끊여서 백색적판상에 놓고 각 조각에 35% HCl, 80% H_2SO_4, 10% NaOH, NH_4OH를 각각 1~2방울씩 떨어뜨려서 약 1분후에 색상의 변화를 관찰한다. 이때 색상을 부록의 부표 11과 대조하여 판별한다.

제2절 유용성 Tar 색소

[시료의 조제]

버터 혹은 마가린 20~50g을 gasoline(b.p 90~120°C) 1~2배량에 용해하여 분액깔때기에 옮겨 염산과 초산의 혼액(염산 1에, 초산 5, 물 0.5의 비율로 혼화한 것) 10~25mL로서 수회 추출한다. 이때 산액을 분리채취하여 이것을 25% NaOH 용액으로 알칼리성으로 만든 후 비점이 낮은 petroleum ether로 다시 추출한다.

petroleum ether를 물로 몇 번 씻고 과잉의 알칼리를 제거한다. petroleum ether 추출액을 수욕상에서 건조하고 잔사를 70% 알코올에 용해하여 검액으로 한다.

[염색견사(染色絹絲)의 반응법]

시료의 조제에서 얻은 알코올액의 일부를 취하여 액이 거의 증발한 후 염색견포를 수용성 tar 색소의 모사염색법과 같이 다음 각 시료에 대한 시험을 하여 부록의 부표 11과 대조하여 판정한다.

Food Analysis

PART Ⅳ

식품의 부패시험법

Chapter 16. 어육 및 수육의 신선도 판정법

17. 특수식품의 신선도 판정법

18. 식품용수 분석

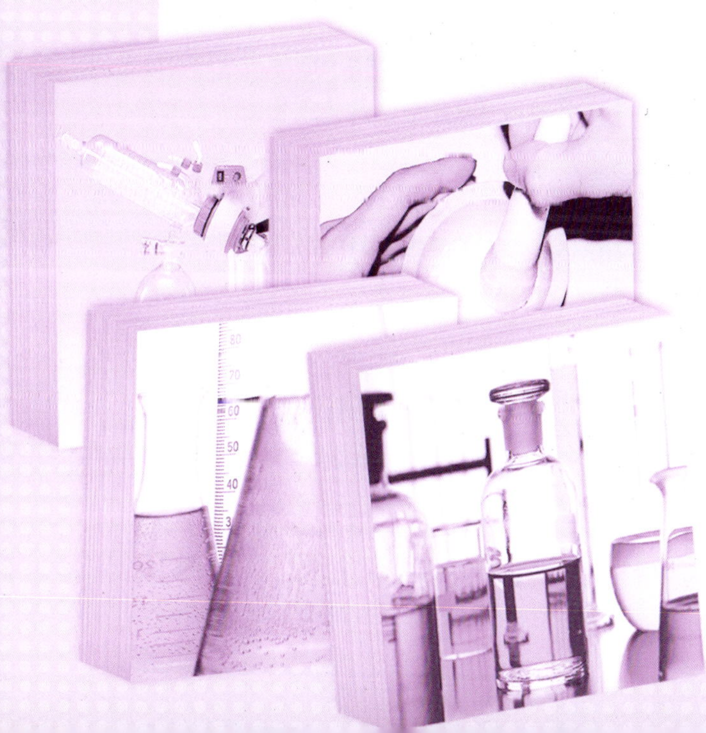

Chapter 16.

어육 및 수육의 신선도 판정법

제1절 관능검사

관능검사는 검체채취시의 상태를 기록해서 과학적 시험의 성적과 조합하여 신선도 판정에 보조적인 역할을 한다. 관능검사는 어류에 있어서는 특히 명확하다.

사후경직의 상태를 관찰하여 사후경과 시간을 추정하지만 비교적 단시간(1~3시간)에 경직기에 달하고 이어서 다시 연화한다. 표피의 상태는 어종 특유의 색조를 가지고 있지만 그 변화상태를 기재하고, 눈은 안구 등의 색택형태에 관해서 관찰한다.

아가미는 어류의 호흡기관으로서 어체 중에서 가장 부패하기 쉬운 부분의 하나이다. 신선한 어류의 혈액은 선홍색을 나타내고 점질물이 없으며 해수의 냄새를 느낄 수 있다. 부패가 진행되면 암록색으로 변하고 불쾌한 냄새를 수반한다. 복부는 광택, 색조, 팽반의 유무, 항문의 상태, 복강내부의 상태 등을 관찰한다.

신선한 육질은 투명감을 가지고 있지만 선도가 저하되면 불투명해진다. 수육에 있어서는 일반적으로 상점에 있는 것으로서 광택, 경도, 색조, 냄새 등을 관찰한다.

제2절 휘발성 염기질소(Volatile Basic Nitrogen, VBN) 측정법

육류, 특히 어패류의 신선도 판정에 사용되는 방법이다. 즉 부패에 따른 휘발성 염기질소는 여러 종류의 amine류 및 암모니아의 질소량을 말하며 이 측정법에는 **통기법** 및 **감압법** 등이 있다.

[원리]

두 방법 모두 검체 중에 함유되어 있는 amine 류 및 암모니아를 증류한 후 일정량의 황산 등에 흡수시켜 중화하고 남은 황산량을 수산화나트륨으로 중화적정하여 질소량을 산출한다.

[기구 및 시약]

- 증류장치
- 20% 삼염화초산 또는 20% 과염소산나트륨
- 15% 수산칼륨
- 10% 탄산칼륨
- 0.1N H_2SO_4
- 0.1N NaOH

[시료의 조제]

막자사발에서 잘게 마쇄한 검체를 20g 평량하여 100mL의 증류수를 가해서 잘 혼합하고 30분간 추출한다. 다음에 20% 삼염화초산 또는 과염소산나트륨 15mL를 가해서 잘 혼합하고 10분간 방치한 후 될 수 있는 한 육편이 여지에 이동하지 않도록 주의해서 여과한다.

이어서 5% 삼염화초산 또는 과염소산나트륨 약 10mL를 가해 전육편을 여지상으로 옮겨 여과한다. 이 전액을 250mL 메스플라스크에 옮겨 증류수를 가해서 표선까지 맞춘다. 이중 50mL를 1회의 측정에 사용한다.

[시험법]

1) 통기법 (A.O.A.C. 개량법)

조제한 시료 50mL를 정확히 분해병(C)에 취해 장치를 조립한다(그림 16-1). 수기(F)에 정확히 0.1N H_2SO_4 10mL를 넣고 지시약(methyl red) 1~2방울을 가해 마개를 하여 장치에 부착한다. 세기병(A)에는 미리 10% 황산을 넣어둔다.

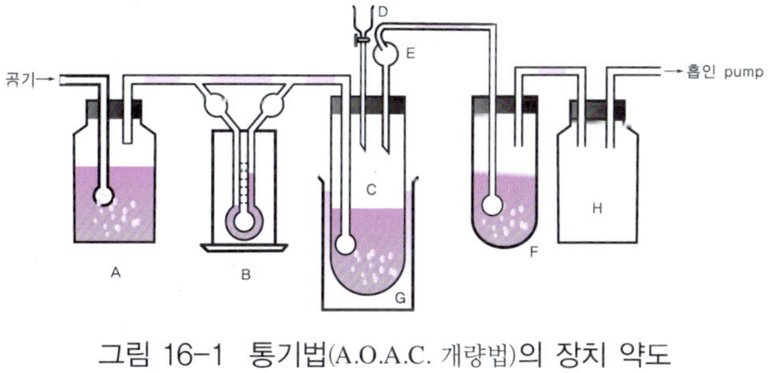

그림 16-1 통기법(A.O.A.C. 개량법)의 장치 약도

통기조작이 가능한 상태로 되고 나면 D의 코크를 열어 15% 수산화칼륨액 10mL, 10% 탄산칼륨액 10mL를 가해서 즉시 코크를 닫고 통기를 시작한다. 통기시간은 항온수조의 온도가 45±1°C에서 90분간, 통기량은 1시간에 50L로 한다.

분해병 속에서 기포가 격심하게 생길 때는 소포제 1~2방울을 코크(D)를 열어 떨어뜨린다. 통기가 끝난 후 수기의 마개를 빼내어 통기관의 끝부분을 증류수로 수기 중에 세척하여 넣고 이것을 그대로 0.1N NaOH로 적정한다.

2) 감압법(weber-wilson 개량법)

감압법은 진공펌프를 사용하여 통기법보다 단시간에 결과를 얻을 수 있다.

그림 16-2와 같은 장치를 만들어 분해병(B)에 조제시료액 50mL를 채취한다. 수기(E)에 0.1N H_2SO_4 10mL를 넣고 지시약(methyl red) 1~2방울을 가한다. 이것을 리비히냉각관과 연결한다.

이때 규정황산만으로는 통기관의 말단이 액 중에 들어가지 않기 때문에 증류수 약 30mL를 가한다. 전 장치를 접속하고 코크(H)를 열어서 상압이 되게 한 후 적하로드(C)를 통해 15% 수산칼륨액, 10% 탄산칼륨액 각 10mL를 분해병에 넣어 I관을 manometer에 접속한다.

전 코크를 닫고 진공펌프를 작동하여 증류를 시작하는데 감압의 정도는 감압조절변(J)의 코크로서 조절하도록 한다. 이때 증류시간은 항온수조의 온도가 45±1°C 감압도 140mmHg의 경우는 60분, 60~70mmHg의 경우는 30분 행한다. 기포가 격심하게 생길 때는 주의해서 코크(C)를 통해 amylalcohol 등의 소포제를 적하하는 것이 좋다.

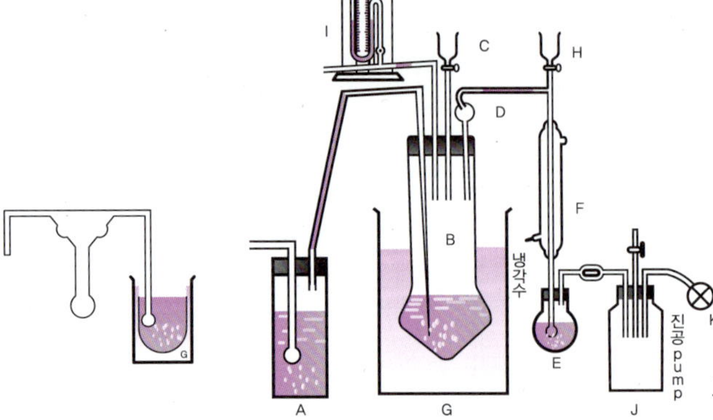

그림 16-2
감압법의 장치 약도

증류가 끝나면 C의 코크를 서서히 열어 전 장치를 상압으로 한다. 그 후 진공 펌프를 정지하여 수기 내의 규정액이 냉각관 내로 역류하는 것을 방지한다. 수기를 분리하고 냉각관 수세용 코크를 열어서 증류수를 주입하고 통기관 내 및 선단을 수세하여 세액과 합쳐서 적정한다.

[계산]

휘발성 염기질소와 반응하고 남은 H_2SO_4를 NaOH로 적정하여 휘발성 염기질소량을 역산한다. 통상 100g 중의 mg으로 나타낸다.

$$\text{휘발성 염기 질소량(mg\%)} = \frac{(b - a) \times f \times 1.4 \times v}{S} \times 100$$

S = 시료의 채취량(g)
f = 0.1N NaOH의 역가
v = 희석배수
1.4 = 0.1N H_2SO_4 1mL에 상당하는 질소의 mg수
b = 공실험 적정치(mL)
a = 본실험 적정치(mL)

제3절 단백질 침전반응

[원리]

단백질의 상태변화를 단백질과 금속염과의 침전현상 정도에 따라서 선도를 판정하도록 하는 방법으로 특히 어육의 선도판정에 이용된다.

[주] 신선한 어육의 휘발성 염기질소량은 5~10mg%, 보통 신선한 어육은 15~25mg%, 초기부패어육은 30~40mg%, 부패한 어육은 50mg% 이상이다.
그러나 어종이나 어법에 따라 이 기준값은 변동이 있다. 예를 들면 상어육은 요소분해에 의해서 암모니아 생성이 많기 때문에 초기 부패는 50mg% 이상의 기준을 둘 필요가 있다.

[기구 및 시약]

• 시험관 • 1% 승홍액(A액)[1] • 초산산성 승홍액(B액)[2]

[방법]

마쇄한 검체를 비커 내에 5g 채취하여 50mL의 증류수를 가하고 교반혼화해서 30분간 방치한 후 여과한다. 시험관에 미리 시약 A 및 B액을 각 2mL 씩 넣어두고 여기에 여액을 서서히 떨어뜨린다. 적하량은 1.0mL의 범위에서 행하고 혼탁, 침전의 상태를 관찰한다.

[결과의 기재 및 판정법]

－ : 침출액을 적하해도 전혀 혼탁하지 않은 경우

± : 침출액 0.1mL를 적하하면 약간 혼탁하지만 시험관을 흔들면 다시 투명해지는 경우

＋ : 혼탁되며 시험관을 흔들면 전액이 혼탁하게 되는 경우

＋＋ : 혼탁되며 그것이 침전이 되어 바닥에 침강하는 경우

A, B 양액의 반응을 상기의 기준에 따라서 다음과 같이 선도판정을 한다.

표 16-1 단백침전 반응 판정표

	신선함	초기부패 직전	초기부패	부패
A액	－	＋	＋	＋＋
B액	－	－	±	＋또는 ＋＋

제4절 수소이온 농도에 의한 시험법

수소이온 농도의 판정법에는 **비색측정법**과 **전기측정법**이 있다. 어느 방법으로 행해도 신선도 판정에는 오차를 초래하기 때문에 화학적 방법과 병행하여야 한다.

1) A액 : 1% 승홍액
2) B액 : 초산산성 승홍액, A액에 0.05%의 비율이 되도록 빙초산을 혼합한 것

1. 비색측정법

표준액은 지시약(Bromothymol blue[1] 또는 phenol blue[2]을 pH 0.2씩의 간격으로 만들어둔 완충액에 가하여 일정크기의 유리관에 넣어 밀봉한 것으로 시판품을 사용하는 것이 무난하다.

[방법]

마쇄한 검체 10g에 증류수 100mL를 가해 잘 교반하여 여과한 후 여액을 사용한다. 표준관과 같은 직경의 시험관 3개에 조제한 시료를 각 10mL씩 취하고 이 중 한 개는 지시약 0.5mL를 가하여 잘 흔들어서 비색상자에 넣어 표준관과 비색한다.

비색상자의 약도와 시료액 및 표준액의 삽입부위는 그림 16-3과 같다. 시료액의 정색이 가장 가까운 표준관의 pH를 검체의 pH로 한다.

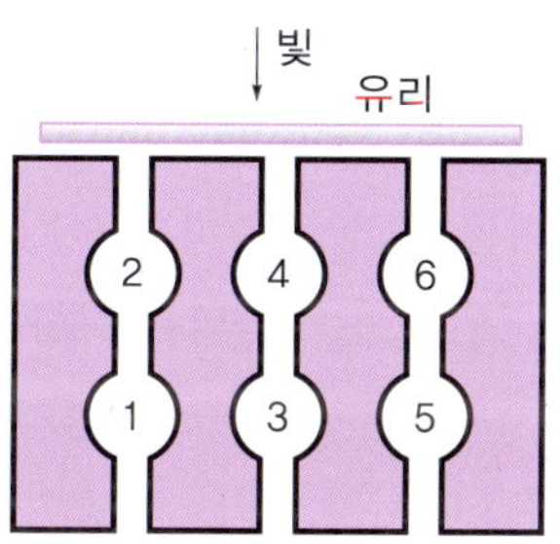

삽입부위

1 및 5　시료액(지시약 무첨가) 시험관
4　시료액(지시약 첨가) 시험관
3　증류수 시험관
2 및 6　표준관

그림 16-3 Walpole 비색기약도

2. 전기측정법

시료가 명확하게 착색되어 있는 경우 비색법을 사용하는 것은 곤란하다. 이와 같은 경우는 전기측정법으로 하는 것이 바람직하다. 시료의 제조법 등은 비색법의 경우와 같고 사용법에 대해서는 pH 측정법항을 참고하기 바란다.

---

1) 0.04% bromotymol blue : 분말 0.1g을 막자사발에 넣어서 마쇄하고 0.05N NaOH를 1방울씩 가해서 용해한다(3.2mL를 초과하지 않아야 한다). 이것에 증류수를 가해서 전량을 250mL로 한다.

2) 0.02 phenol blue : 분말 0.1g을 상기와 동일한 방법으로 0.05% NaOH로서 용해(5.7mL를 초과해서는 안된다)하여 증류수를 가해서 500mL로 한다.

Chapter 17.

특수식품의 신선도 판정법

제1절 우유의 신선도 판정법(alcohol test)

우유의 신선도 판정에는 산도검사법, methylene blue 환원실험법 등이 있지만 수유소(授乳所)나 가정 등에서 간단하게 행하는 데 이용되는 방법은 alcohol test이다.

[방법]

유리접시(내경 40~50mm, 깊이 10mm)에 1~2mL의 70% ethyl alcohol을 취하고 같은 양의 우유를 주입하여 즉시 혼화한다. 혼화 후 응고물의 유무와 그 상태를 검사하고, −, ±, +, ++, +++ 등으로 구별해서 기록한다. 부패도가 진행되면 응고물이 많아진다.

이 시험에서는 산도가 어느 정도 상승한 우유(1.0 이상), 회분평형이 나쁜 우유, 초유, 비유말기(泌乳末期)의 우유, 세균에 의해서 응유효소를 생성한 우유 혹은 유방염에 걸린 소의 우유 등에는 양성반응을 나타낸다.

제2절 알(卵)의 신선도 판정법(관능검사)

난각의 경도와 동시에 표면이 까칠까칠한 정도를 관찰한다. 신선한 난은 비교적 까칠까칠하고 광택이 없다.

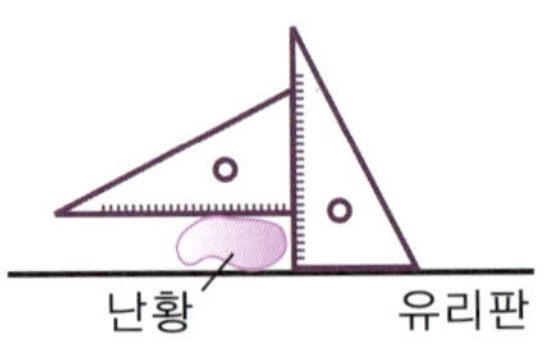

그림 17-1 난황계수의 측정

또한 **난황계수**에 의한 방법도 있다. 즉 난을 깨어 난황을 분리하여 유리판 위에 두고 vernier calipers 또는 세밀한 자로 난황에 접촉되지 않도록 직경을 여러번 측정하여 이것의 평균을 낸다.

다음에 그림 17-1과 같이 높이를 측정하여 양자의 비를 난황계수로 한다. 난황계수값이 클수록 신선한 난이다.

$$\text{난황계수} = \frac{\text{난황의 높이}}{\text{난황의 직경}}$$

제3절 통조림의 이상관 판정법(타검법)

통조림의 불량품 중에는 팽창관이 있지만 이것은 주로 변패에 의한 경우가 많고 통조림의 외관과 내용물의 상태에 따라서 flat sour, flipper, springer, swell 등으로 나누어진다.

통조림을 개관하지 않고서 내용물을 판정하는 것은 매우 어려운 일이다. 하지만 관뚜껑을 두들겨서 음의 고저, 청탁 및 타검봉의 진동의 촉감 등으로 어느 정도 내용물의 상태를 측정할 수 있다.

[실험]

타검에 의해 음향불량을 구별하는 데는 상당한 수련을 필요로 하지만 정상관이 있으면 비교대조함으로써 구별할 수 있다.

타검봉은 그림 17-2와 같은 형태의 철제로서 중량 30~50g, 길이 20~25cm, 구경(球徑) 1cm 정도의 것이 좋다.

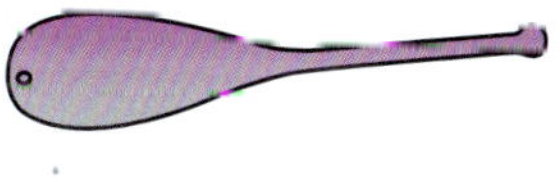

그림 17-2 타검봉

Chapter 18.

식품용수 분석

제1절 암모니아성 질소

암모늄염을 그 질소량으로 표시한 것을 암모니아성 질소라 부르며 이것은 하수, 공장폐수 및 분뇨 등에 의해서 오염되기 쉬운 상태의 물에서 검출되므로 물의 오염을 추정하는 지표가 되고 있다.

또 지질에는 중탄산철, 알루민산철이 함유되어 있기 때문에 이것에 의해 물 속의 질산염류가 환원되어 생성되는 경우도 있다. 따라서 이러한 점을 고려하여 음료수 실험을 할 경우 세균학적 실험을 병행하는 것이 좋다.

1. 정성시험

검수 10mL에 30% 수산화나트륨액 0.5mL 및 25% 탄산나트륨 1mL를 가해 잘 흔든다(이 조작에 의해 반응을 방해하는 Ca 이온, Mg 이온, 유리탄산 등은 제거된다). 그후 즉시 정치하여 상등액 50mL를 비색관에 취하고 별도로 같은 형의 비색관에 증류수 50mL를 취한다.

다음에 양관에 Nessler 시약을 1mL씩 가하여 10분간 방치한 후 양자를 비교해서 착색의 유무를 판단한다. 암모니아성 질소가 존재하면 소량일 때는 담황색이지만 다량일 때는 적갈색을 나타내고 적갈색의 침전을 생성한다.

2. 정량시험

[원리]

검수 속의 암모니아성 질소를 증류하여 여기에 Nessler 시약[1)]을 가하고 그 정색상태를 암모니아성 질소표준액과 비교해서 정량한다.

[기구 및 시약]

- 50mL 비색관, 증류장치, 암모니아성 질소표준액[2], 산화마그네슘유액[3], 인산완충액[4]
- Nessler 시약

[방법]

검수 500mL에 인산완충액 10mL 또는 산화마그네슘유액 1~2mL 및 정제한 부석(浮石)을 가해서 증류액이 200mL가 되도록 증류한다. 이것에 증류수를 가해서 일정량(V, 증류전의 검수량 정도)으로 맞춘 후 50mL를 비색관에 취한다.

별도로 같은 형의 비색관에 암모니아성 표준용액 0.1, 0.15, 0.2, 0.25 …… 0.5mL를 순차적으로 취해 각 관에 증류수를 가해서 50mL로 한다. 다음에 증류액 및 표준액의 각 관에 Nessler 시약을 1mL씩 가해 10분간 방치한 후 유액의 색상을 표준액의 그것과 비교해서 해당하는 표준액의 mL수(a)를 구하고, 다음 식에 의해서 암모니아성 질소량을 계산한다.

$$\text{암모니아성 질소(ppm)} = a \times \frac{V}{50} \times \frac{1000}{\text{검수 mL}} \times 0.01$$

제2절 아질산성 질소

아질산염을 그 질소량으로서 표시한 것을 **아질산성 질소**라 한다. 이것은 암모니아성 질소의 산화 혹은 질산성 질소의 환원에 의해서 생성된 것이기 때문에 오염의 중간과정을 나타내는 것이다. 이것은 물의 오염 가능성을 아는데 중요하다.

---

1) Nessler 시약 : KI 50g을 가온한 증류수 약 50mL에 용해한다. 별도로 승홍($HgCl_2$) 25g을 같은 방법으로 가온한 증류수 100mL에 가온하고 KI액에 서서히 혼합시켜 방냉한다. 다음에 KOH 150g을 증류수 300mL에 용해한 용액을 가하고 증류수를 넣어서 1L로 하며 다시 $HgCl_2$ 0.5mL를 가해 정치한 다음 상등액을 사용해서 시험한다. 이 시약은 광선에 의해서 변화하기 때문에 갈색병에 밀봉해서 저장한다

2) 암모니아성 질소표준액 : 특급 염화암모늄(NH_4Cl) 0.3819g을 메스플라스크에 취해 증류수로 용해하여 1L로 한다. 이 액 100mL를 취해 다시 1L로 한다. 이 액 1mL는 질소량으로서 0.01mg을 함유한다.

3) 산화마그네슘유액 : 산화마그네슘(MgO) 50g을 증류수 약 1.5L에 가한 다음 가열하고 약 1L 정도로 농축하면서 암모니아성 질소를 제거한다.

4) 인산완충액 : 인산2수소칼륨(KH_2PO_4) 14.3g, 인산수소2칼륨($K_2HPO_4 \cdot 3H_2O$) 90.15g을 증류수에 용해하여 1L로 한다(pH = 7.4).

1. 정성시험

검수 50mL를 비색관에 취한다. 이것에 G · R 아질산 시약[5)] 약 0.3g을 가해서 잘 혼화하고 10분간 방치한 후 정색상태를 관찰한다. 아질산성 질소가 존재하면 소량일 때는 분홍색, 다량일 때는 자색을 나타낸다. 본법의 감도는 0.01ppm이다.

2. 정량시험

[원리]

정성시험과 동일하게 검수에 G · R 시약을 가하여 발색시키고 아질산성 질소 표준액과 비교해서 정량한다.

[기구 및 시약]

- 50mL 비색관
- G · R 아질산 시약
- 아질산성 질소표준액[6)]

[방법]

검수 50mL를 비색관에 취하고 별도로 같은 형의 비색관에 아질산성 질소표준액 0.1, 0.15, 0.2 …… 0.5mL를 순차적으로 취한다. 각각의 관에 증류수를 가해서 50mL로 한다. 그 다음 검수 및 표준액의 각각에 G · R 아질산시약을 0.3g씩 가하여 잘 혼화하고 10분간 정치한 후 검수의 색상을 표준액의 그것과 비교해서 해당하는 표준액의 mL수(a)를 구한다. 다음의 식에 의해서 아질산성 질소량을 계산한다.

$$\text{아질산성 질소(ppm)} = a \times \frac{1000}{\text{검수(mL)}} \times 0.001$$

---

5) G · R(Griess-Romijin)아질산시약 : α-naphthylamine($C_{10}H_7NH_2$) 1g, sulfanilic acid($C_6H_4NH_2 \cdot SO_3 \cdot H \cdot 2H_2O$) 10g, 주석산[$C_2H_4(OH)_2(COOH)_2$] 89g을 막자사발에 균등하게 혼합한 후 갈색병에 밀봉해서 저장한다.

6) **아질산성 질소표준액** : 아질산은($AgNO_2$) 1.0986g을 50~100mL의 증류수에 용해하여 NaCl 0.4g을 소량의 증류수에 녹인 것을 가하고 염화은의 침전을 여과해서 제거한 다음 증류수로 잘 세척한다. 이 여액 및 세액을 메스플라스크에 옮겨 증류수로 1L를 만든다. 이 액 10mL를 다시 증류수로 1L를 만들어 표준액으로 한다. 이때 증류수는 30분간 고압살균한 것을 사용한다. 이 액 1mL에는 0.001mg의 아질산성 질소가 함유된다. 이 아질산성 질소표준액은 세균에 의해 분해를 받기 쉬우므로 chloroform 1mL를 가해서 멸균병에 넣어 보존한다.

제3절 질산성 질소

질산염을 그 질소량으로 표시한 것을 질산성 질소라 부른다. 질산성 질소는 여러 종류의 질소화합물이 산화되어서 생기는 것이기 때문에 암모니아성 질소, 아질산성 질소 등과 더불어 오염의 상태를 아는 데 필요하다.

1. 정성시험

검수 10mL에 G · R 질산시약[7] 약 0.03g을 가하여 때때로 진탕혼합하면서 30분간 방치하고 정색상태를 관찰한다. 질산성 질소가 소량 존재하면 분홍색, 다량 존재하면 짙은 오렌지색으로 된다. 판정이 어려울 때에는 증류수를 대조해서 같은 방법으로 조작하여 비교하는 것이 좋다. 본법의 감도는 약 0.02ppm이다.

2. 정량시험

[원리]

브롬(Br)을 사용해서 아질산성 질소를 질산성 질소에, 또 제1철염을 제2철염에 산화시킨 후 정성과 같은 방법으로 G · R 질산성 시약을 가해서 발색시켜 질산성 질소표준액과 비교하여 질소량을 구한다. 여기서 앞의 아질산성 질소량의 값을 빼서 산출한다.

[기구 및 시약]

- 50mL 비색관
- 브롬수
- G · R 질산시약
- 질산성 질소 표준용액[8]

7) G · R 질산시약 : α-naphthylamine($C_{10}H_7NH_2$) 1g, sulfanilic acid 10g, 분말아연(Zn) 1.5g을 막자사발에 잘 혼합하여 갈색병에 보관한다. 이 시약은 변하기 쉬우므로 사용 전에 증류수로 착색 여부를 확인하는 것이 좋다.

8) 질산성 질소표준액 : 특급 질산칼륨(KNO_3) 0.7218g을 메스플라스크에 취하고 증류수를 가해 용해한 후 전량을 1L로 한다. 이 액 100mL를 별도의 메스플라스크에 취해 증류수로 1L가 되게 하여 표준액으로 한다. 이 액 1mL는 질산성 질소 0.01mg을 함유한다.

[방법]

검수 50mL를 정확히 삼각플라스크에 취하고 포화브롬수 0.5mL를 가해서 자비하여 산화시킨다. 과잉의 브롬은 한번 더 자비를 계속하여 제거하고 방냉 후 필요에 따라서 여과하여 비색관에 넣고 증류수를 가해서 50mL로 만든다.

별도로 같은 형태의 비색관에 질산성 질소표준액 0.1, 0.15, 0.2 …… 0.5mL를 순차적으로 넣고 각각 증류수를 가해 50mL로 한다. 검수 및 표준액의 각 관에 G · R 질산시약을 0.1g씩 가하고 때때로 혼화해서 30분간 방치한 후 검수의 색상을 표준액과 비교해서 해당하는 표준액의 mL수(a)를 구한다. 다음과 같은 식에 의하여 질산성 질소량을 산출한다.

$$\text{질산성 질소(ppm)} = a \times \frac{1000}{\text{검수(mL)}} \times 0.01 - \text{아질산성 질소(ppm)}$$

제 4 절 과망간산칼륨 소비량

물 속에서 산화되기 쉬운 물질에 의해서 소비되는 $KMnO_4$의 총량을 $KMnO_4$ 소비량이라 한다. 산화되기 쉬운 물질로는 유기물질 외에도 제1철염, 아질산염, 황화물 등이 있다.

[기구 및 시약]

- 삼각 플라스크[9)]
- 묽은 황산[10)]
- 0.01N $H_2C_2O_4$[11)]
- 0.01N $KMnO_4$[12)]

---

9) 300mL 삼각플라스크를 깨끗이 세척한 후 증류수 100mL, 묽은 황산 5mL 및 0.01N $KMnO_4$ 10mL, 부석(浮石) 여러개를 가해서 약 5분간 자비한다. 여기에 0.01N $H_2C_2O_4$ 10mL를 가해서 탈색시킨 다음 0.01N $KMnO_4$액을 미홍색이 소실하지 않고 남을 때까지 가한다. 이렇게 하여 부석을 남겨두고 액을 버린 다음 즉시 실험에 사용한다.

10) 묽은 H_2SO_4 : H_2SO_4 1에 증류수 2를 주의해서 서서히 가하여 0.01N $KMnO_4$를 미홍색이 소실하지 않고 남을때까지 떨어뜨린다.

11) 0.01N $H_2C_2O_4$: 특급 수산 0.6303g을 1L 메스플라스크에 취해 증류수로 용해하여 전량을 1L로 한 다음 갈색병에 넣어 보관한다. 조제 후 1개월 이상 경과한 것은 사용해서는 안된다.

12) 0.01N $KMnO_4$: $KMnO_4$ 약 0.32g을 갈색 메스플라스크에 취해 증류수로 용해하여 전량을 1L로 한다. 사용할 때마다 0.01N $H_2C_2O_4$액을 사용하여 역가를 결정한다.

[방법]

검수 100mL를 깨끗한 플라스크에 취하여 묽은 황산 5mL를 가한다. 이어서 갈색 뷰렛으로 0.01N $KMnO_4$ 10mL를 가하여 석면이 부착되어 있는 금속망 위에서 가열하여 5분간 자비한다. 불에서 내려 다른 뷰렛으로 0.01N $H_2C_2O_4$ 10mL를 가해서 탈색시키고 이 액에 0.01N $KMnO_4$ 액을 서서히 가해 미홍색이 될 때까지 적정한다. 이것에 소요된 $KMnO_4$량과 최초의 양(10mL)과의 합계 mL수(K)를 구하여 다음 식에 따라서 $KMnO_4$ 소비량을 산출한다.

$$KMnO_4\ \text{소비량(ppm)} = (K \cdot F - 10) \times \frac{1000}{\text{검수(mL)}} \times 0.316$$

단, F = 0.01N $KMnO_4$ 역가

0.01N $KMnO_4$ 1mL = $KMnO_4$ 0.316mg

제5절 경 도

물 속의 칼슘이온 및 마그네슘이온량을 탄산칼슘의 ppm으로 환산한 것을 말한다. 경도는 총경도, 영구경도 및 일시경도의 3종류로 구별한다.

총경도는 물 속의 칼슘이온 및 마그네슘이온의 총량을 나타내는 경도를 말한다. 영구경도는 자비에 의해서 석출되지 않는 칼슘염 및 마그네슘염을 말한다. 이와 같은 물을 영구경수(永久硬水)라 한다.

일시경도는 자비에 의해 석출되는 칼슘염 및 마그네슘염을 말한다. 이런 물을 일시경수(一時硬水)라 한다. 이들의 성인(成因)은 주로 토질의 영향이 있지만 해수, 공장폐수, 하수 등의 혼입에 원인이 있고 상수도에서는 시설의 콘크리트 혹은 물의 석회처리에 영향을 받을 수 있다.

경도의 측정에는 여러가지 방법이 있지만 칼슘, 마그네슘의 적정에 이용되는 EDTA 시약을 사용하는 방법이 간단하고 정확하다.

[원리]

검수 속의 칼슘, 마그네슘이온에 의해서 소비된 EDTA 시약의 여분을 염화마그네슘액으로서 적정하여 검수의 EDTA 시약소비량을 산출해서 경도를 측정한다.

[시약]

- 지시약(EBT)[13)]
- EDTA(Disodium ethylendiamin tertracetic acid) 시약[14)]
- 0.02N $MgCl_2$[15)]
- 완충액[16)]

[방법]

검수 100mL를 삼각플라스크에 취해 완충액 2mL 및 지시약 EBT 용액 4방울을 가한 후 EDTA 시약을 검수의 색이 청색이 될 때까지 가한다. 이때 EDTA 시약물은 청색이 되고부터 1mL를 더 가하고 그 총량을 a mL로 한다.

염화마그네슘액으로 검액이 미홍색이 될 때까지 가해서 소요된 염화마그네슘량을 b mL라 하고 다음 식에 의해서 총경도를 산출한다.

$$\text{총경도}(CaCO_3\ ppm) = (a - b) \times \frac{1000}{\text{검수}(mL)} \times F$$

역가(F)의 측정은 EDTA 시약 10mL를 삼각플라스크에 취하고 증류수 약 90mL, 완충액 2mL 및 EBT 용액 7~8방울을 가하여 염화마그네슘 표준액으로서 검액의 색상이 미홍색이 나타날 때까지 적정한다. 이때 소비량을 C라 하면 다음 식에 의해서 EDTA액의 역가를 구할 수 있다.

$$\text{역가}(F) = \frac{C}{10}$$

---

13) 지시약(E.B.T.용액) : EBT(Eriochrome Black T) 0.5g에 염산 hydroxylamme($NH_2OH \cdot HCl$) 4.5g을 혼합해서 여기에 90% ethyl alcohol 100mL를 가해서 용해한 다음 갈색병에 넣어서 암소에 방치한다. 이 액의 유효기간은 약 1개월이다.

14) EDTA 시약 : EDTA 4.5g을 메스플라스크에 넣어 증류수를 가해 용해하고 전량을 1L로 한다.

15) 염화마그네슘 표준액 : 산화마그네슘(MgO) 0.4028g에 증류수 약 10mL를 가해 시계접시에서 묽은 염산을 적하하여 용해한다. 이것을 탕욕상에서 염산냄새가 나지 않을 때까지 증발건고시킨다. 잔유물을 증류수에 용해하여 메스플라스크로 옮겨 전량을 1L로 한다. 이 액 1mL는 $CaCO_3$ 1mg에 상당한다.

16) 완충액 : 특급염화암모늄(NH_4Cl) 67.5g을 28% 암모니아수(NH_4OH) 570mL에 용해하고 증류수로서 1L로 한다.

제6절 철(Fe)

물 속의 철은 토질에 의해서 큰 영향을 받지만 철관 공장폐수 등이 원인이 되는 경우도 많다.

1. 정성분석

검수 및 증류수(대조)를 각각 50mL씩 별도의 비커에 취하고 여기에 30% 질산(HNO_3) 5mL 및 0.6% $KMnO_4$ 2방울을 가하여 5분간 자비한다. 자비중 홍색이 소실된 경우는 즉시 $KMnO_4$액을 추가한다. 냉각 후 양자에 2% 황시안화칼륨(KCNS)액 5mL씩을 가하여 착색상태를 관찰한다.

검수에 철이 함유되어 있으면 혈적색을 나타낸다. 증류수를 사용한 시험에서 착색하는 경우는 시약이 불순하기 때문이다.

2. 정량분석

[원리]

정성분석과 동일한 형태로 검수에 황시안화물을 작용시켜서 생성된 착색상태를 철표준액의 그것과 비교하여 정량한다.

[기구 및 시약]

- 50mL 비색관
- 20% 염산
- 0.6% $KMnO_4$
- 철표준액[17]
- 30% 질산
- 2% KCNS

17) 철표준액 : 황산제1철 암모늄[$(NH_4)_2SO_4 \cdot FeSO_4 \cdot 6H_2O$] 0.7022g을 비커에 취하여 증류수 약 50mL에 용해한다. 이어서 황산(H_2SO_4 95%이상) 약 20mL를 가해 주의해서 가온하면서 $KMnO_4$액이 미홍색이 될 때까지 적하한다. 냉각 후 메스플라스크에 넣어서 증류수를 넣어 1L로 한다. 다음에 이 액 100mL를 별도의 메스플라스크에 취해 증류수로 전량을 1L로 맞춰 표준액으로 한다. 이 액 1mL는 철(Fe) 0.01mg을 함유한다.

제7절 납(Pb)

물 속의 납은 토질에도 관계가 있지만 대부분은 급수관에 납관을 사용하고 있는 경우에 원인이 된다.

1. 정성시험

검수 200mL를 초산산성으로 해서 약 50mL까지 가열농축하여 비색관에 옮긴다. 탁할 때는 여과를 해야 한다. 이것에 염화암모늄(NH_4Cl) 1g, 50% 초산 1mL 및 황화나트륨(Na_2S)액[18] 1~2방울을 가하고 백지를 사용하여 정색상태를 관찰한다.

검수 중에 납이 존재하면 황갈색이 나타나지만 본법의 감도는 약 0.1ppm이기 때문에 정색한 경우에는 음료수로서는 주의할 필요가 있다. 동(Cu)도 이와 같이 반응하기 때문에 이것을 구별하기 위해서는 정색한 검수를 여지로서 여과하고 그 여지상의 침전물을 여지와 함께 증발접시에 취하여 15% 질산(HNO_3)으로서 약간 가온하면서 용해한다.

이어서 이 용해액을 별도의 시험관에 취해서 황산(H_2SO_4 95% 이상)을 2~3mL 가하여 주의해서 가열한다. 납은 다시 침전되지만 동은 침전을 생성하지 않는다.

2. 정량시험

[원리]

납이온을 함유하는 물에 Na_2S를 작용시켜 생성된 색상을 납의 표준용액의 그것과 비교해서 정량하는 방법이다.

18) 황화나트륨액 : 특급 황화나트륨($Na_2S \cdot 9H_2O$) 5g을 증류수 10mL 및 glycerine 30mL의 혼액에 용해하고 갈색병에 넣어서 밀봉하여 2~3일간 방치한다. 이것을 미리 증류수에 참지한 탈지면으로써 여과하여 갈색병에 넣어서 보관한다. 이 용액방울을 증류수 5mL와 50%초산 3방울의 혼액에 가할 때 10분 이내에 변색해서는 안된다.

[기구 및 시약]

- 50mL 비색관
- 10% NH_4OH
- 50% 및 1% 초산암모늄(CH_3COONH_4)
- 20% NH_4Cl
- 황화수소수[19]
- 납표준액[20]

[방법]

검수 1~3L를 취해 약 30mL로 가온농축하여 이것에 25% NH_4Cl액 10~15mL와 10% NH_4OH 여러 방울을 가한다. 여기에 황화수소(H_2S)를 통하여 하룻밤 방치한 후 다시 NH_4OH 여러 방울을 가해서 황화수소를 통하고 이어서 수분간 자비시킨 후 여과한다.

침전물은 미리 가온한 증류수로서 여러번 씻은 후 여지와 함께 증발접시에 옮긴다. 여기에 10% HNO_3를 가해 자비하여 침전을 용해한다. 이 용액을 별도의 증발접시에 취하고 증발접시에 여지를 세척한 세액과 함께 95% 이상의 H_2SO_4 5mL를 가해 황산증기를 발생할 때까지 주의하여 가온한 후 냉각한다.

다음에 50% ethyl alcohol 150mL를 서서히 혼합하면서 가하고 하룻밤 방치한 후 생성된 침전을 정량용 여지로 여과하여 묽은 알코올로 잘 세척한 다음에 침전을 여지와 함께 비커에 넣어서 50% 초산암모늄액 20~30mL를 가하고 자비한 뒤 침전을 용해시켜 여과한다.

여액은 미리 가온한 1% 황산암모늄액으로 씻고 여액과 세액을 메스플라스크에 넣어 방냉한 후 증류수를 넣어 100mL로 한다. 공시험에 의해 정색의 정도에 따라서 그 적당량(Q)을 비색관에 취하여 증류수로 50mL를 채운다.

별도로 같은 형태의 비색관에 철 표준액 0.1, 0.2, 0.3 …… 1.0mL를 순차적으로 취하고 각 관에 증류수를 가해서 삭삭 50mL되게 한다. 검수 및 표준관에 각각 50mL, 50% 초산 1mL 및 황화수소수 10mL씩을 가해서 정색시킨 후 즉시 검수의 색상을 표준액과 비교해서 해당하는 납표준액의 mL수(a)를 구한다. 다음 식에 의해서 납의 ppm을 구할 수 있다.

$$납(ppm) = a \times \frac{100}{Q} \times \frac{1000}{검수mL} \times 0.1$$

19) 황화수소수 : 포화수용액

20) 납표준액 : 특급 질산납[$Pb(NO_2)_2$] 0.1599g을 메스플라스크에 취해 증류수로 용해한 후 30% HNO_3 1mL를 가하여 다시 증류수로 전량을 1L로 맞춘다. 이 용액 1mL는 납 0.1mg을 함유한다.

PART V

식품기기의 분석

Food Analysis

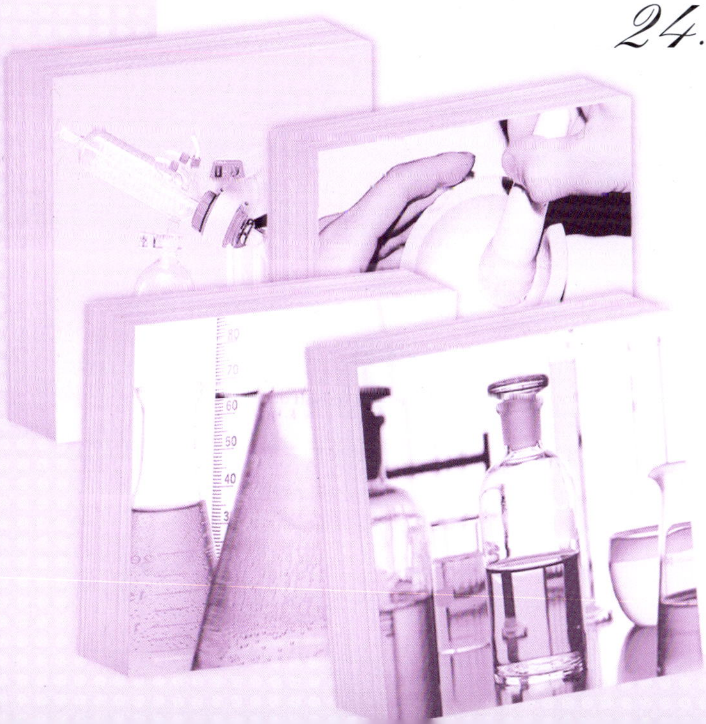

Chapter 19.

가시 자외선 분광광도법

제1절 분광광도계(Spectrophotometer)

빛은 물체(시료용액)에 진입할 때에 시료용액에 반사되거나 또는 흡수되어 시료용액을 통과한다. 시료용액의 농도에 따라 흡수되는 빛의 양이 달라지는 현상을 이용하여 시료용액 중의 빛을 흡수하는 화학물질의 양을 정량할 수 있는데, 이를 흡광도법이라고 하고, 이러한 시료의 흡광도를 파장의 함수로 측정하는 기기를 분광광도계라고 한다(그림 19-1).

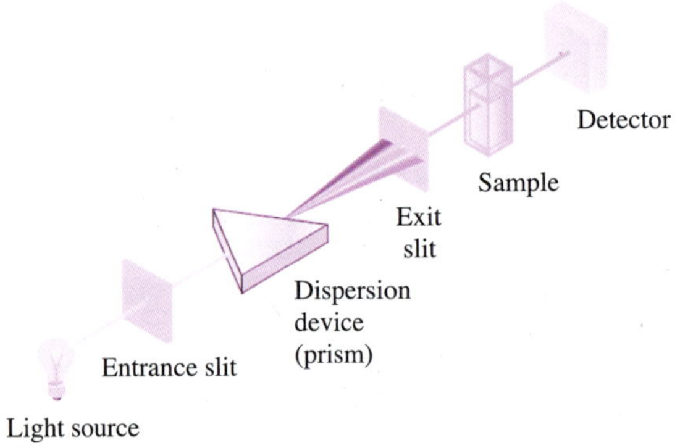

그림 19-1 분광광도계의 기본장치

분광광도계의 측정법은 "물질이 방사에너지를 어떠한 정도로 흡수하는가를 특정 파장에서 측정하며 그 흡수의 정도가 방사선의 파장과 더불어 어떤 모양으로 변화하는가를 측정하는 방법"이라고 정의될 수 있다. 이러한 측정기기는 스펙트럼의 영역(그림 19-2)에 의하여 자외선, 가시광선 분광광도계 또는 적외선 분광광도계 등으로 분류된다.

분광광도계는 크게 전자기 복사선을 형성하는 광원, 넓은 파장의 복사선을 파장단색복사선으로 바꾸는 단색화장치, 샘플이 위치하는 시료부, 샘플을 통과한 빛의 강도를 읽는 검출부로 구분될 수 있다.

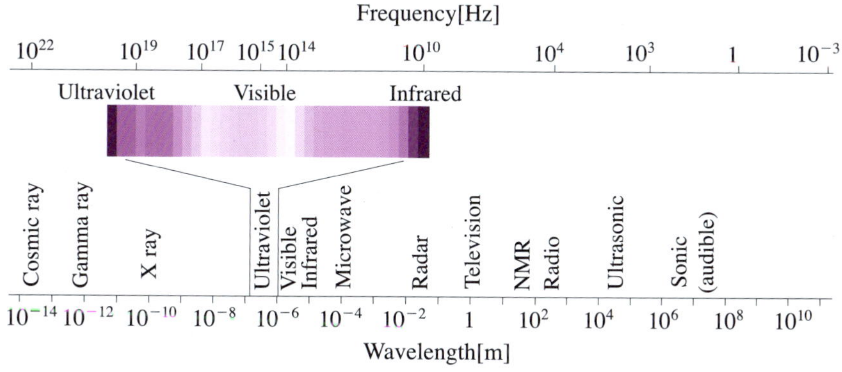

그림 19-2 빛의 스펙트럼 영역

제2절 분광광도계의 구성

1. 광원(Light source)

광원(light source)은 시료에 포함된 흡광물질을 측정하는 데에 있어서 필요한 파장의 빛을 발생시킬 수 있는 장치로서, 자외선 범위(190~325nm)에서는 수소 가스램프(hydrogen gas lamp) 혹은 수은램프(mercury lamp)를 사용하며, 최근에는 약 3배의 강도를 가지는 중수소 램프(deuterium lamp)를 주로 사용한다.

가시광선 영역(325~1100nm)에서 사용하는 텅스텐 램프는 텅스텐 필라멘트를 사용하고 있는 진공 백열선구를 광원으로 사용하며, 이는 재현성 있는 연속적인 방사선을 방출한다. 특히 강력한 광원이 요구될 때는 190~ 1100nm의 자외선에서 가시광선 영역까지 측정이 가능한 제논(Xenon) 램프를 사용하나, 상당히 고가이며 수명이 짧은 단점을 지니고 있다.

2. 단색화 장치(Monochromator)

광원에서 나오는 넓은 파장범위인 다색의 연속적인 복사선(polychromatic ray)을 파장의 순도가 크며 좁은 단색복사선(monochromatic ray)으로 바꾸는 장치로서 보통 단색화 장치(monochromator)를 이용한다. 단색화 장치에서 다색광의 분광장치로는 프리즘(prism) 혹은 회절격자(回折格子, diffraction grating)를 사용한다. 가시광선 영역(325~1100nm)에서는 유리제 프리즘을 쓰며 자외선 영역에서는 석영(石英) 프리즘을 쓴다.

Prism과 두 개의 slit으로 구성된 단색화장치에 의한 백색광의 분광원리는 그림 19－3과 같다. 프리즘의 앞뒤에 위치한 slit은 빛의 방향에 직각으로 좁게 열려 있으며, 앞쪽의 slit은 광원으로부터 프리즘으로 들어가는 빛의 일정한 강도를 조절하고, 뒤쪽의 slit은 프리즘으로부터 나온 다색의 연속적인 여러 파장의 빛 중에서 특정 파장의 빛만 골라내는 역할을 한다.

회절격자는 고도의 반사가 일어나도록 알루미늄으로 표면처리하여 그 표면에 1인치당 1,500~3,000개 정도의 간격으로 새겨진 평행선을 새긴 것이다.

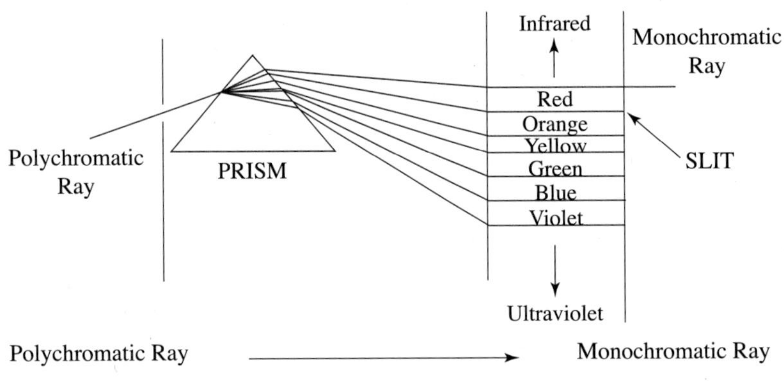

그림 19-3 단색화장치 (Monochromator)

3. 시료부(Cuvette)

시료의 흡광도를 측정할 때, 시료용액은 cuvette 혹은 cell이라고 불리우는 용기에 넣어져 빛의 통로에 놓여지는데, 다른 cuvette은 서로 굴절율, 반사율, 내부두께 등이 다를 수 있으므로 측정시 가급적 같은 cuvette을 사용한다. 측정하고

자 하는 샘플의 파장 및 종류, 부피에 따라 cuvette을 선택할 수 있는데, cuvette 자체가 많은 빛을 흡수하면 시료농도의 정확한 측정이 어려워지므로 cuvette은 모든 파장에서 완전히 빛을 투과시킬 수 있는 것이 좋다.

파장에 따라 cuvette이 빛을 흡수할 수 있는 정도가 차이가 나며(그림 19-4), 플라스틱 재질의 cuvette은 320nm 이하의 파장에서 강하게 흡광하므로 자외선 영역에서의 측정은 부적합하고, 플라스틱은 재질에 따라 사용할 수 있는 용매가 제한적이며, 주로 일회용이다.

유리(glass) 재질의 cuvette은 플라스틱 재질에 비해 내구성은 좋지만, 플라스틱 재질과 마찬가지로 320nm 이하의 파장에서 강하게 흡광하므로 자외선 영역에서의 측정은 부적합하다. 석영(quartz) 혹은 silica cuvette은 210nm 이하에서도 매우 우수한 투과율을 나타내기 때문에 자외선부와 가시광선부에서 모두 사용할 수 있다.

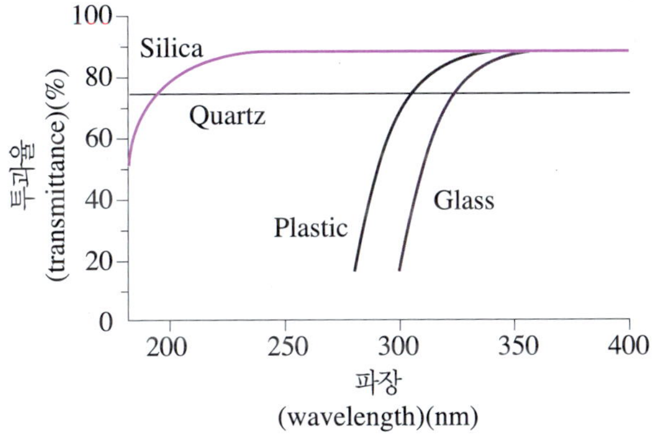

그림 19-4 Cuvette(Cell) 재질에 따른 빛의 투과 특성

4. 검출기(Detector)

단색화장치로부터 나온 빛은 시료를 통하여 검출기에 들어가 광전관에 부딪칠 때에, 광신호를 전기적 신호로 변환시키는 것이 검출기이다. 최근의 분광광도계는 거의가 단일형 광전관이 아니고 광전면을 관의 측면 또는 두부에 가지고 있어서 낮은 노이즈와 높은 감도를 가진 광전자증배관(PMT : Photo Multiplier Tube)을 사용하고 있다.

관내부에 입힌 물질은 알칼리금속 산화물이며 감도가 매우 좋고 반응시간이 빠르다. 광전관 내에는 염화코발트로 착색한 silica gel이 건조제로 들어 있으며 건조시는 청색을 띠나 흡습하면 분홍색을 띠므로 연 1~2회 교환하여야 한다.

제3절 분광광도계의 사용법

1. 용매

자외 가시 분광광도법에서는 시료를 희석하여 몇 mg 이하를 사용할 때가 많으므로 순도가 높은 잘 정제된 용매를 사용하여야 한다.

표 19-1 용매와 가시/자외광 투과의 최저한계(nm)

정제용매	최저투과한계	정제용매	최저투과한계
아세톤	230	에틸에테르	205
벤젠	285	95%에탄올	205
사염화탄소	265	이소옥탄	215
이황화탄소	375	이소프로파놀	215
클로로포름	245	메탄올	215
디클로로핵산	215	피리딘	305
디클로로메탄	235	물	200
디옥산	225		

위의 표 19-1은 자외 가시 스펙트럼의 측정에 잘 쓰이는 용매와 가시 자외광 투과의 최저한계를 나타내고 있다.

2. 셀(Cell, Cuvette)

시료를 넣는 셀(cuvette)은 자외선 파장에서는 석영셀(quartz cuvette)을 사용하고, 가시광선 파장에서는 유리셀(glass cuvette), 플라스틱셀(plastic cuvette), 석영셀(quartz cuvette) 모두를 사용할 수 있지만, 용매의 종류에 따라 사용범위가 제한된다.

셀의 내외부에 생긴 흠집 혹은 먼지나 지문 등은 흡광도에 영향을 미칠 수 있으므로 이물질이 묻지 않도록 주의하여 측정하여야 한다. 셀의 세척시 알코올과 에테르의 혼합액(4:1)을 면에 적셔 가볍게 닦아내면 된다. 셀(cuvette)은 용도나 용량에 따라 여러 가지 종류가 사용된다(그림 19－5).

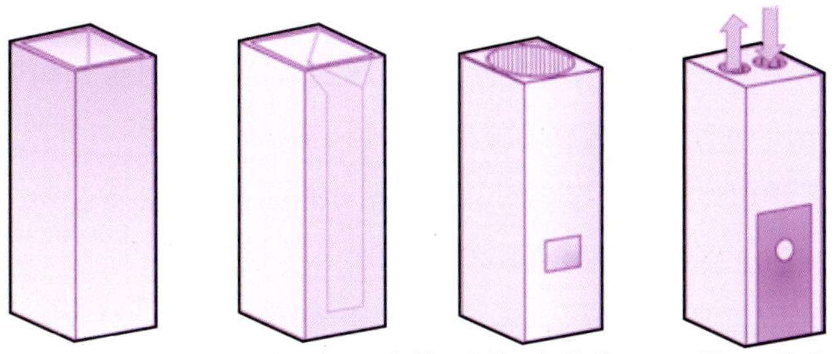

그림 19-5 Cuvette(Cell)의 종류

3. 대조용액(Blank)

분광광도계(spectrophotometer)로 시료액의 흡광도를 측정하기 전에는 반드시 대조용액(blank)을 조제하여 흡광도를 측정함으로써 이때 흡광도가 빛의 통과율이 100%(T)가 되도록 기기를 보정하여 준다.

대조용액은 착색물질이 없는 용액으로서 시료액 중에서 착색성분만을 제외하고 다른 모든 조건들은 시료용액과 동일하여야 한다. 용매가 증류수이거나 시약이 무색일 때에는 증류수를 대조용액(blank)으로 사용할 수 있다. 그러나 목적하는 착색성분 이외의 다른 착색성분이 시료액에 들어있는 경우에는 대조용액에도 이를 첨가해야 한다.

4. 파장의 선택

착색성분의 용액은 백색광선이 통과하는 사이에 그 성분에 의하여 어떤 파장의 광선이 가장 예민하게 흡수될 때의 파장을 흡수극대파장이라 한다. 흡수가 잘 안되는 파장에서 측정한다면 농도의 변화에 따른 투과도의 차이를 볼 수 없어 정량이 불가능하다.

흡수파장은 분자의 결합상태, 분자 및 원자단 종류 등에 따라 차이가 나므로 그 중에서 흡수극대파장을 선택하여 흡광도법으로 그 물질을 정량할 수 있다.

5. 분광광도법을 이용한 단백질 용액의 농도측정의 실제 예

단백질 정량분석의 방법 중 하나인 BCA반응을 이용하여 표준 단백질(BSA : Bovine Serum Albumin)을 여러가지 농도(0~2,000mg/mL)로 희석한 후 분광광도계로 562nm의 파장에서 흡광도를 측정한다(그림 19－6).

① 표준용액 준비과정에서 준비한 standard 100μL와 농도를 구하고자 하는 시료용액 100μL를 각각 test-tube로 옮긴다.

② 각 tube마다 착색용액(BCA 용액) 2mL을 첨가하고 잘 섞는다.

③ tube를 덮고, 37°C에서 30분 동안 incubation한다.

④ 상온에서 모든 tube를 식힌다.

⑤ spectrophotometer를 562 nm로 설정하고, cuvette을 증류수로 채운 뒤 흡광도를 0으로 보정한다. 이어서, 10분 이내에 모든 sample의 흡광도를 측정한다.

⑥ 위의 과정을 통해 얻은 흡광도를 이용하여 표준곡선을 얻는다(그림 19－7).

⑦ 표준곡선을 이용하여 시료용액의 흡광도를 표준곡선 식에 대입하면 시료용액의 농도를 구할 수 있다.

⑧ 만일 시료용액의 흡광도가 0.750으로 측정되었다면

$0.750 = 0.0012x + 0.0448$,

X(시료용액의 농도) = 587μg/mL

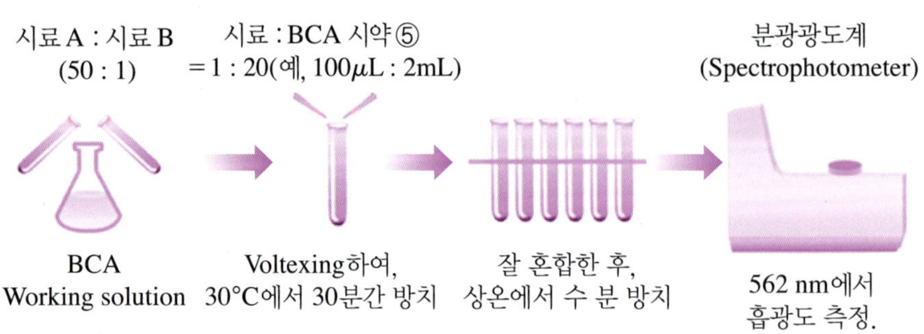

그림 19-6 BCA를 이용한 단백질 정량분석

표준용액의 농도 (μg/mL)	흡광도 (Absorbance)
0	0.038
25	0.08
125	0.192
250	0.348
500	0.652
750	0.933
1000	1.229
1500	1.827
2000	2.437

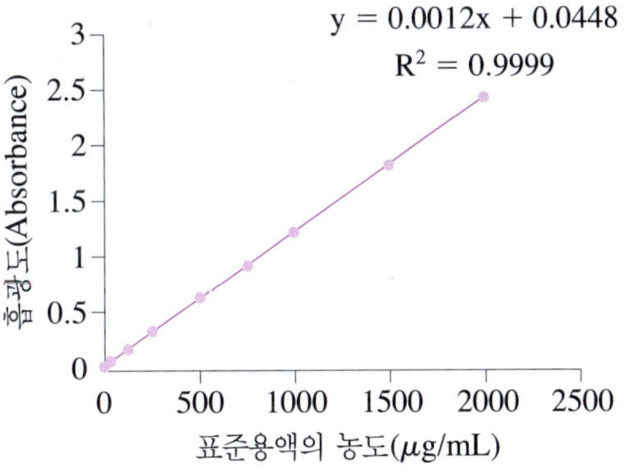

그림 19-7 표준곡선의 실제

Chapter 20.

적외선 분광분석법

제1절 장치

적외분광기는 자외 가시분광의 장치와는 광선, 검지기 및 광학계의 각 부문의 재료가 틀리나 기본이 되는 부분은 같다. 이중빔(double beam)형이 일반적이며 광선에서 나온 적외선은 우선 거울에 의해 두 개의 똑같은 빔으로 나뉘어진다. 시료와 대조를 각각 통화한 빔은 분산장치로 들어간다. 투과빔은 프리즘을 통하거나 회절격자에 의해서 반사되어 분산된다.

분산된 빛은 스펙트럼으로 되어 출구 슬릿에 초점을 모으게 되며, 출구 슬릿에서 선정된 좁은 파장역은 검지기에 초점을 맺도록 유도된다. 시료와 대조의 각 셀을 통과한 빔의 광에너지 차이에 의해 전류가 일어나면 전기적으로 증폭하여 기록되며, 동시에 분산장치를 회전시켜 파장을 연속적으로 변화시키고 이를 기록장치와 연결하여 연속된 스펙트럼을 얻는다.

제2절 시료의 조제

시료는 순수하여야 하며 기체, 액체, 고체 등 어느 상태에서도 측정이 가능한데 시료에 물이 함유되지 않아야 한다.

기체상 시료는 미리 진공상태로 해둔 gas cell에 넣어 측정하는데 일반적으로 단독분자에 관한 것만 알 수 있다. 액상시료는 액체를 할로겐화 알칼리의 결정판에 묻히거나 혹은 용액으로서 측정한다. 필요 시료량은 1~10mg인데 극성그룹이 존재하는 액체에서는 분자가 회합상태로 있다.

고체상 시료는 페이스트법, 가압정제법, 용액법 등으로 측정한다. 페이스트법은 막자사발 중에서 고체 약 2~5mg을 한방울의 뉴졸(유동 파라핀)과 함께 갈아 현탁시킨 페이스트(paste)로 만들고 할로겐화 알칼리 결정판으로 눌러 얇은 막으로 만들어 측정한다.

이때 뉴졸(nujol) 대신 hexachlorobutadiene을 대신 써도 좋다. 가압정제법은 약 1mg의 고체시료와 충분히 건조한 100mg 정도의 브롬화칼륨(KBr)을 갈아서 혼합하고 감압하에서 압축하여 펠렛(pellet)으로 만들어 측정한다.

이 방법은 시료가 소량이며 용매흡수에 의한 손실이 없고 흡수대가 페이스트법보다 예민하며 펠렛의 보존도 가능하고 정량이 용이한 등의 이점이 있다. 그러나 고체라 하더라도 무정형 물질의 스펙트럼은 폭이 넓어져 분석에 부적합하다.

용액법은 시료를 적당한 용매에 용해하고 cell에 넣어 측정한다. 필요 시료량은 1~15mg 정도로서 시료를 잘 용해시키고 측정 진동수 영역에서 흡수가 없으며 고도로 순수한 용매를 사용해야만 한다.

화합물의 분석에 흔히 적외흡수스펙트럼을 이용하지만 각 방법상의 차이가 있을 수 있으므로 스펙트럼에서 차이가 난다. 특정물질 분석용의 스펙트럼 측정에서는 페이스트법과 용액법, 가압정제법과 용액법 등의 방법을 병용하여 그 각각의 스펙트럼을 비교하여 분석할 필요도 있다.

제3절 해석법

적외스펙트럼의 해석에 있어서는 추정되는 원자단의 특성흡수대가 실측되어 있는가 혹은 동일한 원자단을 가진 유사 화합물의 흡수곡선과 비교하여 유사한가 등에 유의해야 한다. 근래에는 물질의 분석에 적외분광분석 이외에 자외분광분석, 질량분석, 핵자기공명법 등의 방법을 병용하여 각각의 특징을 비교분석함으로써 확실하게 결론을 내리고 있다.

간단한 화합물의 적외 흡수 스펙트럼에 나타난 중요한 흡수대와 그 분자구조를 관련시켜 나타내었다. n-hexane(그림 20-1)은 포화탄화수소의 특징인 C!H 및 C—C 결합의 진동에 기인한 흡수대가 나타난다.

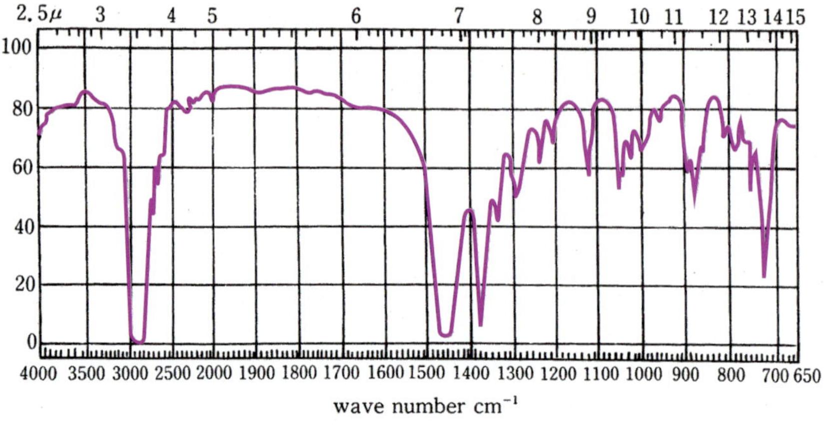

그림 20-1 n-hexane의 적외선 스펙트럼

주된 흡수대는 C—H 신축에 의한 2,899cm^{-1}, —CH_2는 가위형 변각에 의한 1,471cm^{-1}, C—CH_3 대칭변각에 의한 1,378cm^{-1}의 흡수대이다. 다시 네 개의 직선상 탄소사슬에 붙은 메틸렌수소의 흡수대가 723cm^{-1}에서 나타난다.

n-hexane에서 2개의 수소가 떨어진 1-hexene의 스펙트럼(그림 20-2)에서는 C=CH_2의 C—H 신축에 의한 흡수가 3,067cm^{-1}에 나타난다. n-hexane의 스펙트럼에서 나타난 것과 같이 일반적으로 포화그룹의 C—H 신축은 3,000cm^{-1} 이하이나 불포화그룹의 C—H 신축은 3,000cm^{-1} 이상에서도 나타난다.

C=C 신축에 의한 흡수는 1,638cm^{-1}에서 볼 수 있다. 990 및 910cm^{-1}의 흡수는 —CH= 및 =CH_2의 면의 외변각에 기인한다. 1,820cm^{-1}의 흡수는 910cm^{-1}의 배진동(overtone)이다.

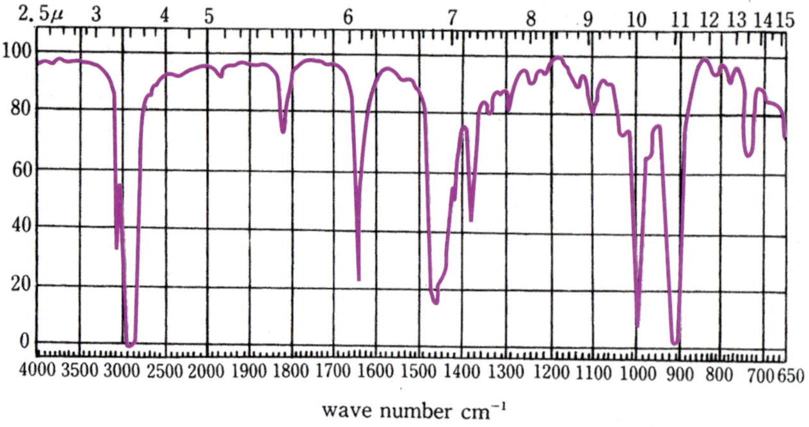

그림 20-2 1-hexene의 적외선 스펙트럼

다음으로 분자식 $C_7H_6O_2$를 가진 화합물 X의 구조를 적외흡수 스펙트럼(그림 20-3)으로 추정하여 본다. 우선 분자식으로부터 그 불포화도가 5임을 알 수 있으며 방향환을 갖고 있는 것으로 추측된다.

스펙트럼 상에서 3,012, 1,604, 1,585, 710cm^{-1}에서 페닐기에 기인하는 흡수대군이 판별되어 불포화도에서 예측한 사실이 일치됨을 알 수 있다.

또 3,200~2,500cm^{-1}의 특징있는 흡수대군 및 1,678cm^{-1}의 흡수로부터 카르복실기를 확인하고 이것이 페닐기와 공명되어 있음이 나타나므로 화합물 X는 benzoic acid로 확인되었다.

그러나 적외흡수스펙트럼뿐 아니라 자외 스펙트럼 및 핵자기 공명과 질량분석 등에 의한 스펙트럼을 해석함으로써 보다 신속 · 정확하게 어떤 물질의 분자구조를 구명할 수 있다.

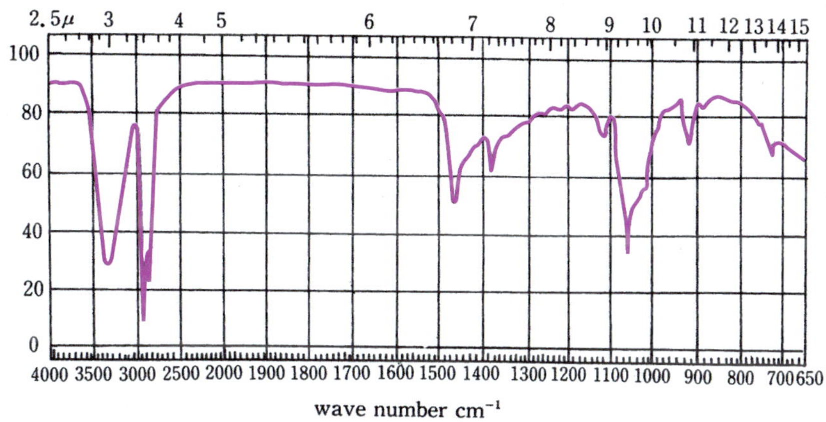

그림 20-3 benzoic acid의 적외선 스펙트럼

Chapter 21.

식품기기의 분석

제1절 장 치

원자흡광분석법은 매우 급속히 보급된 분석법으로서 현재 아주 널리 쓰이고 있다. 원자흡광 분광광도계의 구성성분은 그림 21-1과 같으며 연속광원이 쓰이지는 않는다. 원자 등의 흡수선은 보통 분광광도법에서 얻어지는 폭보다 훨씬 좁다. 이 방법에서는 속이 빈 음극관을 사용한다.

이 방전관에는 양극과 속이 빈 원통형 음극이 있으며 비활성기체인 아르곤이 봉입되어 있다. 그 방전관에 전압을 걸어 작동시키면 봉입된 기체는 이온화하고 그 이온이 힘있게 음극표면에 충돌하기 때문에 들뜬 원자가 음극으로부터 튀어나온다.

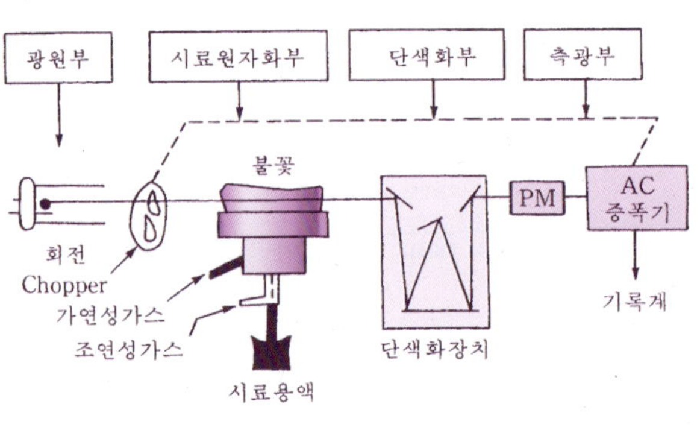

그림 21-1 원자흡광 분석장치의 구성

그리하여 속이 빈 음극 내부에 타오르듯 하는 빛깔로 나타나는 금속원자의 선 스펙트럼이 방출된다. 분석을 위해서는 광원으로부터 적당한 방출스펙트럼선이 선정되어 바닥상태의 동종원자의 층을 통과할 때에 그 농도에 따라 흡수되는 것을 이용한다.

단색화장치는 비활성 기체나 금속음극에서 발생한 광원으로부터 선정된 것 이외의 스펙트럼선이 검출기에 도달하지 않게 막아주는 역할을 한다. 적용원소의 범위는 대단히 넓으며 감도도 높고 공존물질의 영향도 적어 많은 분야에서 점차적으로 널리 이용되고 있다.

제2절 응 용

원자흡광분석법은 공업, 농업, 의학, 해양학 및 그 외의 수많은 분야에서 40종류 이상의 금속에 대한 정량조작이 보고되고 있다.

표 21-1 시료원자화부 불꽃을 위한 가스의 조합

수소-공기	널리 이용
수소-공기-아르곤	
수소-산소	
아세틸렌-공기	널리 이용
아세틸렌-산소	
아세틸렌-이산화질소	널리 이용
프로판-공기	널리 이용
석탄가스-공기	

토양이나 동물조직에서 납의 검출, 수중에서의 Ca와 Mg 정량, 식품에서 Cu의 정량 등에 관한 연구는 거의 원자흡광분석법에 의해서 행해신다. 원자흡광광도법에 의한 정량분석중 수중에서 비소의 정량법에 대해 알아보기로 한다.

[실험 1] 검량선의 작성

비소표준액(0.0001mg As/mL) 1~10mL를 단계적으로 취하여 비커에 넣고 염산 4mL 및 물을 넣어 20mL로 한 다음 아래의 시험방법에 따라 시험하고 비소의 농도와 흡광도와의 관계선을 작성한다.

[실험 2] 시료의 전처리

① 시료 적당량(비소로서 0.001mg 이하 함유)을 취하여 100mL 비커에 넣고 황산 1mL 및 질산 2mL를 넣은 다음 과망간산칼륨용액을 추가한다. 황산의 백연을 충분히 발생시켜 잔류하는 질산을 완전히 제거한다. 실온까지 방냉하고 염산 4mL 및 물을 넣어 20mL로 한다.

② 시료 중 유기물, 질산염 및 아질산염이 존재하지 않을 경우에는 시료 적당량을 100mL 비커에 취하여 염산 4mL를 넣고 끓지 않을 정도로 수분간 가열한 다음 냉각하고 물을 넣어 20mL로 한다.

③ 유기물 등이 다량 함유된 폐하수 시료의 경우에는 시료 적당량을 100mL 비커에 취하여(황산 1mL＋질산 2mL＋과염소산 3mL)를 넣고 수분간 가열한 다음 냉각하고 염산 4mL와 물을 넣어 20mL로 한다. 유기물이 완전 분해되지 않을 경우 계속 질산 2mL씩을 추가하고 분해를 반복한 후 시료로 사용한다.

[실험 3] 원자흡광분석

전처리한 시료 전량을 비화수소 발생장치의 반응용기에 옮기고 요오드화칼륨 용액(20%, W/V), 염화제일주석 용액(비소시험용) 2mL 및 염화제일철 용액(비소시험용) 1mL를 넣어 흔들어 섞고 약 15분간 방치하여 검액으로 한다.

비화수소 발생장치를 원자흡광분석장치에 연결하고 전체 흐름 내부에 있는 공기를 아르곤가스로 치환시킨 다음 사방코크를 회전하여 흐름을 차단한다. 아연분말(비소함량이 0.005ppm 이하) 1.0g을 신속히 반응용기에 넣고 자석교반기로 교반하여 비화수소를 발생시킨다.

비화수소의 발생이 끝나고 압력이 일정하게 되면 사방코크를 회전시켜 아르곤가스를 흐르게 한다. 비화수소를 아르곤-수소불꽃 중에 도입하여 193.7nm에서 흡광도를 측정하고 미리 작성한 검량선으로부터 비소의 양을 구하고 농도(mg/L)를 산출한다.

Chapter 22.

기체 크로마토그래피(GC) 및 GC-MS

제1절 GC의 기본적 구성

1. 운반기체(이동상)

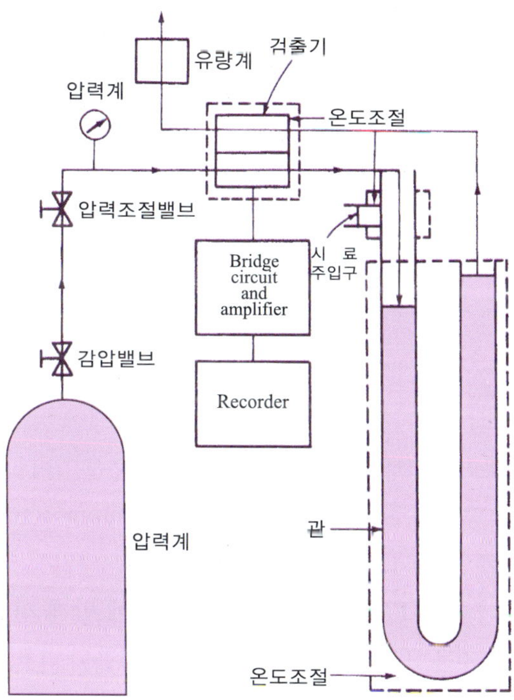

그림 22-1 기체 크로마토그래피의 흐름도

기체는 압축장치에 의해 이동된다.

[2012년 식품산업기사 식품재료공정 기출문제]

일반적으로 사용되는 운반기체는 헬륨(He), 수소(H_2), 질소(N_2), 그리고 아르곤(Ar)이다. 운반기체의 종류에 대한 선택은 검출기의 종류에 따라 달라진다. 운반기체는 순수하며 건조하고 불활성이어야 한다.

만약 운반기체 중에 수분이 포함되어 있으면 컬럼 충전물질과 반응하여 머무름 시간(retention time, RT)이나 모양이 변화된 피크를 만들고 컬럼의 수명이 단축된다. 운반기체의 유량(flow rate)은 매우 중요하며 실험시 시료의 종류나 실험조건, 운반기체의 종류에 따라 최적 유량은 다르므로 일정하게 조절해야 한다.

Guide

매시 점프

타원형 용기에 물을 반쯤 채우고 임펠라를 회전시켜 일정 위치에 기체가 압축이송되는 장치

〈2012년 식품재료공정 기출문제〉

2. 주입부(Injector)

시료는 주입구를 통해 컬럼에 도달하므로 주입부의 온도는 조건에 따라 다양하게 조절하며, 가열되면 액상의 시료는 기화한다. 또한 입구는 syringe나 solid sampler 등을 사용할 수 있게 시료주입구 모양이 다양할 수도 있다.

가장 널리 쓰이는 방법으로는 주입부의 고무 격막에 microliter syringe로 시료를 주입하는 것이다. 시료는 순간적으로 한꺼번에 주입해야 하며 주입시료의 띠가 좁을수록 기체 크로마토그램 상의 피크 폭이 좁아진다. 피크의 폭은 좁아야만 인접 피크와 잘 분리되어 구분이 가능하다. 주입부는 보통 스테인레스 강으로 되어 있으며 이를 통해 주입된 시료는 컬럼으로 들어간다.

3. 컬럼(Column)

컬럼은 기체 크로마토그래피에서 가장 중요한 부분이며 고정상(stationary phase)이다. 컬럼의 충전제로는 규조토로 만들어진 chromosorb p와 chromosorb w가 가장 보편적으로 사용되는 고체 지지체이다.

컬럼에 SE-30이나 OV-17과 같은 충전제를 조건에 맞게 선택하여 하단에 소량의 석면을 채워 이것을 진동하면서 고르게 채워 넣는다. 다 채운 후 상단에도 소량의 석면을 채워 장치에 꼭 맞게 붙인 다음 운반기체를 유입시켜 일정온도에서 기록계의 바탕선(base line)이 안정될 때까지 컬럼을 세정한다.

시료는 운반 기체에 의하여 컬럼 내를 이동하고 고정상과의 친화력의 차이에 의하여 분리된다.

액체고정상은 극성과 비극성이 있으며 많이 사용되는 것으로서 silicone gum, rubber, polyesters, 그리고 여러 종류의 오일과 왁스 등이 있다.

컬럼의 모양은 직선형, 유선형, 나선형 등이 있고 길이는 대개 1~5m이다.

4. 검출기(Detector)

GC에서 사용되는 검출기는 여러 종류가 있으나 작동 메카니즘에 따라 농도의존형인 열전도도 검출기(TCD)와 유량의존형인 불꽃이온화 검출기(FID)로 대별한다. 컬럼에서 분리된 각 성분은 검출기에 의하여 검출된다.

5. 기록계(Recorder)

크로마토그램 상에서 얻어진 각 성분의 위치는 머무름 시간(R.T.) 또는 머무름량으로 나타내며 이들은 일정조건 하에서 각 물질의 특유한 값을 나타낸다. 시료분자의 존재로 생기는 이온의 전전하를 집계하는 적분계(integrator)는 정량분석용으로서 편리하다.

제2절 GC의 해석

GC에 시료를 주입하여 기록계에 의해 기록된 결과를 GC 크로마토그램이라 하며 머무름 시간(RT)에 의해 정성적 분석을 한다. RT는 시료 주입점부터 피크의 정점까지를 말한다.

GC 크로마토그램에서는 공기나 용매 피크 외에 분석된 피크 개수만큼의 성분이 시료에 포함되어 있다는 것을 알 수 있다. 또한 피크 면적이 넓으면 가장 높은 농도로 존재하고, 반대로 피크 면적이 좁으면 그 농도는 낮은 것으로 간주된다.

실제의 분석에서는 기록계에서 모든 물질의 피크 번호와 RT 및 적분에 의해 피크 면적이 나오므로 정량분석을 할 수 있다. 그러나 시료의 주입량을 완전히 동일하게 하는 것은 어려우며 유속의 조절도 힘들고, 컬럼의 사용조건에 따라 피크의 변화도 있으므로 면적비율법이나 내부표준법 등으로 분석하는 것이 좋다.

정성분석에서는 1개 물질당 1개의 피크를 나타내며 RT에 의해 정성하는 것으로 적외선 스펙트럼에 의한 정성보다 확실하지 않다. 어떤 조건하에서는 물질에 따라 머무름 시간(RT)은 일정하다는 사실에 근거하여 표준물질의 RT와 비교하여 정성하는 것으로서 RT는 고정상의 성질에 따라 다소 차이가 있다.

또한 종이 크로마토그래피에서처럼 Rf치에 의한 비교가 문헌상으로만 추정될 수 없는 것과 같이 RT도 문헌상의 머무름 시간으로만 비교되어서는 안된다. 표준물질의 RT가 시료물질과 일치한다고 하더라도 양자가 꼭 같다고 단정하는 것은 성급하다는 것에 유의해야 한다.

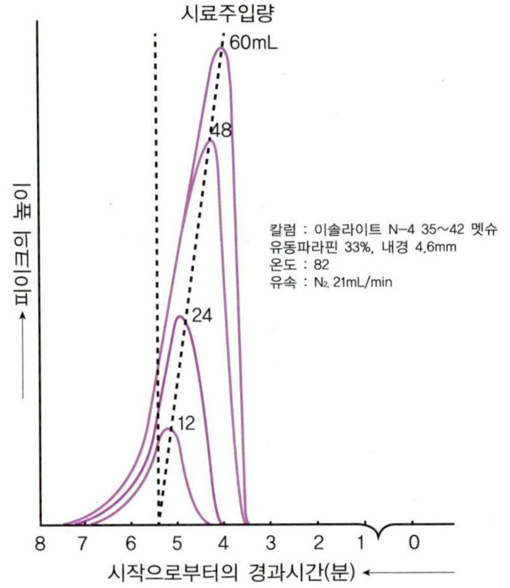

그림 22-2 주입량과 피크가 나타나기까지의 경과시간의 관계

제3절 GC-MS

GC-MS는 GC와 질량분석계(Mass Spectrometry)를 연결한 장치로서 GC에 나온 피크를 질량분석법으로 그 물질의 분자량과 분자이온을 결정하여 분자의 구조를 결정하는 것이다.

질량분석법의 원리는 다음과 같다. 기체상태의 유기화합물 시료를 그 화합물의 이온화 전위를 능가하는 충분한 에너지를 가진 전자로 충격을 주면 그 분자에서 전자가 한 개 떨어져나가고 유기이온을 형성한다. 고에너지 전자충격에 의해 생성된 유기이온들은 불안정하여 자유라디칼이나 다른 이온들의 보다 작은 조각들로 쪼개진다.

따라서 질량 스펙트럼(mass spectrum)은 그 조각의 질량대 전하비(m/z) (mass-to-charge ratio)에 대한 존재비(abundance, 양전하 조건들의 상대적인 양)를 그림으로 표시한 것이다. 질량분석기에 검출되는 대부분 입자의 이온전하는 +1이기 때문에 이 이온에 대한 m/z 값은 질량과 같다.

실제로 질량 스펙트럼은 그 입자의 상대 존재비에 대한 입자질량의 기록이다. 분자 또는 이온이 어떻게 양전하 조각들로 쪼개어지는가는 탄소골격과 존재하는 작용기들에 의해 좌우된다. 조각의 구조와 질량은 본 화합물의 구조에 대한 정보를 주며 아울러 질량스펙트럼으로부터 그 화합물의 분자량을 결정할 수 있다.

그림 22-3에서와 같이 질량스펙트럼은 막대그래프로 표시된다. 스펙트럼에 있는 각 피크는 분자의 조각을 나타낸다. 조각들을 스캐닝하여 스펙트럼의 왼쪽에서 오른쪽으로 m/z 값이 증가되게 피크들을 배열시킨다. 피크의 세기는 조각들의 상대적 존재비에 비례하는데 이것은 다시 상대적 안정도에 의존한다.

스펙트럼에서 가장 큰 피크를 기본 피크(vase peak)라고 부르는데 그 세기를 100%로 잡는다. 작은 피크들은 기본 피크에 대한 상대적인 세기로서 나타내어진 것이다. 기본 피크가 가끔 분자이온일 수도 있지만 대체로 작은 조각인 경우가 많으며 분자량 피크는 일반적으로 스펙트럼의 맨 오른쪽에 있다.

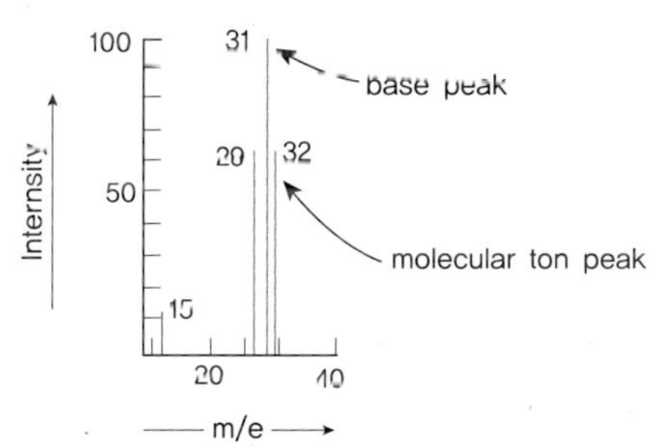

그림 22-3 메탄올(CH_3OH)의 질량 스펙트럼

Chapter 23.

고속액체 크로마토그래피(HPLC)

제1절 HPLC의 장점

고속액체 크로마토그래피(HPLC)는 휘발성이 문제가 되지 않으므로 분자량이 큰 물질의 분석에도 사용될 수 있다. 얼마전까지만 해도 GC가 LC에 비하여 이동상의 차이 때문에 신속한 분석법이었으나 근래에는 HPLC가 분리능력이나 응용범위 면에서 신속 · 정확한 방법으로 각광받고 있다.

시료분리의 능력을 비교한다면 GC에서는 단순히 시료와 충진제의 관계만 고려하면 되어 비교적 간단하나 분리 인자가 두 가지로 한정되어 있으므로 그 분리의 가능성에는 제약이 있다. 그러나 HPLC에서의 분리에는 시료와 충진제 외에 용매와의 물리 · 화학적 상호작용을 고려해야 하므로 분리전개는 매우 복잡하지만 그 분리에는 무한한 가능성이 있으며 GC 분석이 불가능한 시료도 HPLC로는 간단하게 분리할 수가 있다.

GC는 일반적인 사용온도범위(약 350°C) 이하에서 기화되지 않는 비휘발성 물질이며 열변성이나 열분해를 쉽게 받는 시료는 일반적으로 직접 분리할 수 없다. 그러므로 TMS화(Trimethylsilylation)나 methylation 후 TMS화 등의 전처리가 필요하며 이에 의해 원래 화합물보다 분자량이 많이 증가한다. 전처리없이 분리 가능한 화합물은 전 유기화합물 중 약 20% 정도인 것으로 생각된다.

그러나 HPLC에서는 시료가 상온에서 용해 불가능하여 가온할 필요가 있는 경우를 제외하면 온도와 관계없이 용매에 용해되는 시료는 모두 분리가 가능하다. 한편 paper chromatography나 TLC(Thin layer chromatography)에서 시료의 분리는 이동상과 시료의 전개거리비율, 즉 Rf치로서 시료의 이동비를 구한다.

이 Rf치에서 재현성을 얻기는 어려우며 또한 시료의 전개거리의 차이에 따라 spot의 확산비율이 달라서 정성적인 분리에는 이용가능하나 정량분석에는 부적당하다. 그러나 HPLC는 각 피크별로 기록계에 피크면적이 기록되며 그 면적을 비교할 수 있다. 또한 peak signal을 보며 각 피크를 분취하는 작업을 수회 반복하여 모은 후 용매를 감압하에서 증발시켜 GC-MS나 NMR에 의해 그 물질의 종류나 구조를 추정할 수 있다.

그림 23-1은 TLC와 HPLC를 사용한 스테로이드 분석을 비교한 것이다. TLC와 HPLC로서 hydrocortison acetate와 그 분해물을 분석한 것인데 TLC의 경우 시료전개에 앞서 클로로포름으로 4회 추출, 2회 희석, 1회 농축, 알코올 용해 등 복잡한 시료의 전처리 과정이 필요하다.

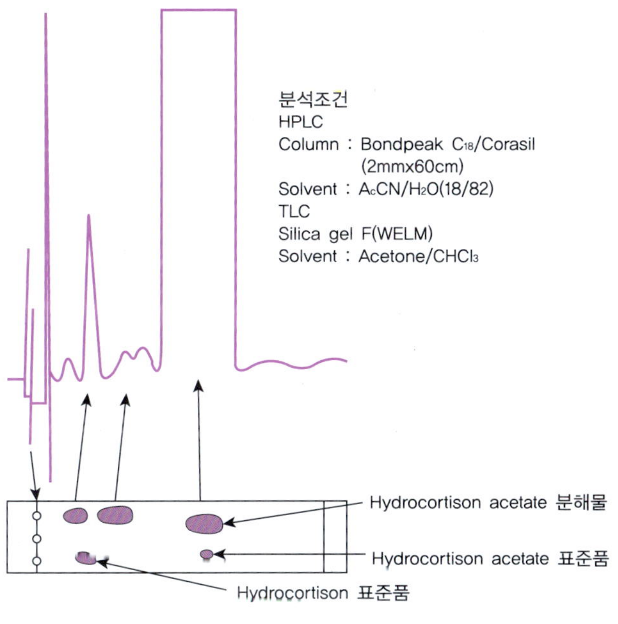

그림 23-1 HPLC와 TLC의 비교

또 시료의 검출을 위하여 blue tetrazolium으로 발색하여 자외선으로 검색하여 spot를 분리 확인해야 하므로 3시간 이상이 소요된다. 그러나 HPLC의 경우는 알코올 추출만으로 시료의 전처리가 끝나고 시료를 주입하면 15분 이내에 분리 분석이 완료될 수 있다.

HPLC에서 사용되는 용매는 HPLC급의 순수용매를 사용하며 만약 물로 희석할 때는 초순수제조기에 의해 조제된 초순수를 사용하여야 한다.

제2절 HPLC의 구성 및 원리

HPLC의 구성은 고정상 및 이동상으로 대별되며 고정상과 이동상이 서로 평형상태를 이루고 시료도 이 안에서 상호작용에 의해 분포되며 분포평형을 반복하면서 분리의 장을 이동한다. 이 분리의 장을 얻기 위하여 고정상인 충진제를 원통관에 충진한 것을 분리관(column)이라고 한다. 일반적으로 충진제를 충진하기 위하여 사용하는 원통관을 크로마토관이라고 하는데 여기에는 유리관, 금속관, 테프론관, 폴리에틸렌관 등이 많이 사용된다.

HPLC에서는 내압성, 부식성의 문제 때문에 견고한 스테인레스관이 많이 쓰이지만 최근에 와서는 새로운 기술의 발달로 폴리에틸렌관 같은 연질원통관을 사용한 신형분리관이 많이 쓰이고 있다. 고정상으로서는 지시제(support)에 다른 화학물질을 화학결합시킨 충진제를 화학결합형 충진제(bonded-phase packing material)라고 하며 결합시키는 화학물질에 따라 다양한 충진제를 얻을 수 있다.

이동상은 고정상과 더불어 분리의 장을 이루는 다른 한편의 장을 말하는데 이 상은 고정상 위를 이동할 수 있다. 즉 시료를 이동시키는 역할을 맡고 있는 것이 이동상이며 시료는 반드시 용매에 용해되어야 한다. 이동상은 이 용해성을 고려하여 극성용매로부터 비극성용매까지 광범위한 용매를 선택 · 사용할 수 있다.

LC에 사용되는 용매를 전개용매라고도 하며 실제 사용시는 단일용매를 사용하는 경우보다 2~3종류의 혼합용액을 비율을 변화시켜 가도록 프로그래밍하여 사용하는 경우가 많다.

HPLC에서는 액상의 한편을 지시제에 coating 또는 화학결합으로 부착시킨 충진제를 사용하여 충진제와 이동상 사이에서 분배작용을 반복시켜 시료를 분리하는데 이는 충진제와 이동상의 조합에 따라 두 종류로 나눌 수 있다. 그 하나는 극성이 높은 액상을 부착한 충진제를, 이동상으로는 비교적 저극성 용매를 사용하는 경우로 이것을 순상분배(順相分配) 크로마토그래피라고 한다.

다른 하나는 역으로 저극성의 액상을 부착한 충진제를, 이동상으로는 비교적 극성이 높은 용매를 사용하는 경우로 이것을 역상분배(逆相分配, reversed-phase) 크로마토그래피라고 한다.

제3절 HPLC의 사용

LC의 기본적인 원리는 고정상과 이동상의 시료에 대한 상호작용으로 시료의 분포비를 변화시켜 각 시료성분이 서로 다른 이동속도로 분리관 내를 통과하게 하여 분리시켜 용출시키는 것이라고 할 수 있다.

이 용출상태는 광학 검출기로 차례대로 검출되어 recorder에 크로마토그램으로 나타나며 integration에 의해 피크번호 순으로 retention time과 retention volume의 면적비율이 기록된다. 시료는 분리관에 주입 후 분리관에 머무르면서 분리되어 각각의 용출시간에 따라 다른 피크폭으로 용출된다.

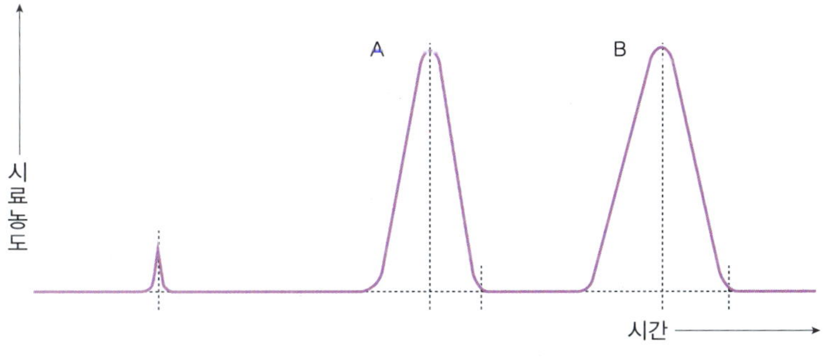

그림 23-2 HPLC chromatogram

시료의 분리상태는 크로마토그램으로 표시되는데 이 상태는 고정상 및 이동상의 선택과 그 조합, 또 분리관의 길이 등에 따라 변화된다. 혼합물인 시료의 분리능을 높이기 위해서는 시료를 충분히 분리관에 머무르게 하여 용출시키며 용출성분 각각의 피크폭이 좁아야 하고 인접한 피크와 서로 겹치지 않을 것 등이 요구된다.

만족스러운 분석 결과를 얻기 위하여는 각 분리인자의 의미를 이해하고 그 분리인자의 조합을 잘하여 분석하고자 하는 시료에 최적의 조건을 잘 이용해야 하는 것이다.

Chapter 24.

핵자기 공명법(NMR)

제1절 핵자기 공명 분광학

핵자기 공명은 분자 내에 존재하는 수소원자에 대한 정보를 주기 때문에 적외선 분광학의 결점을 보완해 준다. NMR 분광학은 유기분자의 핵이 센 자기장 내에 있을 때 라디오파를 흡수하는 것에 근거를 두고 있다. 핵자기 공명(nuclear magnetic resonance)이라는 술어는 '자기장에서 공명상태에 있는 핵' 이라는 뜻이다.

NMR 분광학에서 연구되는 가장 대표적인 핵 스핀(spin)을 가진 동위원소는 양성자(11H)이다. 외부 자기장의 세기와 라디오파 진동수가 특이한 조합을 이루었을 때 양성자가 평행에서 역평행으로 뒤집히는데, 이때 이 양성자는 공명(resonance) 상태에 있다고 한다. NMR 분광계는 라디오파 진동수를 60MHz(60mega Hertz, 또는 60×106Hz)로 고정시키고 외부 자기장의 세기를 서서히

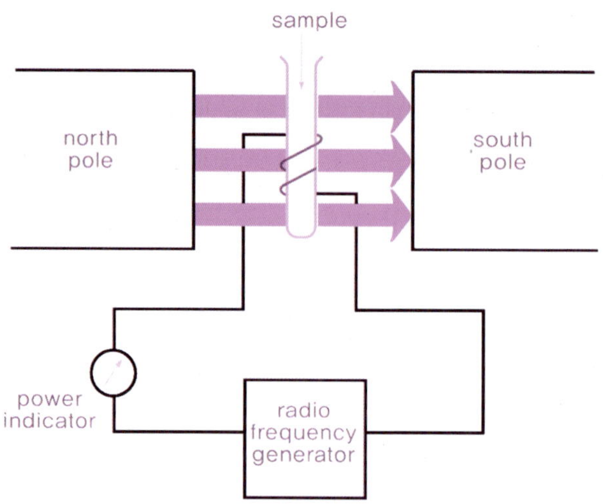

그림 24-1 NMR spectrometer의 도식도

변화시켜 가며 에너지 흡수의 진동수를 외부 자기장의 세기값에 따라 기록한다. 따라서 MNR 스펙트럼은 자기장의 세기에 대한 에너지 흡수량을 그래프로 나타낸 것이다. NMR 분광계는 그림 24-1에 나타내었다.

시료는 자석의 양극 사이에 넣고 라디오파를 조사시키면 양성자가 평행상태에서 역평행 상태로 뒤집힐 때 일어나는 에너지 흡수가 계기판(Power indicator)에서 검출된다. NMR은 60MHz, 80MHz, 300MHz 등으로 분류되며, 이 수치가 클수록 더 정확한 정보를 얻을 수 있다.

제2절 NMR 스펙트럼

NMR 측정시 5% 정도 함량의 시료에 용매로 CCl_4, $CDCl_3$ 등을 사용하며 이에는 대개 기준물질인 TMS(tetramethylsilane)이 1% 정도 함유되어 있다. 그러나 시료의 극성이 강한 경우에는 위의 용제 외에 시료를 완전히 용해시키기 위하여 DMSO-d_6(hexadeuterodimethylsulphoxide)를 소량 첨가하여 NMR tube에 넣어 측정한다. GC나 HPLC는 시료가 모두 다 소모되나 NMR 분광학에서는 시료가 소모되지 않고 NMR tube 내에 전량 그대로 남아있게 된다.

메타놀에 대한 두 개의 NMR 스펙트라를 그림 24-2에 나타내었는데 위의 것은 실제 스펙트럼이고 아래 것은 다시 그린 것이다. 아래 스펙트럼에서 자기장의 주사방향이 약한 외부장의 세기로부터 센 외부장의 세기쪽으로 이동한 것을 알 수 있다. 또한 피크를 볼 수 있는데 왼쪽 피크는 OH 양성자 때문에 생긴 것이고 오른쪽 피크는 CH_3 양성자 때문에 나타난 것이다.

정량적인 측정값을 얻기 위해서는 기준점이 필요하며, 이 기준점으로 TMS, $C(CH_3)Si$를 사용하는데 이것의 양성자 흡수는 NMR 스펙트럼에서 아주 오른쪽에 나타난다. 대부분의 다른 양성자들은 TMS보다 낮은 장(down field, 보다 왼쪽)에서 흡수한다.

실제으로 시료를 녹이는 용매에 적은 양의 TMS가 포함되어 있기 때문에 TMS의 피크가 시료 화합물의 흡수 피크와 같이 나타난다. TMS의 흡수 위치와 특정한 양성자의 흡수 위치와의 차이를 화학적 이동(chemical shift)이라 한다.

그림 24-2의 스펙트럼에 TMS의 피크와 화학적 이동이 나타나 있다.

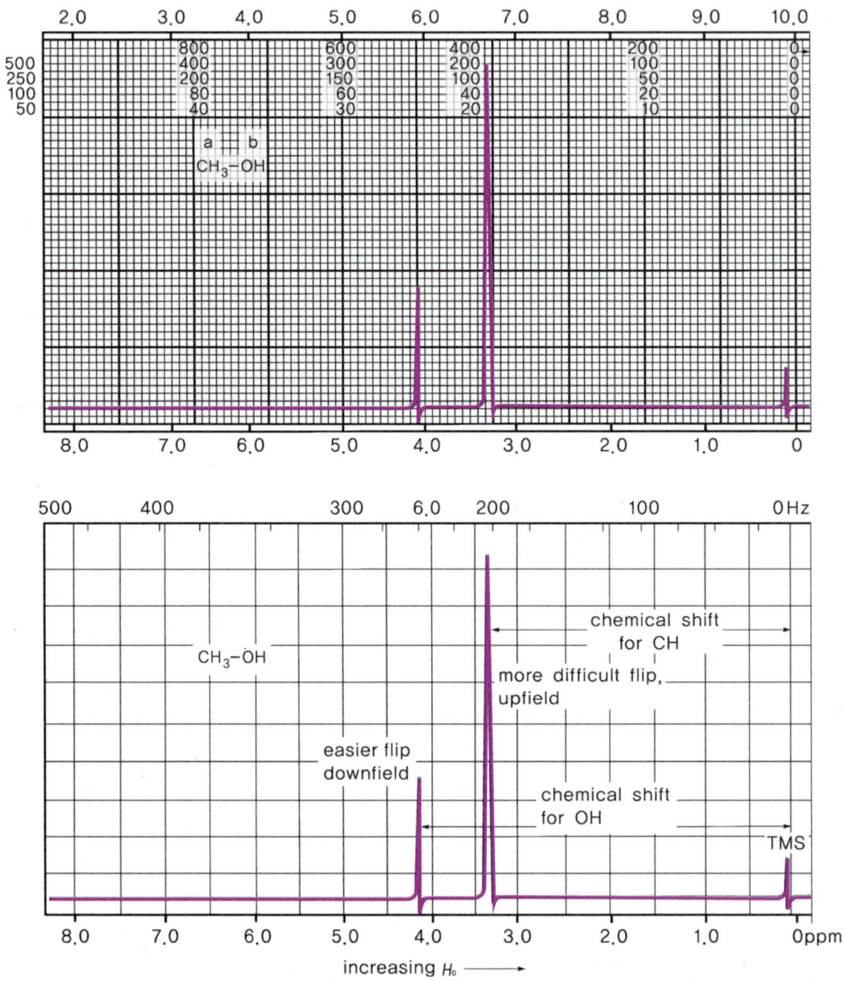

그림 24-2 NMR spectra of methanol (solvent, CCl_4)

화학적 이동은 δ값으로 기록되는데 이것은 외부 라디오파 진동수의 백만분의 1(ppm)로 표현된다. 60MHz에 있어서 1ppm은 60Hz의 값을 가지므로 1ppm이란 δ값은 TMS 흡수위치(0ppm)로부터 60Hz만큼 낮은 장이다. 그림 24-2에서와 같이 CH_3OH에서 두 형태의 양성자는 각가 3.4ppm과 4.5ppm의 δ값을 가진 것이다.

제3절 유기구조 확인을 위한 NMR 이용

^{13}C NMR 분광계가 널리 이용되지 않기 때문에 ^{1}H NMR을 많이 이용하며 이를 PMR(Proton NMR)이라고도 한다. MS 스펙트럼과 NMR 스펙트럼으로부터 화합물의 구조를 추정할 수 있는데 MS로서 분자량과 M/z에 의해 떨어져나간 작용기의 존재를 알 수 있으며, NMR 분석 결과로 더 확실한 구조식을 얻을 수 있다. 또한 적외선 스펙트럼과 NMR 스펙트럼의 병용에 의해서도 한 화합물의 완전한 구조를 유추해 내는 것도 가능하다.

예를 들면 어떤 화합물의 분자식이 C_3H_6O일 때 적외선과 NMR 스펙트럼을 보고 이 화합물의 구조를 결정할 수 있다. 그림 24-3에 적외선과 NMR 스펙트럼과 그 풀이를 나타내었다.

[예제] 어떤 화합물의 분자식이 C_3H_6O이다. 전외선과 nmr 스펙트라가 그림 24-3에 주어져 있다. 이 화합물의 구조는 무엇인가?

(풀이) 분자식에 의해 이 화합물은 한 개의 산소를 갖고 있다. 따라서 알코올, 에스테르, 알데히드케톤 중의 하나여야만 된다. 분자식이 $C_nH_{2n}O$의 형태이므로 하나의 이중결합(C=C 또는 C=O)이나 한 개의 고리를 포함한다. 가능한 적용기를 서로 구별하기 위하여 적외선 스펙트럼을 이용한다. C=O기는 $1750cm^{-1}$(5.8μm)에서 센 흡수를 한다.

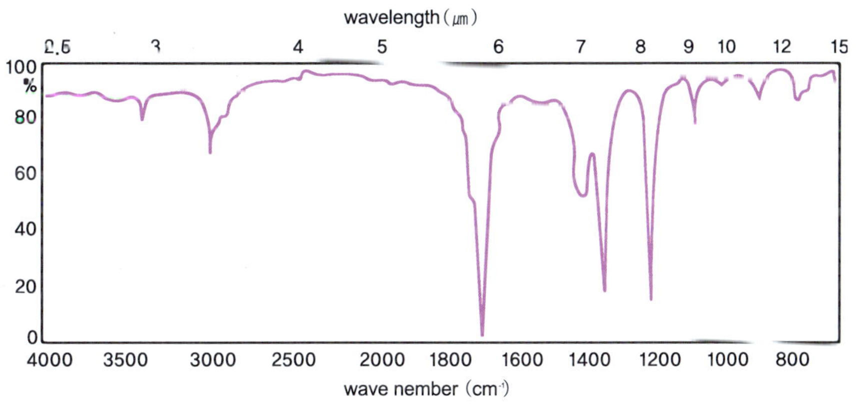

그림 24-3 UV spectra for C_3H_6O

따라서 산소는 히드록실기나 에테르기내에 존재하는 것이 아니고 카르보닐기에 존재한다. 따라서 이 구조는 고리를 포함하고 있지 않음을 의미한다.

nmr 스펙트럼에서 낮은 장애 흡수가 없기 때문에 이 화합물은 알데히드가 아니고 케톤이라고 결론지을 수 있다. 또한 nmr 스펙트럼에는 오직 하나의 단일선이 나타나 있기 때문에 여섯 개의 수소는 모두 등가이다. 따라서 이 화합물은 propanone(acetone) : $(CH_3)_2C=0$이다.

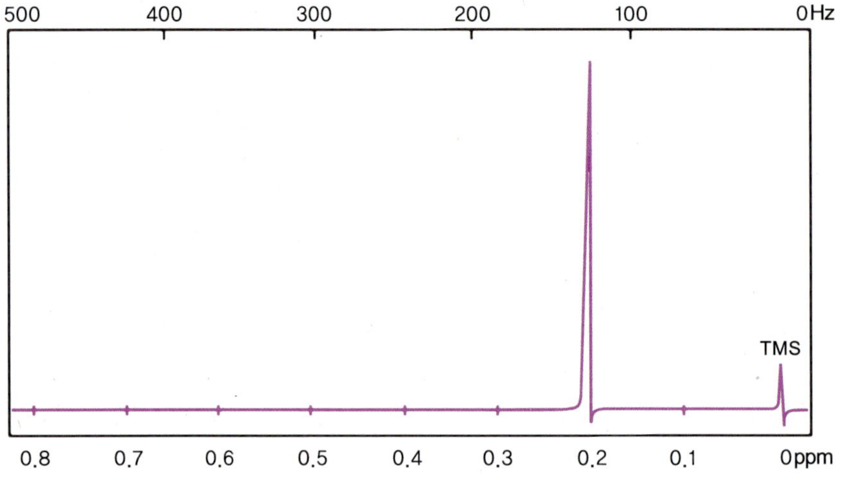

그림 24-4 NMR spectra for C_3H_6O

Part VI

식품분석 실험

식품(산업)기사 실기

〈실험 1〉 알칼리 표준용액의 조제 및 표정

〈실험 2〉 과일 중의 유기산의 정량

〈실험 3〉 식초 중의 초산의 정량

〈실험 4〉 조단백질 정량(Kjeldahl)

〈실험 5〉 식염농도 측정(Mohr법)

〈실험 6〉 총 탄수화물 농도측정(페놀-황산법)

〈실험 7〉 산가(Acid value)측정

〈실험 8〉 과산화물가(Peroxi de value)

〈실험 9〉 액상 당의 pH 측정

〈실험 10〉 액체식품 비중 측정(비중병 사용)

〈실험 11〉 식품의 산도와 알칼리도

〈실험 12〉 발효유 품질검사(pH)

〈실험 13〉 발효유 품질검사(당도 검사)

〈실험 14〉 발효유 품질검사(적정 산도)

〈실험 15〉 *Bacillus cereust* 정량시험

실험 1. 알칼리 표준용액의 조제 및 표정

실험 단계	실험준비 및 진행
실험원리	용량분석법(volumetric analysis)은 식품분석에서 가장 많이 응용되는 방법으로, 미리 정확한 농도의 표준용액(standard solution)을 조제하고, 이것을 정량하고자 하는 목적성분이 용해되어 있는 시료용액에 적하(적정)하여 반응의 당량점(종말점)에 도달하였을 때에 그 표준용액의 소비량으로부터 계산에 의하여 시료 중의 목적성분의 함량을 구하는 것으로, 일명 적정분석(titrating analysis)이라고도 한다. 적정에 사용되는 표준용액은 용량분석에 있어서 실험 전반에 대한 정확도를 결정하는 주요 요소이므로, 가능한 한, 정확히 조제하여 표정하는 것이 무엇보다 중요하다. 목적농도에 근사한 노르말 농도로 조제한 적정용 표준용액으로 노르말의 표준물질용액을 적정하여 표준용액의 정확한 실제농도를 구하고, 그 결과로부터 역가(factor)를 산출한다. 알칼리 표준용액으로는 NaOH, KOH, $Ba(OH)_2$ 등이 사용되나 일반적으로 NaOH가 많이 사용된다. 표정용 표준물질로서는 주로 프탈산수소칼륨이나 옥살산 및 벤조산 등을 사용한다. 0.1N NaOH 용액 1,000mℓ 중에서 NaOH(분자량 40.01)의 0.1g(0.1N) 당량 4.001g 이 함유되어 있다. 시판 NaOH는 순도가 90% 정도이고 불순물로서 탄산염을 함유하고 있으므로 개략적인 농도를 가진 표준용액을 조제한 다음에 표정하여 사용한다.
실험재료 및 기구	부피 플라스크(1,000mℓ , 100mℓ), 삼각플라스크(200mℓ), 칭량병, 뷰렛(50mℓ), 뷰렛 스탠드(burette stand), 유리막대, 비커, 옥살산, NaOH, HCl, 0.1% 페놀프탈레인, pH 측정기
실험방법	1. 0.1N NaOH 표준용액 1,000mℓ 조제 ① 0.1N NaOH의 근사치 4.4~4.5g을 취한다. • 1N NaOH → NaOH 1g당량/ NaOH 용액 1,000mℓ ⇒ NaOH 40.01g/ NaOH 용액 1,000mℓ

• 0.1N NaOH → NaOH 0.1g당량/ NaOH 용액 1,000mℓ
⇒ NaOH 4.001g/ NaOH 용액 1,000mℓ

② 비커에 넣고 소량의 증류수로 용해한다.
③ 1,000mℓ 의 부피 플라스크에 옮겨 넣고, ②의 비커를 소량의 증류수로 4~5회 세척하여 옮겨 넣는다.
④ 표선까지 채우고 정용하여 혼합한다.

실험방법

2. 0.1N 옥살산 표준물질용액 100mℓ 조제
① 옥살산 0.630335g의 최대한 근사치를 칭취한다.
실제 칭취량으로부터 0.1N 옥살산의 역가(factor)를 계산한다.
1N 옥살산 → 옥살산 1g당량/ 옥살산 용액 1,000mℓ
⇒ 옥살산 63.0335g/ 옥살산 용액 1,000mℓ
0.1N 옥살산 → 옥살산 0.1g당량/ 옥살산 용액 1,000mℓ
⇒ 옥살산 6.30335g/ 옥살산 용액 1,000mℓ
⇒ 옥살산 0.630335g/ 옥살산 용액 1,000mℓ
② 비커에 넣고 소량의 증류수로 용해한다.
③ 1,000mℓ 의 부피 플라스크에 옮겨 넣고, ②의 비커를 소량의 증류수로 4~5회 세척하여 옮겨 넣는다.

실험방법

④ 표선까지 채우고 정용하여 혼합한다.

3. 0.1N NaOH 표준용액의 표정

① 0.1N 옥살산으로 표정하는 방법

- 0.1N 옥살산 20mℓ 을 200mℓ 삼각플라스크에 정확하게 취하고, p.p 2~3방울을 가한다.

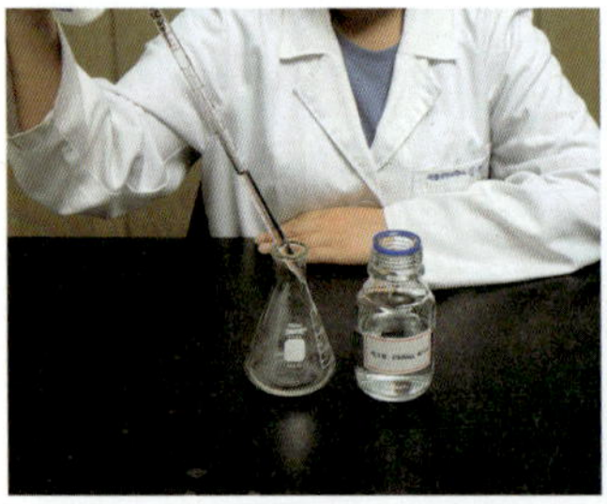

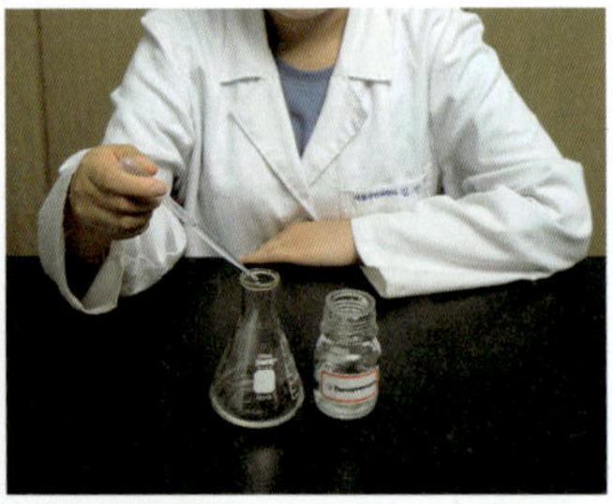

- 표정하려는 0.1N NaOH 용액을 뷰렛으로부터 서서히 가하여 적정한다(무색→적색).

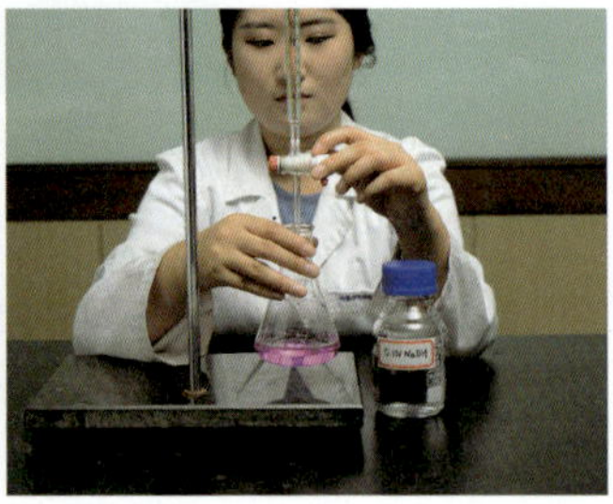

- 3번 이상 반복 실험을 수행한다.

$$\text{factor} = \frac{0.1\text{N oxalic acid(m}\ell\text{)} \times \text{F}}{\text{NaOH 용액(m}\ell\text{)}} \times 100$$

② 0.1N HCl로 표정하는 방법

- 0.1N HCl 20mℓ 을 200mℓ 삼각플라스크에 정확하게 취하고, 다시 끓여 식힌 물 50mℓ 로 희석시키며 methyl orange 2~3방울을 가한다.

실험방법	• 표정하려는 0.1N NaOH 용액을 뷰렛으로부터 서서히 가하여 적정한다(등적색→ 황색). • 종말점에서의 pH를 pH 측정기로 측정한다. • 3번 이상 반복 실험을 수행한다. $\text{factor}(\%) = \dfrac{0.1\text{NHCl}(\text{m}\ell)\times F}{\text{NaOH 용액}(\text{m}\ell)} \times 100$
참　고	

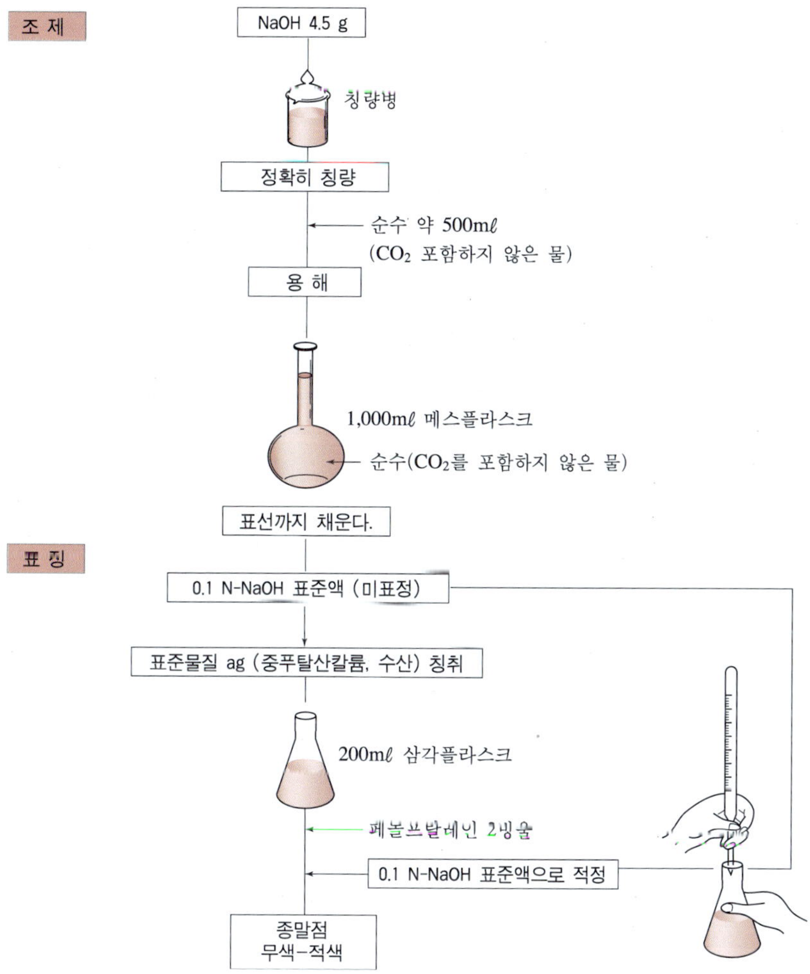

그림 6-1　0.1N-NaOH 용액의 조제 및 표정

실험 2 과일 중의 유기산의 정량

실험 단계	실험준비 및 진행
실험재료 및 기구	0.1N NaOH : 표정하여 역가(factor)를 구한다. 옥살산, 페놀프탈레인, 100mℓ 삼각 플라스크, 50mℓ 뷰렛(burette : 분석용 유리관), 증류수
실험방법	1. 0.1N NaOH 용액의 조제 및 표정 2. 시료용액의 조제 ① 액체시료의 조제 : 시료 10~20g을 취하여 100mℓ 삼각 플라스크에 넣어서 정량한다. ② 고체시료의 조제 : 시료 10~20g을 취한 후 소량의 해사와 온수를 가하여 마쇄한다. 100mℓ 부피플라스크에 여과한 후 정량한다.    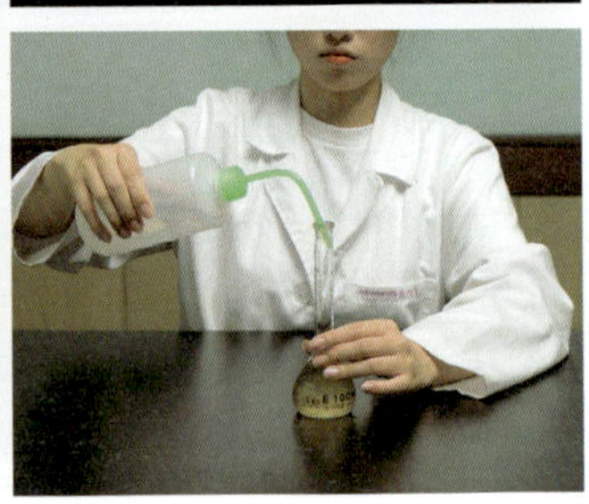 3. 유기산 정량 

<table>
<tr><td>실험방법</td><td>

① 100mℓ 삼각 플라스크에 시료용액 25mℓ 을 취한다.

② 페놀프탈레인 지시약 2~3 방울을 가한다.

③ 0.1N NaOH 표준용액으로 적정한다(무색→적색)

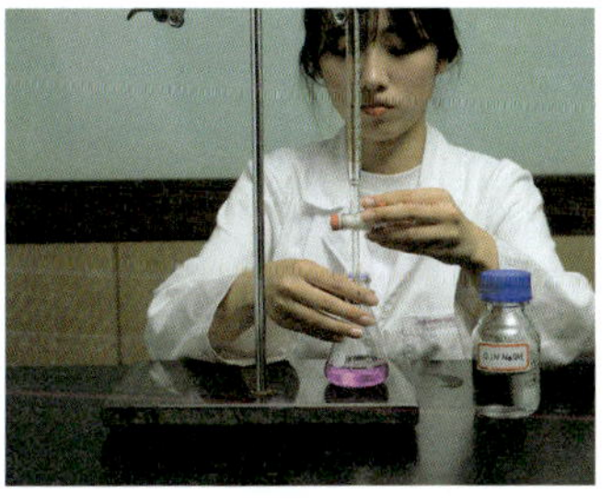

</td></tr>
<tr><td>계 산</td><td>

식품 중의 유기산 양은 식품 중에 함유된 초산, 젖산, 사과산, 호박산, 주석산, 구연산 중에서 가장 함량이 많은 하나의 산을 대표로 하여 표시하고, 다음식에 의해 계산한다.

$$\text{식품 중 유기산의 양(\%)} = \frac{V \times F \times A \times D}{S} \times 100$$

V : 0.1N-NaOH 용액의 적정 소비량(mℓ)
F : 0.1N-NaOH 용액의 역가
A : 0.1N NaOH 용액 1mℓ 에 상당하는 유기산의 양(g)
초산(acetic acid) 0.006, 사과산(malic acid) 0.0067
주석산(tartaric acid) 0.0075, 구연산(citric acid) 0.0064
젖산(lactic acid) 0.009, 호박산(succinic acid) 0.0059
D : 희석배수, S : 시료의 채취량(g)

※ 밀감류는 구연산(citric acid)으로 계산한다.

</td></tr>
<tr><td>참 고</td><td></td></tr>
</table>

실험 3. 식초 중의 초산의 정량

실험 단계	실험준비 및 진행
실험재료 및 기구	0.1N NaOH(표정하여 역가를 구한다), 옥살산, 페놀프탈레인, 100mℓ 삼각 플라스크, 50mℓ 뷰렛, 증류수
실험방법	1. 0.1N NaOH 용액의 조제 및 표정 2. 시료용액의 조제 ① 화학저울을 이용하여 비커에 식초 약 10g을 취한다. ② 100mℓ 부피플라스크에 넣은 후 증류수로 표선까지 정량한다. 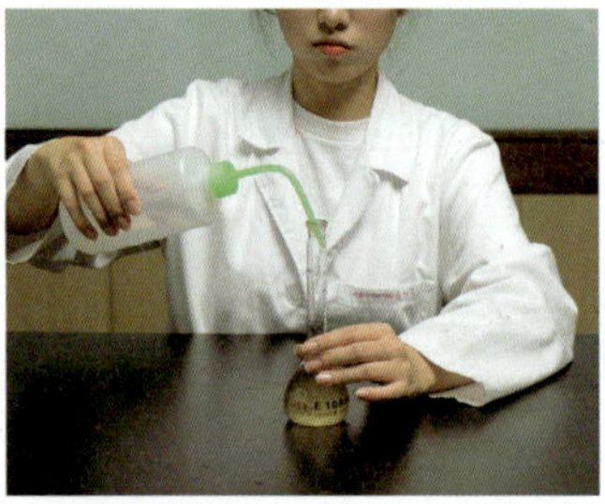 3. 유기산 정량 ① 100mℓ 삼각플라스크에 시료용액 25mℓ 을 취한다.  ② 페놀프탈레인 지시약 2~3 방울을 가한다. 

<table>
<tr><td>실험방법</td><td>③ 0.1N NaOH 표준용액으로 적정한다(무색→적색).
</td></tr>
<tr><td>계 산</td><td>식품 중의 유기산 양은 식품 중에 함유된 초산, 젖산, 사과산, 호박산, 주석산, 구연산 중에서 가장 함량이 많은 하나의 산을 대표로 하여 표시하고, 다음 식에 의해 계산한다.
$$\text{식품 중 유기산의 양(\%)} = \frac{V \times F \times A \times D}{S} \times 100$$
V : 0.1N-NaOH 용액의 적정 소비량(mℓ)
F : 0.1N-NaOH 용액의 역가
A : 0.1N-NaOH 용액 1mℓ 에 상당하는 유기산의 양(g)
초산(acetic acid) 0.006, 사과산(malic acid) 0.0067
주석산(tartaric acid) 0.0075, 구연산(citric acid) 0.0064
젖산(lactic acid) 0.009, 호박산(succinic acid) 0.0059
D : 희석배수, S : 시료의 채취량(g)
※ 식초는 초산(acetic acid)으로 계산한다.</td></tr>
<tr><td>참 고</td><td></td></tr>
</table>

실험 4. 조단백질 정량 (Kjeldahl 질소정량법)

실험 단계	실험준비 및 진행
실험원리	조단백질 정량을 구하기 위해 총 질소량을 측정하여 그 값에 질소계수 6.25(100/16)를 곱하여 산출한다. 단백질 그밖에 아미드, 알칼로이드, 암모니아, 핵산, 요소 등도 질소를 포함하고 있기 때문에 총질소량에 질소계수를 곱한 것이 순수 단백질의 양을 나타내는 것이라고는 말할 수 없다. 그래서 이를 조단백질(Crude Protein)이라고 한다. 켈달(Kjeldahl) 질소정량법은 분해, 증류, 중화, 적정의 4단계를 거친다. 1. 분해반응 시료에 진한 황산과 분해촉진제를 가해 가열하면 시료 중의 질소는 암모니아로 되고, 진한 황산과 반응하여 황산암모늄의 형태로 분해액 중에 포집된다. 시료 중의 $N + H_2SO_4 \longrightarrow (NH_4)_2SO_4 + SO_2 + CO_2 + CO + H_2O$ 2. 증류반응 황산 분해액 일정량에 과잉의 수산화나트륨(NaOH)을 가해 수증기 증류하면 암모니아가 유리된다. $(NH_4)_2SO_4 + 2NaOH \longrightarrow 2NH_3 + Na_2SO_4 + 2H_2O$ 3. 중화반응 암모니아와 수기 속 황산의 중화반응에 의해 황산암모늄이 생성된다. $2NH_3 + H_2SO_4 \longrightarrow (NH_4)_2SO_4 + H_2SO_4$(잔여) 4. 적정반응 잔존하는 과잉의 묽은 황산을, 농도를 알고 있는 알칼리 표준용액으로 적정하여 암모니아와 반응시켜 소비된 묽은 황산의 양을 구한다. H_2SO_4(잔여) $+ 2NaOH \longrightarrow Na_2SO_4 + 2H_2O$ 황산의 소비량으로부터 총 질소의 양을 구하고 질소계수를 곱하여 조단백질 함량을 구한다.

실험재료 및 기구	진한 H_2SO_4, 분해촉진제(K_2SO_4와 $CuSO_4$를 9:1로 혼합), 증류용 30% NaOH, 0.1N H_2SO_4, 0.1N NaOH 표준용액(정확히 표정), 혼합지시약(0.1% methyl red alcohol 용액과 0.1% methylene blue alcohol 용액의 등량 혼합액), 켈달 플라스크, 비등석, 분해장치, 증류장치, 뷰렛, 깔때기, 삼각 플라스크
실험방법	1. 시료 채취 시료 채취량은 10~25mg 정도의 질소와 50~150mg 정도의 단백질을 함유하고 있을 정도의 양이 적당하므로 식품성분표 등에서 대략의 질소량을 조사하여 시료의 채취량과 희석량을 계산한다. 2. 분해 ① 300~500mℓ 켈달 플라스크에 시료 0.5~10g을 정확히 칭량하여 넣는다(시료 채취량 기록). 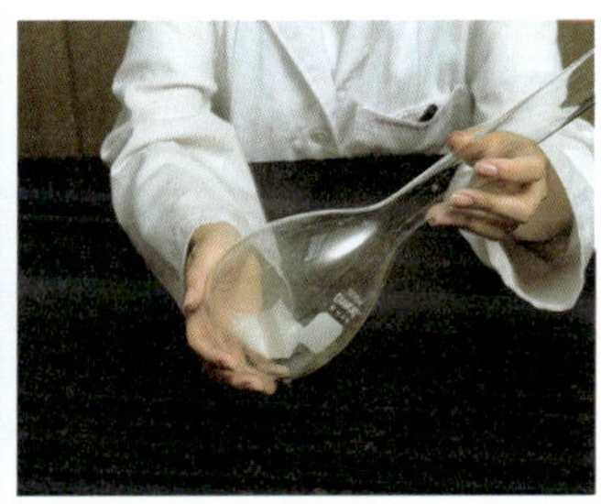 ② 분해촉진제 1~2g과 비등석 몇 조각을 넣은 후에 진한 H_2SO_4 20~30mℓ 을 가한다. 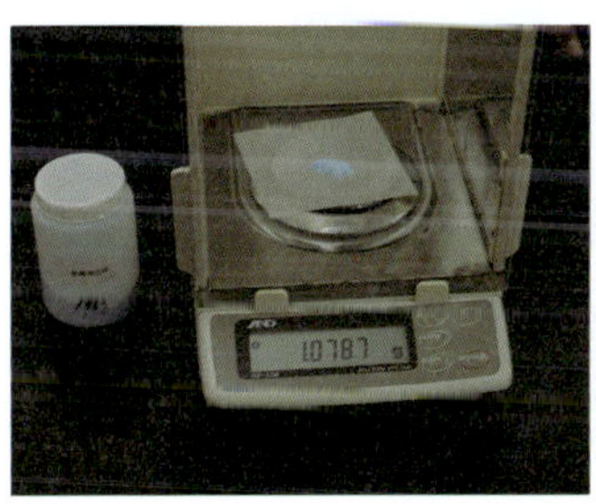

실험방법

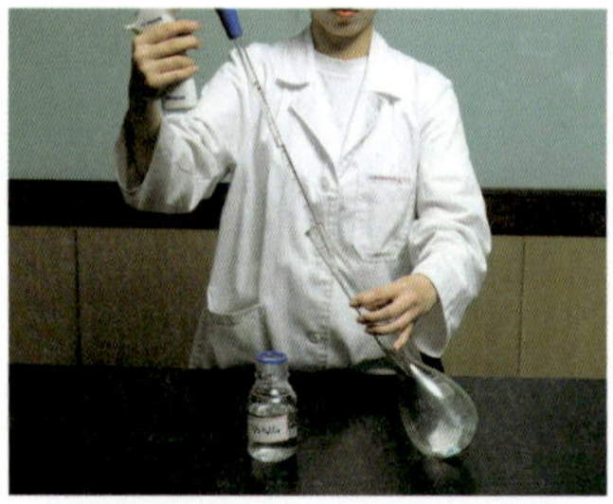

③ 시료 전체가 황산에 잠기도록 잘 혼합하여 분해장치에 설치, 가열한다.

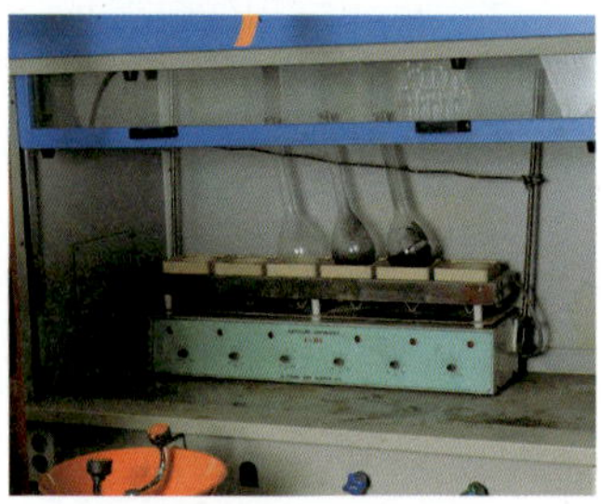

④ 분해액이 흑갈색에서 녹갈색으로, 최후에는 청색 내지 황록색의 투명한 액으로 변하면 30~40분 동안 더 분해한 후에 분해를 끝낸다.

⑤ 분해가 끝난 플라스크는 방냉시킨 후에 소량의 증류수를 가하여 석출한 염류를 재용해하고 흐르는 물에서 완전히 냉각한다.

⑥ 100~500mℓ 용량플라스크에 분해액을 넣고 방냉 후 표준선까지 증류수를 넣어서 정용하여 시료 분해액으로 한다.

실험방법

3. 증류 및 중화

① 200~300mℓ 삼각 플라스크에 0.1N H_2SO_4 표준용액 10~25mℓ 를 정확히 취하고 혼합지시약을 4~5방울 가한 후 냉각관 끝에 설치한다.

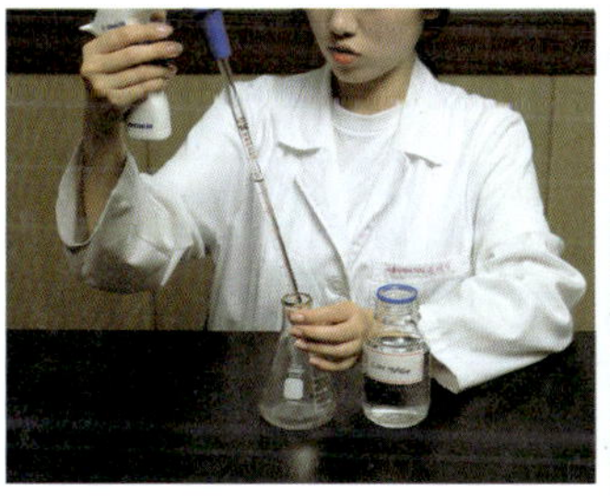

② 증류플라스크의 깔때기를 통하여 시료 분해액 10mℓ 를 넣는다.

③ 수증기 발생 플라스크에 물을 채우고 가열한다.

④ 증류플라스크에 증류용 NaOH 20mℓ 을 가하고 약 30~40분 동안 증류한다.

⑤ 증류가 끝나면 냉각관의 끝부분을 증류수로 잘 세척하여 삼각 플라스크에 넣어 냉각관에서 떼어낸다.

⑥ 여류조작을 반복하여 증류플라스크를 세척한다.

4. 적정

① 증류 장치로부터 분리해 낸 삼각 플라스크의 잔여 H_2SO_4 를 0.1N NaOH 표준용액으로 적정한다(보라색→회색).

실험방법	  ② 시료를 넣지 않고, 다른 조건은 똑같이 하여 공시험을 한다.
계　산	$\text{조단백질}(\%) = \frac{(b-a)\times F\times 0.0014\times D\times N}{S}\times 100$ a : 본시험에서 0.1N NaOH 표준용액의 적정치(mℓ) b : 공시험에서 0.1N NaOH 표준용액의 적정치(mℓ) S : 시료의 무게(g) F : 0.1N NaOH의 역가 D : 희석배수 0.0014 : 0.1N NaOH 용액 1mℓ 에 상당하는 질소량(g) N : 질소계수(6.25)
참　고	

표 6-1 식품 중의 질소-단백질 환산계수

식품		질소계수	식품		질소계수
동물성 식품	육류	6.25	식물성 식품	두류	
	젤라틴	5.55		콩	5.71
	우유 및 유제품	6.38		강낭콩	6.25
	달 걀	6.25		작두콩	6.25
식물선 식품	곡류			팥	6.25
	쌀	5.95		녹 두	6.25
	보 리	5.38		땅 콩	5.46
	연 맥	5.83		견과류 및 종실류	
	밀, 전립	5.83		밤	5.30
	밀, 배아	5.80		Brazil nut	5.46
	밀, 배유	5.70		Butter nut	5.30
	옥수수	6.25		coconut	5.30
	수 수	6.25		참 깨	5.30
	귀 리	5.83		호박씨	5.30
	피	5.83		목화씨	5.30
				아마인(亞麻仁)	5.30
				해바라기씨	5.30
				호 두	5.30

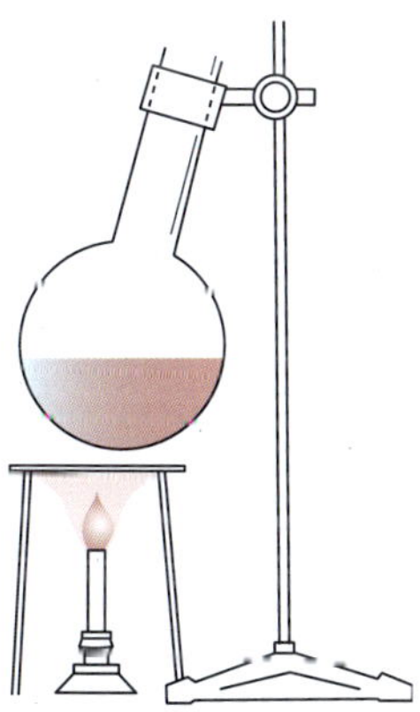

그림 6-2 분해 플라스크

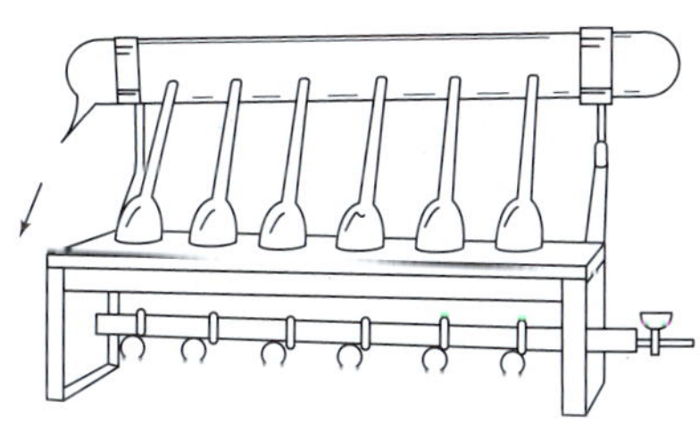

그림 6-3 Micro kjeldahl 분해장치

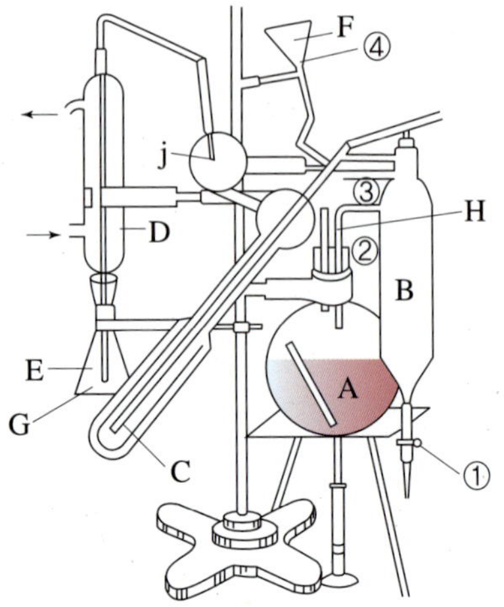

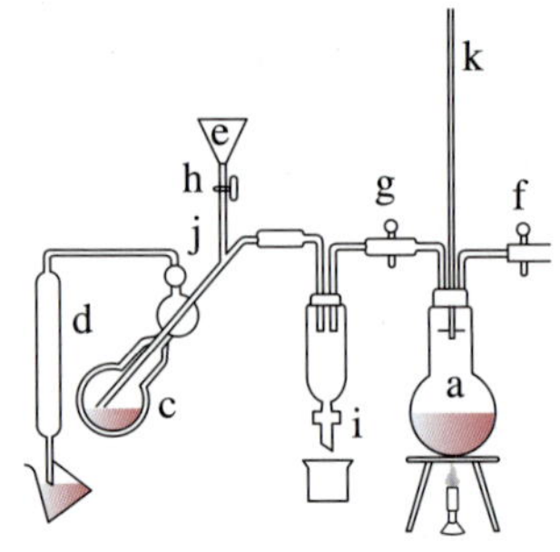

A : 수증기 발생 플라스크 B : 역류병 C : 증류 플라스크
D : 냉각관 E : 수기(受器, 삼각 플라스크) F : 깔대기
G : 냉각관의 선단 H : 모세관 ①,②,③,④ : cock

그림 6-4 질소증류장치

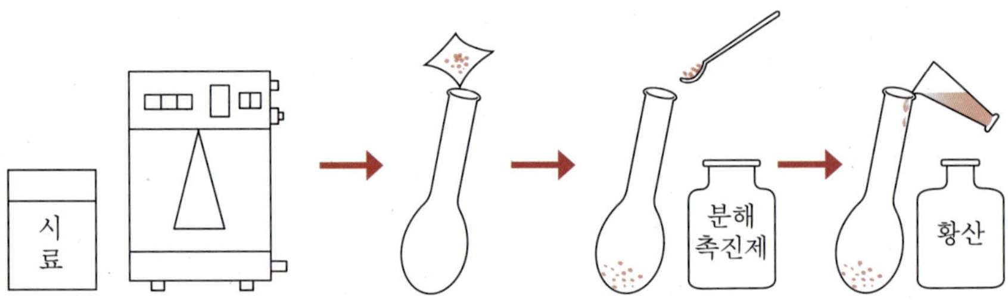

적당량의 시료를 직시천평에서 정확히 평취한다.

시료가 분말일 경우는 시료를 직접, 점토생일 경우는 유산지와 함께 분해병에 넣는다.

분해촉진제 첨가

진한 황산을 분해병의 기벽으로 천천히 주입한다.

그림 6-5 시료채취와 분해준비조작

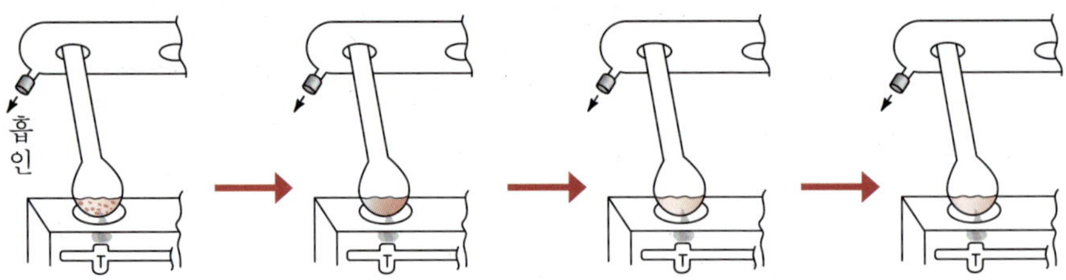

분해병을 분해대에 올려놓고 가스 불을 약하게 하여 약 30분간 가열한다(시료용액의 색은 흑갈색).

가스 불을 약간 강하게 한다(갈색).

가스 불을 강하게 한다(황색).

시료용액의 색이 담녹색으로 된 후에 약 시간 더 가열하여 불을 끈다(상온이 될 때까지 냉각).

그림 6-6 시료 분해조작

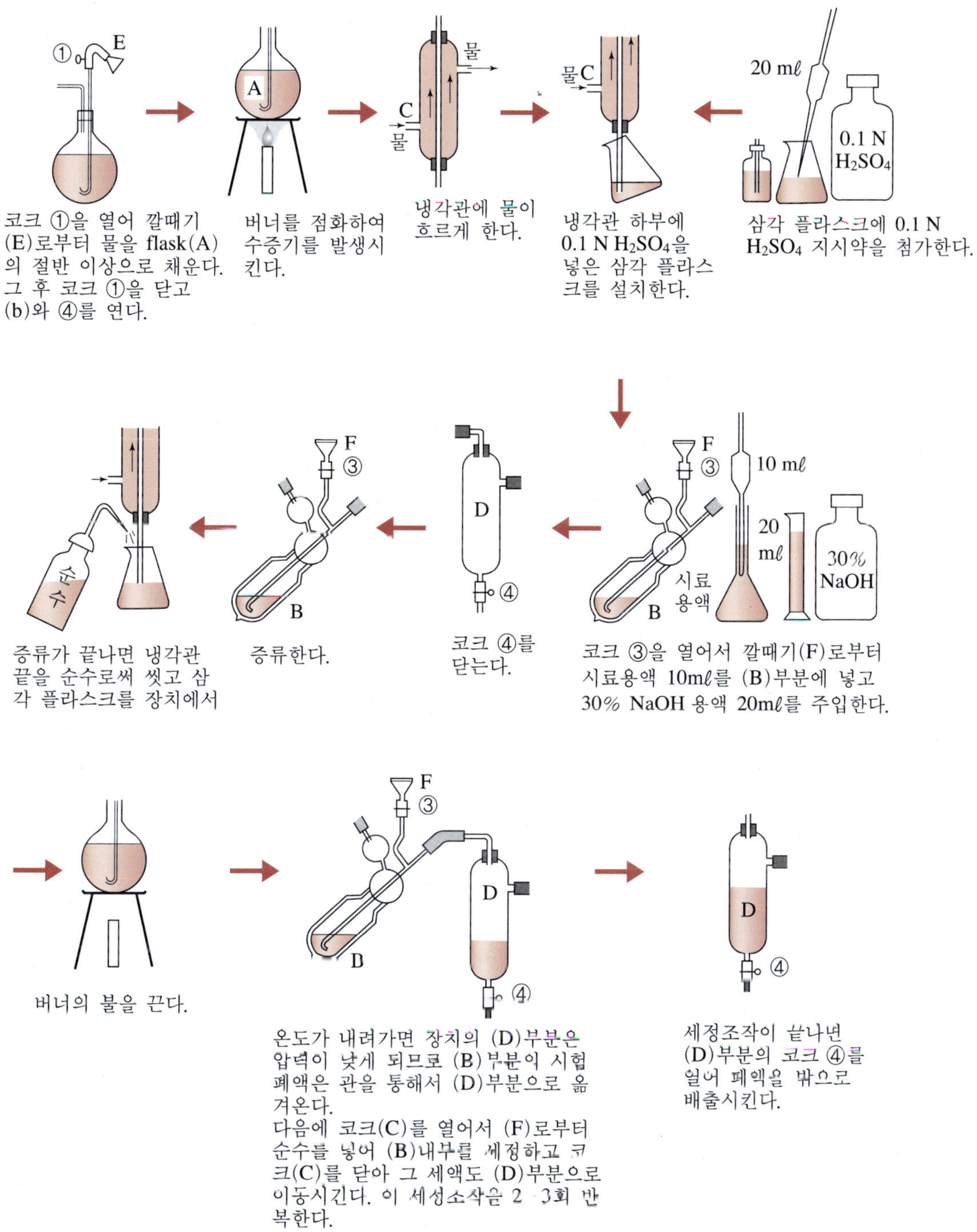

그림 6-7 시료 분해액의 증류조작

실험 5. 식업농도 측정 (Mohr법)

실험 단계	실험준비 및 진행
실험원리	모어(Mohr)법은 K_2CrO_4를 지시약으로 하는 침전적정법으로 Cr^-, Br^-, I^-, CN^-, CNS^-, S^{2-} 등의 적정에도 이용된다. Cl^-의 경우에는 식염 NaCl 용액을 비커에 넣고 K_2CrO_4 용액을 소량 가하고 뷰렛으로부터 $AgNO_3$ 표준용액을 적하하면 Cl^- 는 전부 AgCl의 백색 침전으로 된다. $AgNO_3 + NaCl \longrightarrow AgCl \downarrow + NaO_3$ 또 K_2CrO_4와 반응하여 크롬산(H_2CrO_4)은 Ag_2CrO_4의 적갈색 침전이 생기기 시작하므로 적정 종말점을 알 수가 있다. $2AgNO_3 + K_2CrO_4 \longrightarrow Ag_2CrO_4 + 2KNO_3$ 모어(Mohr)법은 조작이 간단하여 식품에 널리 적용되나, 실제 이 방법은 용액의 pH가 6.5~10.5의 범위가 아니면 오차가 크게 생기는 결점이 있다.
실험재료 및 기구	10% Ag_2CrO_4 용액, 0.1N $AgNO_3$ 용액
실험방법	1. 습식법 ① 시료 일정량을 정확히 칭취하여 약 20mℓ 의 물을 가하여 균질기로 균질화한다(* NaCl 함량이 5% 정도인 식품은 약 10g, 10% 정도인 식품은 5g을 취한다). ② 100mℓ 메스 플라스크에 옮겨 정용한다.  

실험방법	③ 정용한 후에 약 5분 동안 메스 플라스크를 흔들어 균질화 한다. ④ 건조여과지로 여과하여 시료용액으로 한다. ⑤ 시료용액 10mℓ 을 100mℓ 삼각 플라스크에 정확히 취한다.  ⑥ 증류수 50mℓ 과 10% K_2CrO_4 지시약 1mℓ 을 가하고 0.1N $AgNO_3$ 표준용액으로 적정한다(노란색 적갈색).  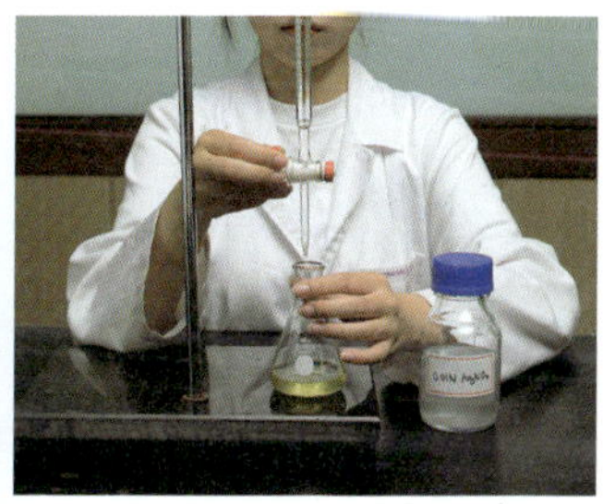 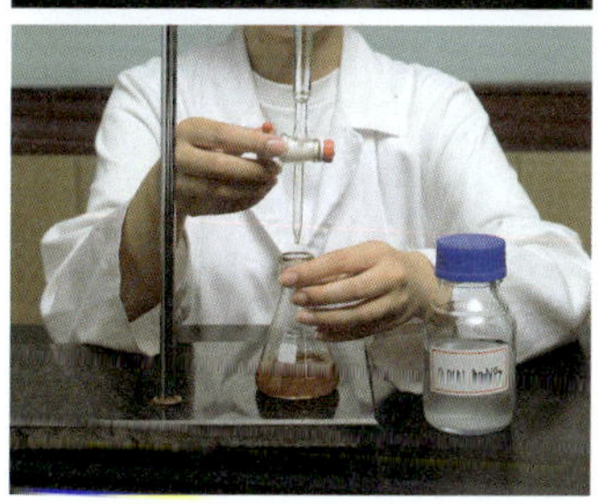
계 산	• Cl(mg%) = 3.546 × V × F × D × 100/S • NaCl(mg%) = 0.00585 × V × F × D × 100/S V : 0.1N $AgNO_3$ 용액의 적정 소비량(mℓ) F : $AgNO_3$ 용액의 역가 D : 희석배수 S : 시료채취량(g) 3.546 : 0.1N $AgNO_3$ 용액 1mℓ 에 상당하는 Cl의 양(mg) 0.00585 : 0.1N $AgNO_3$ 용액 1mℓ 에 상당하는 NaCl의 양(g)

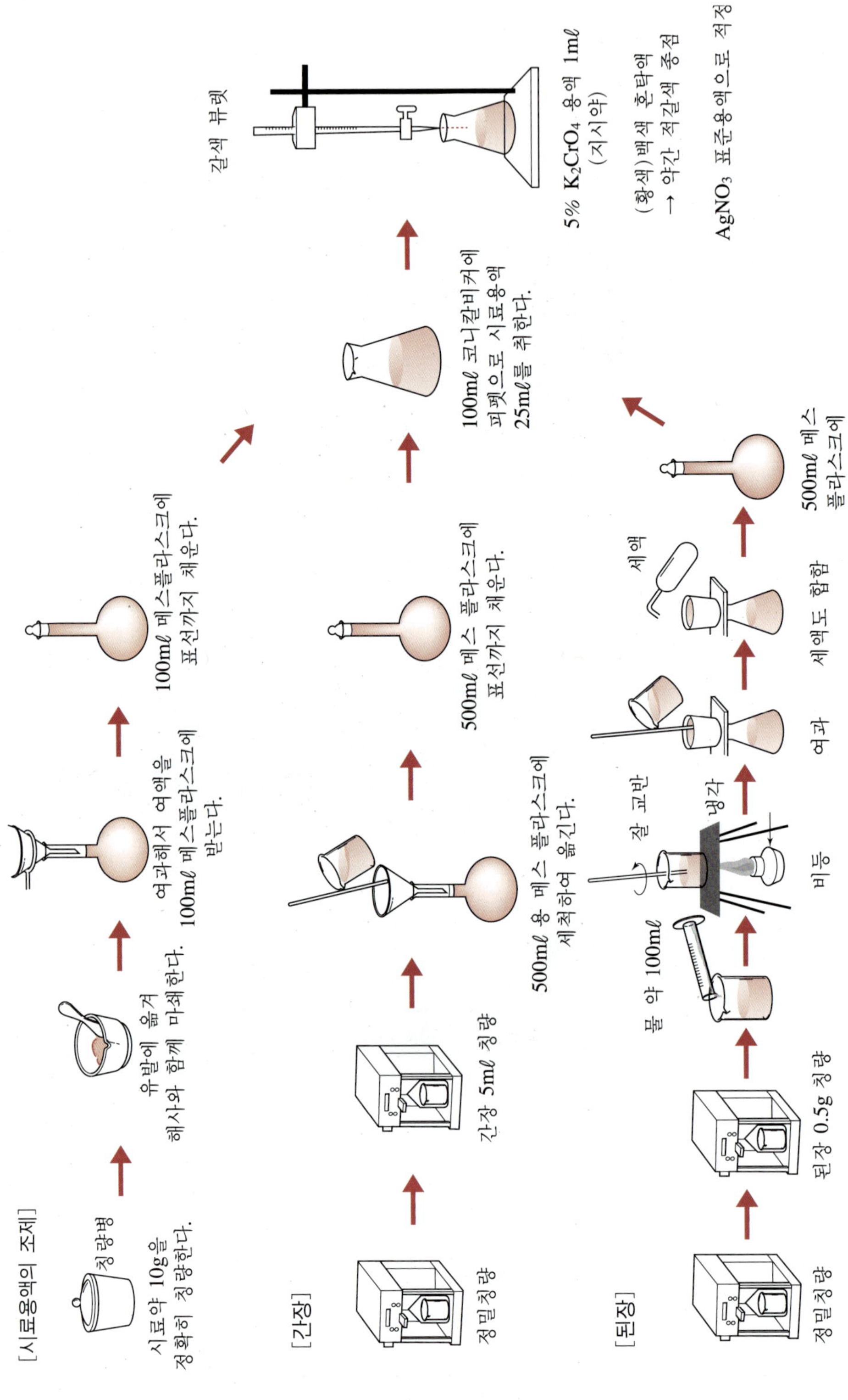

그림 6-8 Mohr법에 의한 염소의 정량

실험 6. 총 탄수화물 농도측정 (페놀-황산법)

<table>
<tr><th>실험 단계</th><th>실험준비 및 진행</th></tr>
<tr><td>실험원리</td><td>페놀-황산법은 총당 측정법으로 미량의 시료 분석에 적합하다. 또 황산을 이용하기 때문에 전분이나 셀룰로오스 등과 같은 고분자 물질도 미리 가수분해하지 않고도 시료용액으로 사용할 수 있다. 탄수화물을 진한 황산으로 처리하면 탈수되어 푸르푸랄(furfural) 또는 그 유도체가 되며 안정된 오렌지색이 나타난다.

단당류 + 페놀 + 황산 ⟶ 오렌지색

오렌지색의 선명도는 총 탄수화물의 양에 비례한다. 오렌지색 정도는 생성물인 푸르푸랄 또는 그 유도체의 양을 말한다. 푸르푸랄의 벤젠 고리 구조는 빛을 잘 흡수하기 때문에 470nm에서 O.D.(optical density) 값을 측정하여 말토오스 용액으로 구한 표준곡선을 이용하여 정량 분석한다. 이때 당표준용액으로 사용하는 당은 시료의 당종류와 같은 것이 이상적이지만, 일반적으로 글루코오스나 말토오스를 사용한다.</td></tr>
<tr><td>실험재료 및 기구</td><td>1. 분석시료
시료 : 오렌지주스, 각 용액을 200배, 400배로 희석 사용한다.
2. 표준용액
말토오스 표준용액 : 100 ㎍/mℓ
표준용액을 농도별로 희석하여 튜브에 넣는다.
표준용액 농도 : 0, 10, 25, 50, 100 ㎍/mℓ (총량 1.00mℓ)
3. 시약
① 5% 페놀 수용액 ② 95.5% H_2SO_4
4. 기구
시험관, 피펫(200㎕, 1000㎕), cell, 분광광도계(spectrophotometer)</td></tr>
<tr><td>실험방법</td><td>① 시험관에 희석한 시료 2mℓ 를 넣는다.
(공시험 : 시료 대신 표준용액 2mℓ 를 넣는다)</td></tr>
</table>

실험방법

② 5% 페놀 용액 1mℓ 를 넣는다.

③ 진한 황산용액 5mℓ 를 넣는다.

④ 소용돌이를 이용해 충분하게 섞어 준뒤 10분 동안 실온에 방치한다.

⑤ 중탕 냄비에서 15분간 가열한다.

실험방법

⑥ cell에 각 용액 200μl를 옮긴다.

⑦ 470nm에서 흡광도를 측정한다.

계 산

당표준용액으로부터 검량선을 작성하여 시료 중의 당함량을 구한다.

1. 말토오스의 표준곡선을 이용할 경우

① 말토오스의 표준곡선

당의농도(μg)		0	10	50	100
OD 측정치	1회	0.047	0.089	0.211	0.342
	2회	0.051	0.087	0.214	0.376
	3회	0.048	0.076	0.212	0.411
	평균	0.049	0.084	0.212	0.376

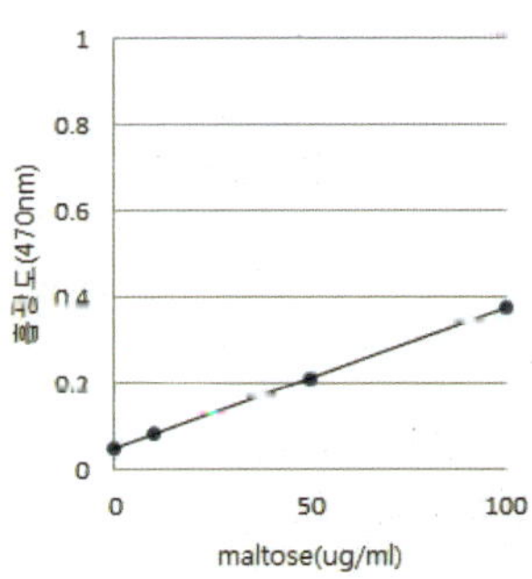

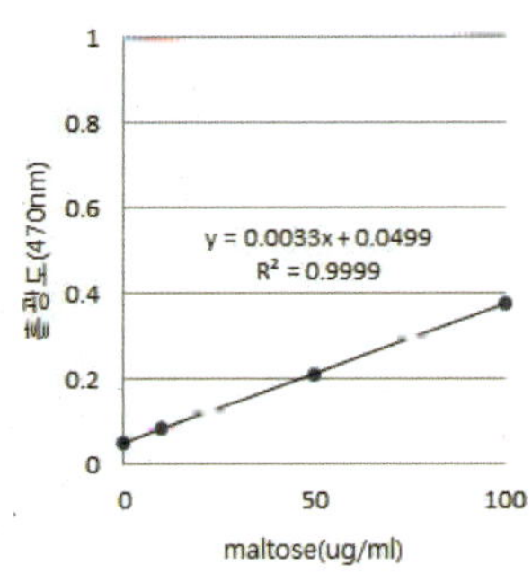

실험 7. 산가(Acid value) 측정

실험 단계	실험준비 및 진행
실험원리	산가(acid value)란 유지 1g 중에 함유되어 있는 유리지방산을 중화하는데 필요한 KOH의 mg 수이다. RCOOH + KOH ⟶ RCOOK + H_2O 즉, 신선한 유지는 지방산과 글리세롤이 결합되어 있는 트리글리세리드 의 형태를 하고 있으나 저장 중 가수분해로 인해 지방산이 유리되어 유리지방산의 형태로 존재하게 된다. 산가는 지방산이 글리세리드로서 결합형태로 있지 않은 유리지방산의 양을 측정하는 것이다. 산가는 유지의 보존 · 가열 등에 의하여 변하는 변수로 유지 및 유지를 함유한 식품의 품질판정에 필요한 항수이며, 특히 유지의 산패 정도를 나타내는 기준이 되는 값이다. 정제된 식용유에서의 산가는 대체로 1.0 이하이다. 이보다 높은 것은 변질되었거나 정제 정도가 낮은 것을 의미한다.
실험재료 및 기구	0.1N KOH · 에탄올 용액(정확히 표정할 것, 표준물질 benzoic acid), 에테르 · 에탄올 혼합용액(용량으로 1:1 또는 2:1), 1% 페놀프탈레인 · 에탄올 용액(지시약)
실험방법	1. 0.1N KOH · ethanol 용액의 조제 및 표정 2. 유지의 산가 측정 ① 시료 5~20g을 정확히 200mℓ 삼각 플라스크에 칭취한다. 

실험방법

② ①의 삼각 플라스크에 에테르 · 에탄올 혼합용액 20~40mℓ을 가하여 용해한다.

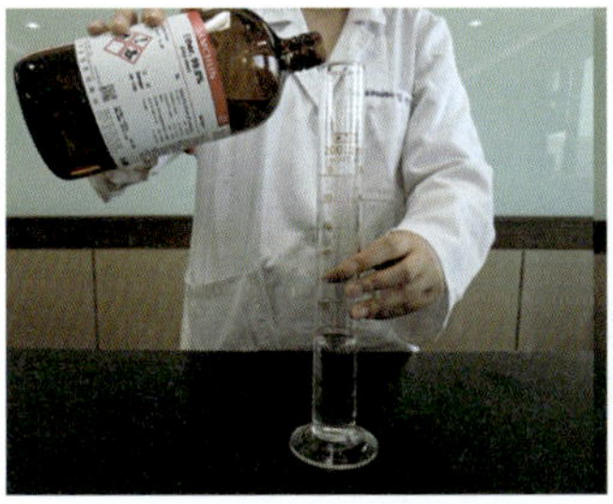

③ 1% 페놀프탈레인, 에탄올 용액 2~3 방울을 가한다.

④ 역가를 구한 0.1N KOH · 에탄올 용액으로 신속히 적정한다(종말점 : 미홍색)

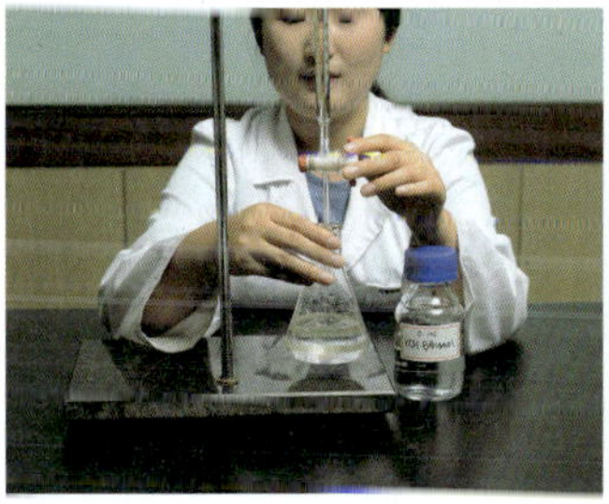

⑤ 시료만 가하지 않은 조건에서 똑같은 방법으로 공시험을 한다.

<table>
<tr><td>계 산</td><td>$$산가 = \frac{(V_1 - V_0) \times 5.611^* \times F}{S}$$
V_1 : 본 시험의 0.1N KOH 용액의 적정 소비량(mℓ)
V_0 : 공 시험의 0.1N KOH 용액의 적정 소비량(mℓ)
F : 0.1N KOH 용액의 역가
S : 시료채취량(g)
* : 0.1N KOH 용액 1mℓ 에 해당하는 KOH의 mg 수</td></tr>
<tr><td>참 고</td><td>1. 유지 1g 중에 oleic acid(M.W. 282) 3mg을 함유하고 있을 때,이 유지의 산가는?
$$\frac{KOH}{C_{18}H_{34}O_2} \times 3 = \frac{56}{282} \times 3 \fallingdotseq 0.6$$
2. 유리지방산이 모두 올레산으로만 구성되어 있는 어떤 유지의 산가를 A 라고 하면, 유지 1g 중에 올레산으로 표시된 유리지방산 함량은 (A×282/56)mg이 된다. 그러므로 산가와 올레산으로 표시된 %유리지방산 함량과의 관계는 A×282/56×100/1000 = A×0.5가 된다. 즉, 올레산으로 표시된 유리지방산 함량은 산가의 1/2 정도임을 알 수 있다.</td></tr>
</table>

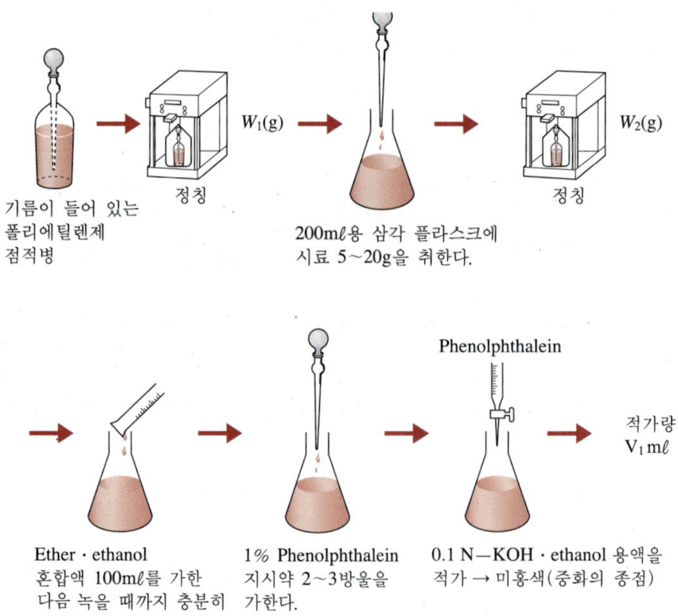

그림 6-9 산가측정

실험 8. 과산화물가(Peroxide value) 측정

실험 단계	실험준비 및 진행
실험원리	과산화물가란 유지 1kg에 함유된 과산화물 mg당량수로 유지 중에 존재하는 과산화물의 함량을 측정함으로써 유지의 산패 정도와 유도기간의 길이를 알 수 있다. 과산화물은 유지의 산화가 진행됨에 따라 증가하다가 카르보닐 화합물로 분해되어 결국에 가서는 감소하기 때문에 산패가 발생한 지 오래된 유지나 지방질 식품의 과산화물가가 의외로 낮게 측정되는 단점이 있다. 따라서 과산화물가는 유지의 초기단계에 있어서 산패 정도를 나타내는 척도가 되며, 이 값이 높을수록 유지의 산패가 진행된 것으로 식품으로서 부적당한 것이다. 일반적으로 식물성 유지의 경우에는 과산화물가가 60~100meq/kg, 동물성 유지의 경우에는 과산화물가가 20~40meq/kg에 도달하는 시기를 산패 발생 시기로 보아서 그 시기까지의 저장 기간을 유도기간으로 정하고 있다. 과산화물가는 일반적으로 ICU법에 따라 요오드 적정법에 의해 측정한다. 즉 유지를 클로로포름과 초산의 혼합액의 용매에 용해시킨 후 요오드화 칼륨(KI)를 가하여 형성되는 I^-를 유지 중의 과산화물과 반응시켜 I_2로 산화시킨다. 이때 생성된 요오드의 양을 $Na_2S_2O_3$ 표준용액으로 적정하여 측정한다. $R\text{-}OOH + 2H^+ + 2KI \longrightarrow R\text{-}OH + I_2 + K_2O$ $I_2 + 2Na_2S_2O_3 \longrightarrow 2NaI + Na_2S_4O_6$
실험재료 및 기구	빙초산, 클로로포름(chloroform), KI 포화용액, 0.01N $Na_2S_2O_3$ 표준용액(정확히 표정), 1% 전분용액, 삼각 플라스크, 피펫
실험방법	1. 0.01N $Na_2S_2O_3$, 표준용액 조제 및 표정 2. 과산화물가 측정 ① 시료 0.5~1.0g을 200mℓ 마개가 있는 삼각 플라스크에 칭취한다.

실험방법

② 클로로폼 10mℓ 를 가하여 시료를 용해한다(완전히 투명한 상태가 된다).

③ 빙초산 15mℓ 를 가하여 혼합한다.

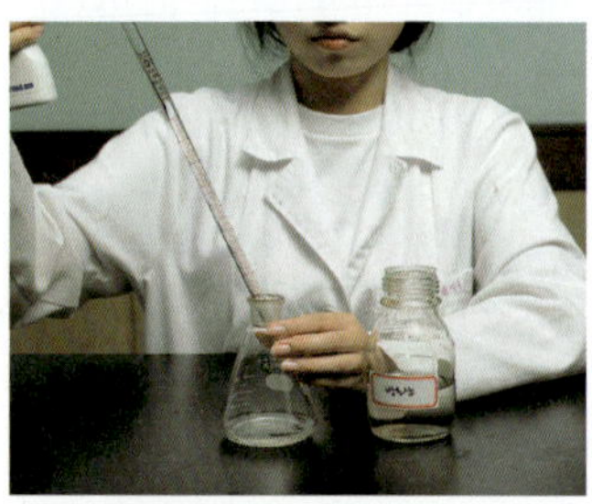

④ KI 포화용액 1mℓ 를 가하여 마개를 하고 1분 동안 진탕 한 다음, 5분 동안 어두운 곳에서 방치한다.

실험방법	⑤ 물 75mℓ 를 가하여 마개를 다시 하고 심하게 진탕한다. 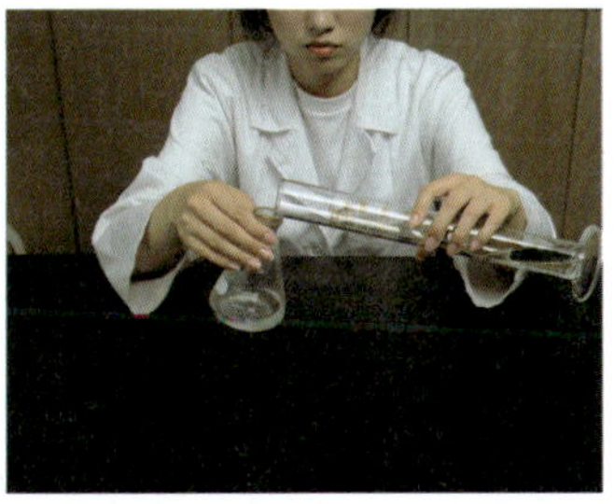 ⑥ 0.01N $Na_2S_2O_3$ 용액으로 적정한다(담황색이 될 때까지). 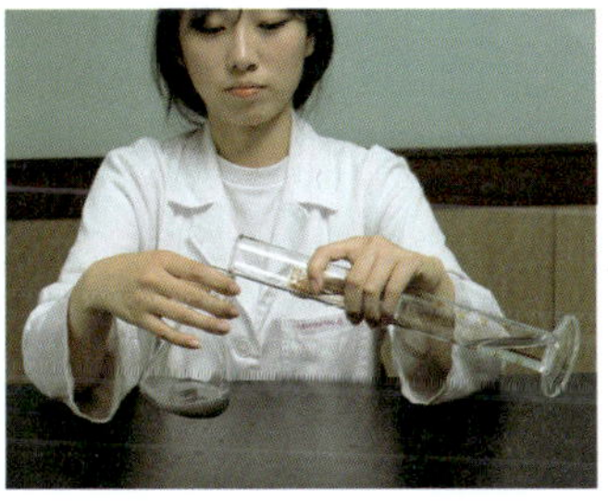 ⑦ 1% 전분용액을 지시약에 가하여 다시 0.01N $Na_2S_2O_3$ 용액으로 적정한다. (종말점 : 청남색이 무색으로 소실되는 점) 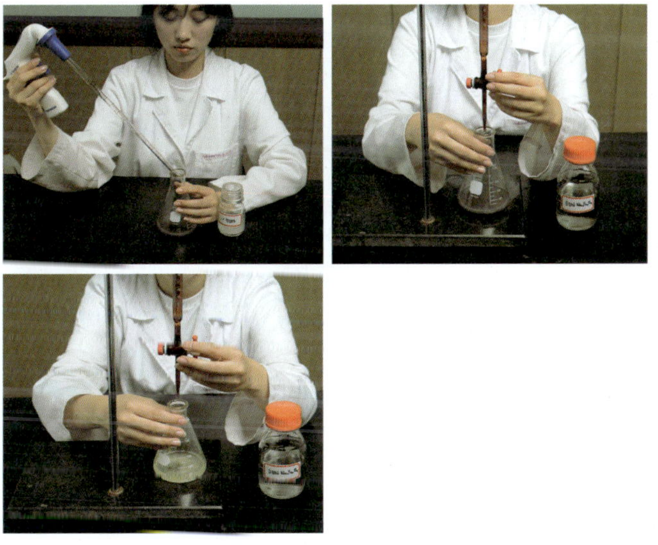 ⑧ 시료만을 가하지 않고 똑같은 방법으로 공시험을 실시한다.

계 산	과산화물가(meq/kg) = $\dfrac{(V_1 - V_0) \times F \times 0.01}{S}$ V_1 : 본 시험의 0.01N $Na_2S_2O_3$ 용액의 적정 소비량(mℓ) V_0 : 본 시험의 0.01N $Na_2S_2O_3$ 용액의 적정 소비량(mℓ) F : 0.01N $Na_2S_2O_3$ 용액의 역가 S : 시료 채취량(g) 1N $Na_2S_2O_3$ 용액 1mℓ ≒ 과산화물 1 meq 0.01N $Na_2S_2O_3$ 용액 1mℓ ≒ 과산화물 0.01 meq
참 고	

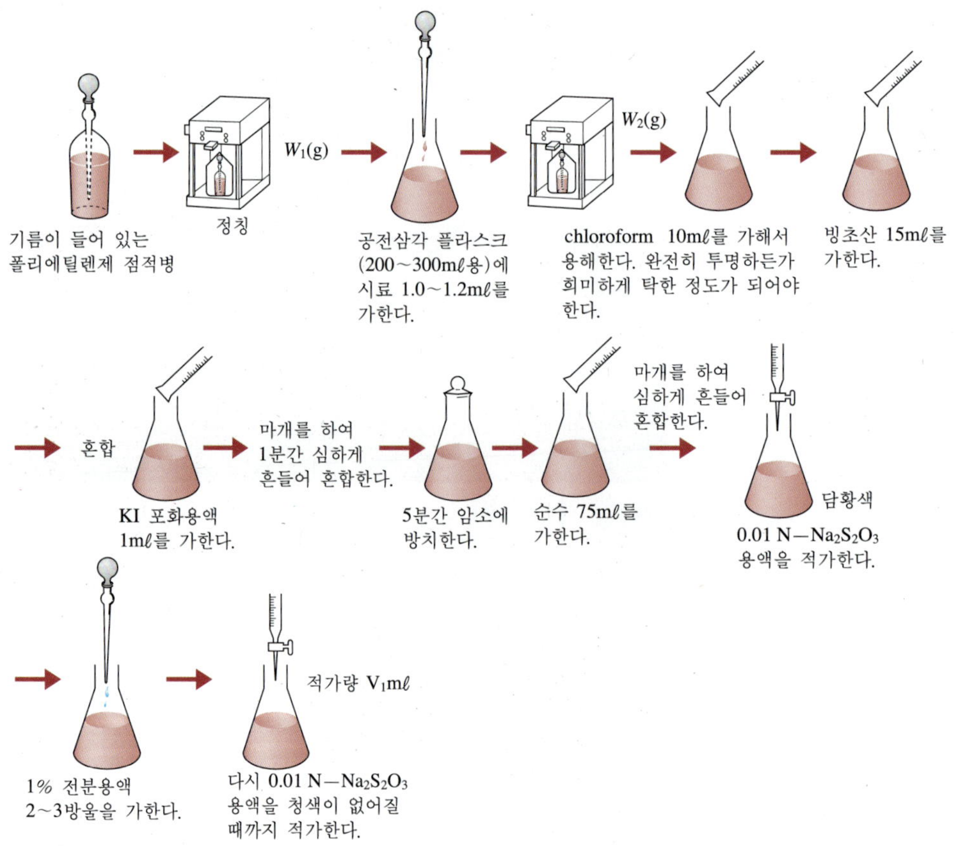

그림 6-10 과산화물가 측정

실험 9. 액상 당의 pH 측정 (유리전극법)

실험 단계	실험준비 및 진행
실험원리	pH는 용액에 존재하는 수소이온[H^+]의 농도를 말하며 물질의 산성과 염기성의 정도를 나타내는 수치로 사용된다. pH는 수소이온농도의 음(역수)의 상용대수(밑이 10인 log)로써 정의한다. $pH = \log 1/[H^+] = -\log 10\ [H^+]$ pH는 백금으로 이루어진 표준 수소전극과 기준 전극을 사용하여 수소이온의 활동도를 결정한다. Ag/AgCl 혹은 Hg/Hg_2Cl_2 기준 전극을 보통 사용한다. 유리전극에서 발생하는 기전력은 pH에 비례하여 변화한다. 이러한 비례관계는 여러 완충 용액의 pH에 따라 측정된 전위를 그래프로 그려서 얻게 된다. pH는 특별한 조성으로 이루어진 유리막 사이의 전위차를 측정한다. 막을 통해 발생하는 전위는 용액의 [H^+] 활동도에 따라 변화하고 안정한 기준전극을 기본으로 측정된다.
실험재료 및 기구	1. 시약 올리고당 2. 시약 완충용액(pH 4.0), 완충용액(pH 7.0) 3. 기구 pH meter, 피펫, 비커, 유리막대, 세척병(washing bottle:증류수)
실험방법	1. 시료용액의 조제(10배 희석 당 용액) ① 비커에 증류수 9mℓ 을 취한다. ② 시료(당용액) 1g을 취해 비커에 넣어 희석한다.  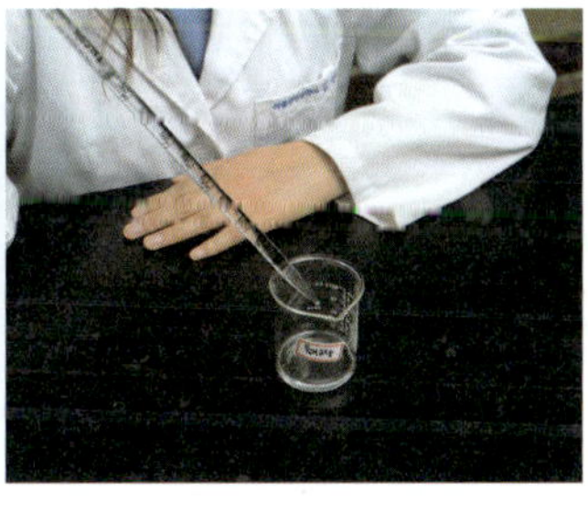

실험방법

2. 시료의 pH 측정

① 전원을 켜서 10분 이상 기다린다.

② 전극을 증류수로 씻은 다음, 흡습성이 있는 종이로 가볍게 물기를 제거한다.

③ 완충용액으로 pH를 보정한다.

㉠ pH가 7.0인 완충용액에 전극(온도센서 포함)을 담가 '측정(measure)'을 누른 후 표준용액의 pH값이 되거나 안정화되었다는 표시가 나타나면 '보정 (cal.)'을 누른다.

㉡ 전극봉을 증류수로 씻고 물기를 제거한다.

㉢ pH가 4.0인 완충용액에 전극을 담가서 ㉠과 ㉡ 과정을 진행한다.

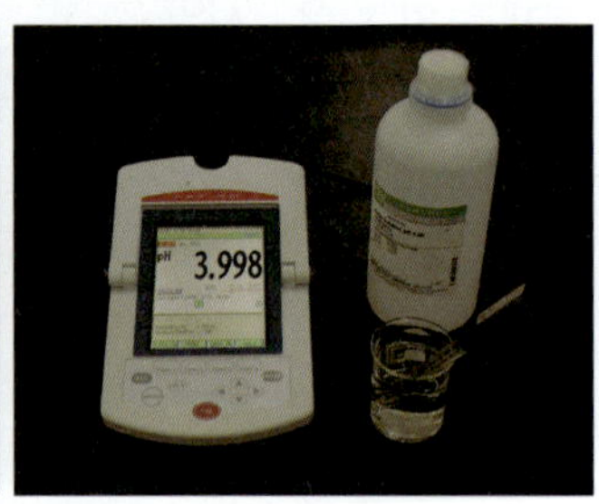

④ 측정시료에 전극(온도센서 포함)을 충분히 담가서 '측정(measure)' 버튼을 눌러 측정한다.

⑤ 측정이 끝나면 유리전극을 증류수로 세척하여 보존용액에 완전히 잠기게 하여 담가 놓는다.

<table>
<tr><td>계 산</td><td>
1. 희석 전 액상 당원액의 pH 구하기
희석된 당원액의 pH 6.6
희석 배수 10
희석수의 pH 7.0
① 희석된 당용액의 $[H^+]$
$6.6 = -\log10\ [H^{+}]$
$\log10\ [H^+] = -6.6$
$[H^+] = 10^{-6.6}$
$[H^+] = 0.0000002512M$
② 희석수의 $[H^+]$
$7.0 = -\log10\ [H^+]$
$\log10\ [H^+] = -7.0$
$[H^+] = 10^{-7.0}$
$[H^+] = 0.0000001M$

③ 액상 당원액의 pH
원액의 $[H^+]$을 X 라고 할 때
X ↘ 0.0000002512 ↗ 0.0000001512 1
0.0000001 ↗ 0.0000002512 ↘ X-0.0000002512 9

$1 \times (X-0.0000002512) = 9 \times (0.0000001512)$
$X = 0.0000016120$
원액의 pH = $-\log10[0.0000016120] = 5.8$
</td></tr>
<tr><td>참 고</td><td></td></tr>
</table>

실험 10. 액체식품 비중 측정 (비중병 사용)

실험 단계	실험준비 및 진행
실험원리	비중이란 물질의 질량과 그것과 같은 체적의 표준물질과의 질량의 비를 말한다. 고체와 액체의 경우 4의 물의 밀도(1kg/ℓ)를 표준물질로 이용하며, 비중은 순수물질 고유의 물성이기 때문에 이를 통하여 미지 물질의 확인, 화학반응의 진행 정도, 용액의 농도 확인 등에 사용되는 물성이다.
실험재료 및 기구	1. 시료 식용유 2. 실험기구 비중병, 항온수조, 건조기, 화학저울
실험방법	1. 비중병을 미리 깨끗하게 씻고 건조기에 넣어 건조하여 무게(W_1)를 측정한다(항량값).  * 비중병 : 용량 10~100mℓ 의 병으로서 온도계를 붙이는 갈아 맞춘 마개와 눈금 및 갈아 맞춘 뚜껑을 가진 측관이 있는 것 2. 마개와 뚜껑을 빼고 검체를 가득 넣은 후에 따로 규정이 없는 한 규정온도(25℃)보다 1~3℃ 낮게 하고 거품이 남지 않도록 주의하여 마개를 막는다. 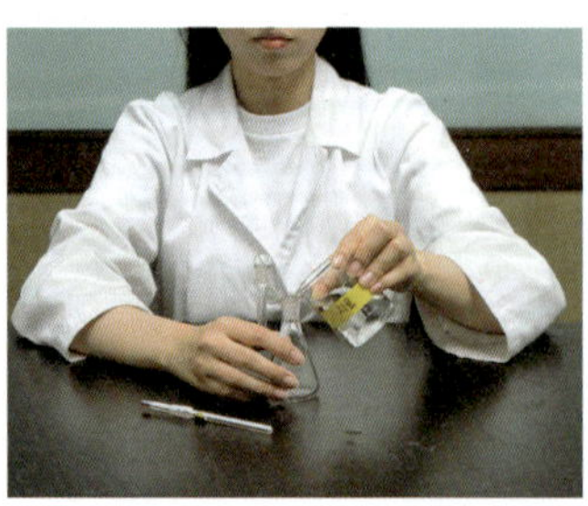

<table>
<tr><td>실험방법</td><td>

3. 항온수조(25℃)에 넣어 천천히 온도를 올림으로써 온도계가 표준온도를 나타낼 때 눈금보다 상부의 검체를 측관으로부터 제거하고 측관에 뚜껑을 하여 외부를 잘 닦은 다음에 무게(W_2)를 측정한다.

4. 다시 같은 비중병으로 증류수를 사용하여 앞에서와 같이 같이 조작하고 그 무게(W_3)를 측정한다.

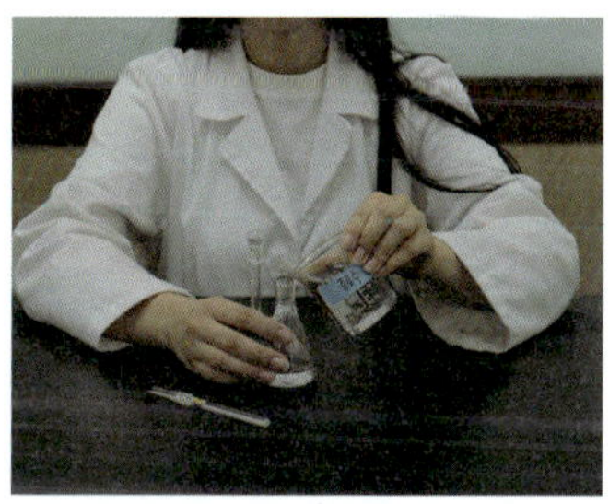

5. 다음 식에 따라 비중(d)을 구한다.

* 표준온도 : 식용유 (25℃)

* 같은 비중병을 사용해서 측정하기 때문에 증류수를 먼저 측정하고 유지를 측정하도록 한다(세척해야 하기 때문).

</td></tr>
<tr><td>계 산</td><td>

$$d = \frac{W_2 - W_1}{W_3 - W_1}$$

W_1 : 칭량된 비중병의 무게

W_2 : 유지를 넣어 측정한 비중병의 무게

W_3 : 증류수를 넣어 측정한 비중병의 무게

</td></tr>
</table>

실험 11. 식품의 산도와 알칼리도

<table>
<tr><th>실험 단계</th><th>실험준비 및 진행</th></tr>
<tr><td>실험원리</td><td>식품의 산도 또는 알칼리도는 식품성분 중에서 알칼리를 형성할 수 있는 K, Ca, Na, Mg 등의 금속 원소와 산을 형성할 수 있는 P, S, Cl 등과 같은 비금속 원소의 상대적인 양을 나타내는 척도로서, 식품의 산-알칼리 평형을 측정하는 기초가 된다. 식품의 산도(알칼리도)는 식품 100g을 회화하여 얻은 회분을 중화하는 데 소비되는 1N NaOH(HCl)의 mℓ 수를 말하는데, 이것을 측정하기 위해서는 식품의 일정량을 회화시켜 얻은 회분을 일정 농도의 염산 용액에 용해시키고 알칼리 표준용액으로 중화시켜 이때 소비된 알칼리 용액의 양으로부터 산도(알칼리도)를 계산한다.</td></tr>
<tr><td>실험재료 및 기구</td><td>1. 실험재료 및 시약
시료(현미), 0.1N NaOH 용액, 0.1N HCl 용액, 30% 과산화수소, 0.1% 페놀프탈레인
2. 실험기구\
회화로, 도가니, 중탕 냄비, 환류 냉각기, 뷰렛(50mℓ), 피펫(10mℓ), 삼각플라스크(100mℓ), 유리봉, 가열교반기</td></tr>
<tr><td>실험방법</td><td>① 시료를 도가니에 평취한 후, 식품 1g당 0.1N NaOH용액 1mℓ 를 피펫으로 가해 시료를 적신 후 증발 건조한다(*무기물의 휘발을 막기 위해서).
 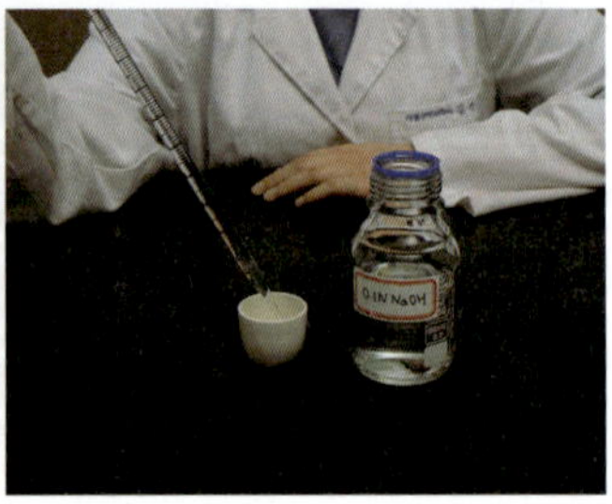</td></tr>
</table>

실험방법

② 이것을 회분정량과 같은 방법으로 회화한다(*450℃ 이하로 실시한다).

③ 회화 종료 후 도가니가 냉각하면 소량의 물 2~3mℓ 를 가해서 유리봉으로 잘 섞는다.

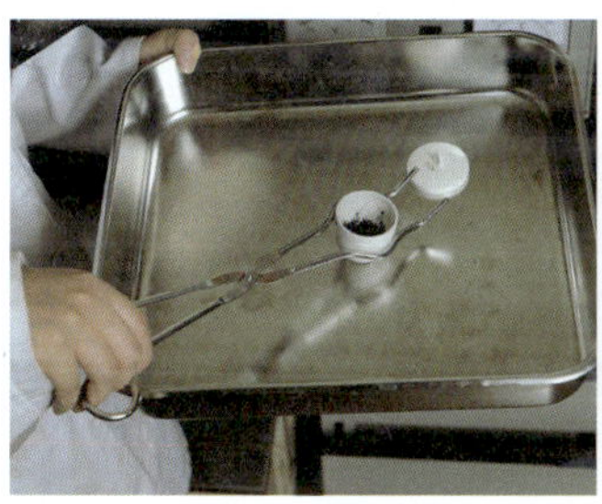

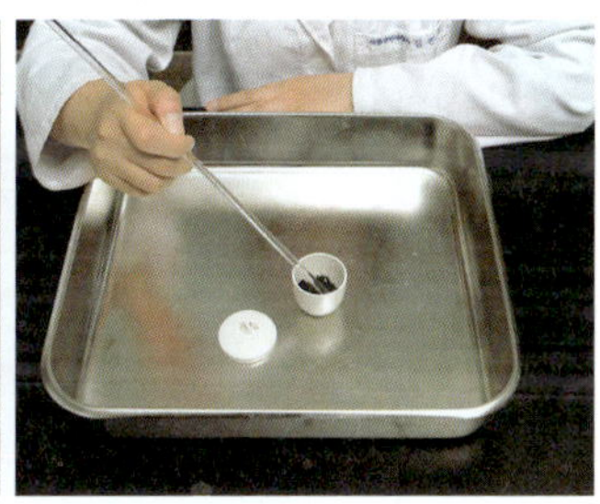

④ 과산화수소용액을 5~6방울을 가한 후 아주 천천히 가열해서 증발건조한 후 도가니 바닥이 미적색이 나타날 때까지 가열한다.

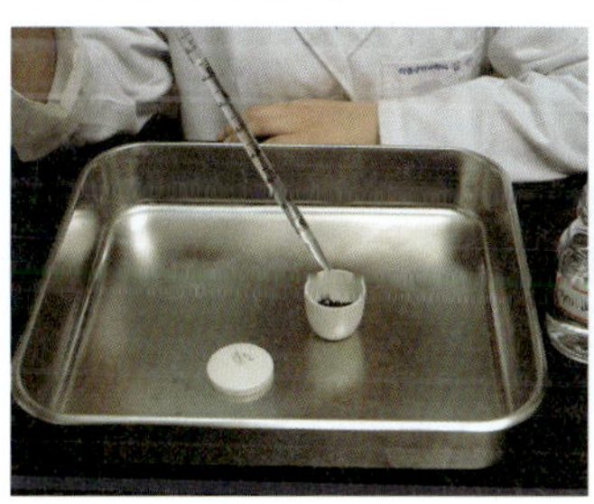

실험방법	⑤ 방냉 후 2~3mℓ 의 물을 가해서 잘 섞은 후, 100mℓ 삼각 플라스크에 정량적으로 옮겨 넣는다. 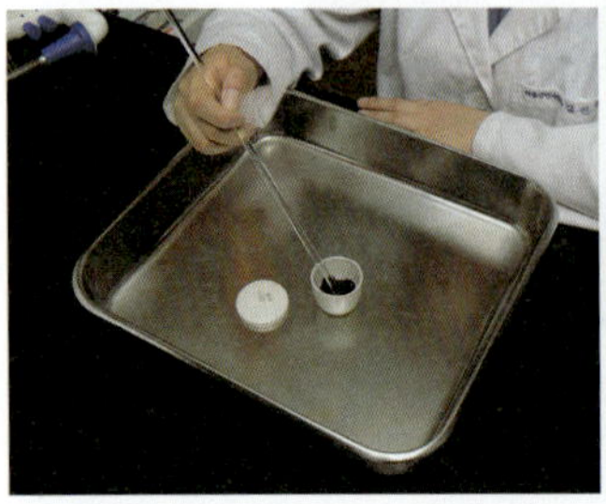 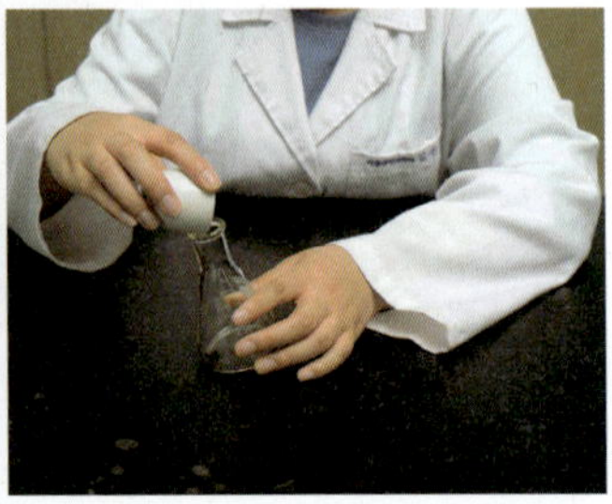 ⑥ 0.1N HCl 용액을 시료 1g당 10mℓ 의 비율로 홀 피펫(hole pipette)으로 가한다.  ⑦ 환류 냉각기를 부착하여 15분 동안 조용하게 비등시킨다.  ⑧ 냉각 후 0.1% 페놀프탈레인을 2~3방울을 가하고 0.1N NaOH 용액을 미홍색이 될 때까지 적가한다.
계 산	적정한 0.1N NaOH 용액량(mℓ) : 50mℓ ① 시료명 : 현미 ② 시료의 채취량 : 5g ③ A : 최초에 가한 0.1N NaOH 용액량(mℓ) : 5mℓ

계 산	④ B : 회분용해에 사용한 0.1N HCl 용액량(mℓ) : 50mℓ ⑤ C : 최후에 가한 0.1N NaOH 용액량(mℓ) : 50mℓ ⑥ 1/10 : 0.1N NaOH 용액을 사용했으므로 1N로 환산하기 위해 10으로 나눈다. ⑦ 계산 식품의 산 알칼리도 = [B-(A+C)] × 1/10 × 100/S 식품의 산 알칼리도 = [50-(5+50)] × 1/10 × 100/5 = -10 (산성식품)
참 고	

실험 12 발효유 품질검사(pH)

실험 단계	실험준비 및 진행
실험원리	H는 산 · 알칼리의 정도를 표시하는 단위로 사용된다. pH는 대수를 이용하여 [H+]의 농도를 나타낸다. $$\log = \frac{1}{[H^+]} \quad -\log[H^+]$$
실험재료 및 기구	1. 시료 발효유 2. 시약 완충용액(pH 7.0, pH 4.0), 지시약, 증류수 3. 실험기구 pH meter, 비커
실험방법	1. pH meter의 전원을 켜고 10분 이상 기다린다. 2. 전극을 증류수를 깨끗이 세척한 후 흡습성이 있는 휴지로 물기를 제거한다.   3. 완충용액으로 pH meter를 보정한다.  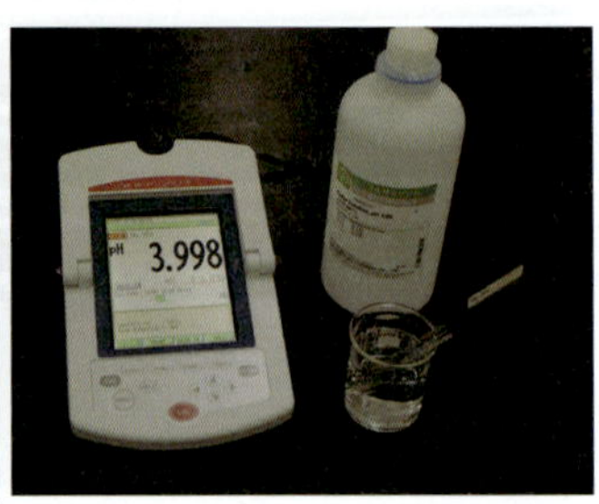

<table>
<tr><td>실험방법</td><td>4. 시료를 잘 혼합한 후 비커에 취한다.
5. 전극을 세척하고 물기를 제거한다.
6. 시료에 전극이 충분히 잠기게 하여 측정한다.
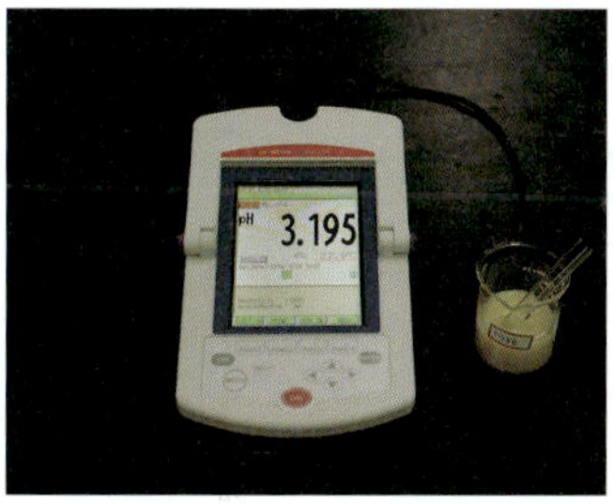</td></tr>
<tr><td>실험결과</td><td></td></tr>
</table>

실험 13. 발효유 품질검사(당도 검사)

실험 단계	실험준비 및 진행
실험원리	굴절당도계는 빛의 굴절변화를 이용하여 액체의 당분변화에 따라 굴절변화를 전기적 또는 광학적 신호로 나타낸 것이다. 굴절은 빛이 서로 다른 두 물질의 경계면에서 진행방향이 꺾이는 현상으로 굴절은 매질이 다르면 그 속에서 빛의 속도가 다르기 때문에 일어난다. 당도는 순수한 물과 설탕으로 이루어진 수용액의 총 질량에 대한 용해된 설탕의 질량 백분율(%)이며, 빛의 굴절을 이용한 당도 측정값은 Brix%로 표기한다. 브릭스(Brix)%는 수용액 중에 함유된 가용성 고형분의 % 농도를 말한다. 가용성 고형분에는 당, 염류, 단백질, 산 등 물에 녹는 물질들을 말한다.
실험재료 및 기구	1. 시료 발효유 2. 실험기구 굴절당도계(refractometer), 스포이트(spuit), 비커(100mℓ)
실험방법	1. 측정 시료를 충분히 교반한다. 2. 프리즘 부분을 증류수로 세척하고, 부드러운 천으로 닦는다. 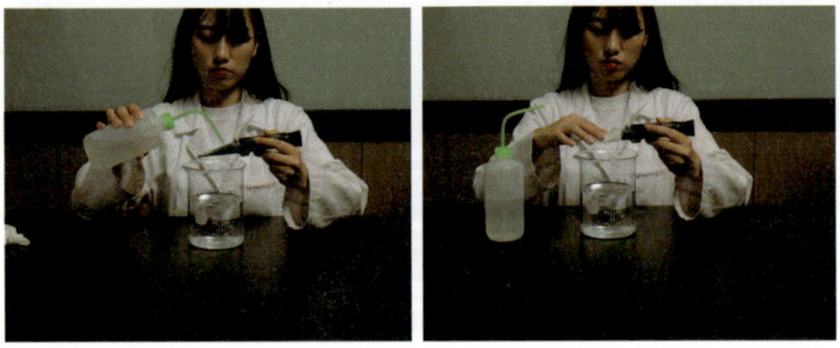

실험방법	3. 스포이트로 시료를 취하여 프리즘에 2~3방울 떨어뜨리고 투명판을 덮는다.   4. 가볍게 눌러 준 후, 눈금과 푸른색/흰색 경계면이 일치하는 부분의 숫자를 읽는다.
실험결과	

실험 14. 발효유 품질검사(적정산도, titrable acidity)

실험 단계	실험준비 및 진행
실험원리	일정량의 우유를 중화시키는 데 필요한 알칼리 양을 측정하여 이 알칼리와 결합한 산성 물질의 전량을 모두 젖산으로 가정하여 그것을 중량비율(%)로 표시한다. 우유의 신선도와 발효유의 젖산양의 변화 등을 측정할 수 있다.
실험재료 및 기구	1. 시료 발효유 2. 시약 0.1N NaOH용액, 1.0% 페놀프탈레인 지시약 3. 실험기구 자동 뷰렛, 피펫(10mℓ 용), 비커(100mℓ 용)
실험방법	1. 측정시료를 충분히 교반한다. 2. 시료 9g를 비커로 채취한다.  3. 탄산가스를 포함하지 않은 물 18g(시료량의 2배)을 가한다. 

<table>
<tr><td>실험방법</td><td>
4. 1.0% 페놀프탈레인 지시약 0.5mℓ 을 가한다.

5. 0.1N NaOH 용액으로 30초 동안 빨간색이 지속할 때까지 적정한다.

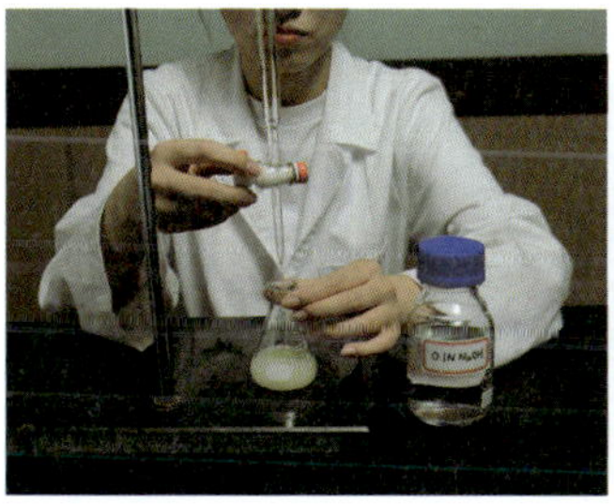

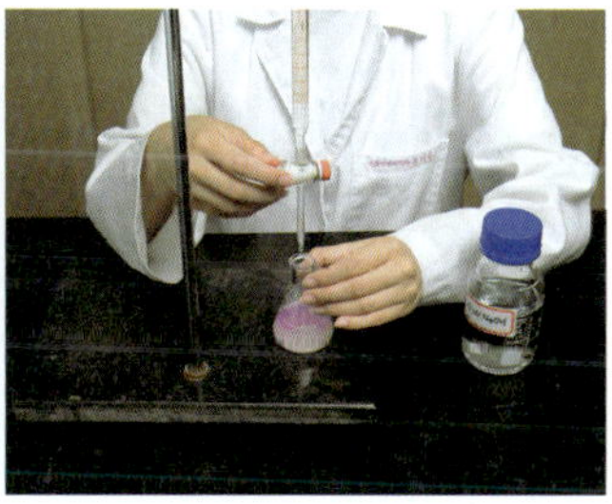

〈적정산도(젖산) 계산〉

$$적정산도(젖산\%) = \frac{a \times f \times 0.009}{측정시료\ 채취량} \times 100$$

* a : 0.1N NaOH 용액의 소비량(mℓ)
f : 0.1N NaOH 용액의 역가
0.009 : 0.1N NaOH 용액 1mℓ 에 상당하는 젖산의 양
</td></tr>
<tr><td>실험결과</td><td></td></tr>
</table>

실험 15. *Bacillus cereus* 정량시험

실험 단계	실험준비 및 진행
실험원리	바실러스 세레우스(Bacillus cereus)는 gram 양성, 포자를 형성하고 주모성의 편모를 갖는 호기성 간균이다. 호기적 조건이나 혐기적 조건에서 모두 증식할 수 있으며, 30~40℃에서 가장 잘 생육하고 50~55℃에서도 증식할 수 있다. 토양이나 물 등 자연계에 널리 분포하고 식품을 오염시킬 기회도 많다. 내열성 포자를 형성하기 때문에 가열식품에도 증식하여 식품 부패의 원인이 된다. Bacillus cereus균은 식중독 증상에 따라 독소형과 설사형의 2가지로 구분된다. 다른 Bacillus 속과 구별되는 특징으로는 β-용혈현상을 가지고 있으며, 레시티나아제(lecithinase)를 생성하여 노른자위(egg yolk) 반응에 양성을 나타낸다.
실험재료 및 기구	1. 시료 의심되는 검체 2. 시약 및 배지 MYP(Mannitol Egg Yolk Polymyxin agar) 한천배지, 폴리믹신(Polymyxin) B 용액(10,000 unit/mℓ), 난황액 3. 실험기구 배양기, 스프레더(spreader), 시험관
실험방법	1. 균수 측정 ① 검체 25g 또는 25mℓ 를 취한 후, 225mℓ 의 희석액(멸균증류수 또는 멸균인산완충 용액)을 가하여 2분 동안 고속으로 균질화하여 시험용액으로 한다.  

<table>
<tr>
<td>실험방법</td>
<td>
② 희석액을 사용하여 10배 단계 희석액을 만든다.
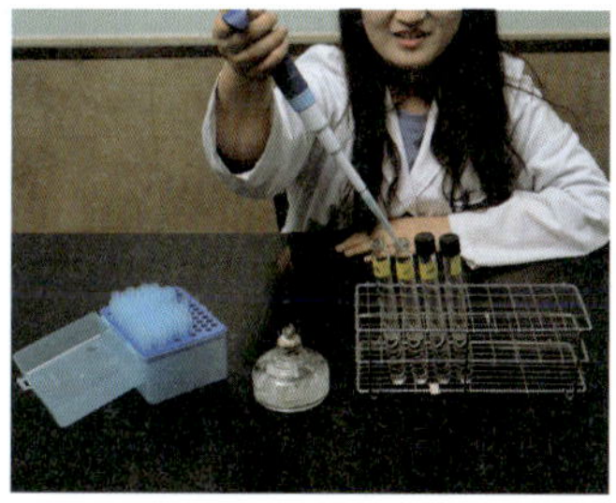
③ MYP 한천평판배지에 단계별 희석용액 0.2mℓ 씩 5개를 스프레더로 도말하여 총 접종액이 1mℓ 이 되게 한다.
④ 배양기에서 30℃, 24±2시간 배양한다(배지는 뒤집어서 놓는다).
⑤ 배양 후 집락 주변에 레시티나아제를 생성하는 혼탁한 환이 있는 분홍색 집락을 계수한다.
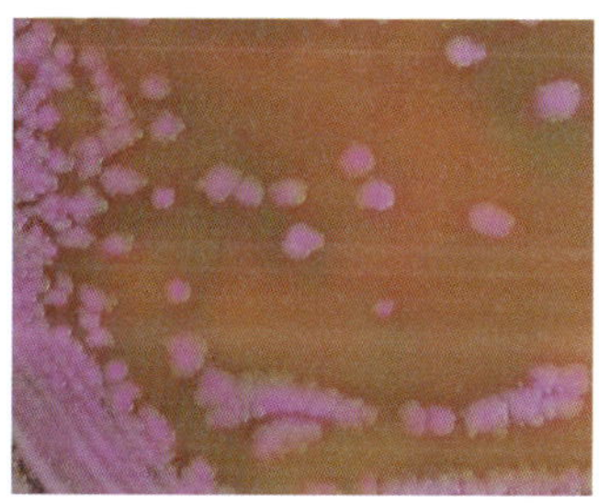
2. 확인시험
① 계수한 평판배지에서 5개 이상의 전형적인 집락을 선별하여 포준한천배지에 접종한다.
② 배양기에 넣어 30℃에서 18~24시간 배양한 후 바실러스 세레우스 정성시험, 확인시험을 실시한다.
3. 균수계산
확인 동정된 균수에 희석배수를 곱하여 계산한다.
예 : 10배 희석용액을 0.2mℓ 씩 5개 도말 배양하여, 5개의 집락을 합한 결과 100개의 전형적인 집락이 계수되었고 5개의 집락을 확인한 결과, 3개의 집락이 *Bacillus cereus*로 확인되었을 경우 100 (3/5)×10 = 600으로 계산한다.
</td>
</tr>
<tr>
<td>실험결과</td>
<td></td>
</tr>
</table>

부록

Food Analysis

[부표 1] 각종 물질의 감미도

감 미 물 질	감 미 도	감 미 물 질	감 미 도
Saccharine	306.0	포 도 당	0.64
dulcin	90.7	galactose	0.59
과 당	1.15	mannose	0.59
alanine	1.07	sorbitol	0.51
glycerine	0.84	맥 아 당	0.46
mannitol	0.72	유 당	0.30
glycine	0.65	설 당	1.00

[부표 2] 시판의 산·알칼리의 농도

시 약 명	비 중	중 량(%)	규 정(N)
농 염 산	1.19	37.2	12
농 류 산	1.84	96	34~36
발 연 류 산		(10~60% SO_3)	
농 초 산	1.42	69.8	16
발 연 초 산	1.48~1.54		
빙 초 산	1.05	99	
농암모니아수	0.9	27~29	15~16

[부표 3] 황산(H_2SO_4)의 비중과 농도

비 중 (15°/4℃)	H_2SO_4 %	H_2SO_4 g/l	비 중 (15°/4℃)	H_2SO_4 %	H_2SO_4 g/l	비 중 (15°/4℃)	H_2SO_4 %	H_2SO_4 g/l
1.000	0.09	1	1.220	29.84	364	1.440	54.07	779
1.010	1.57	16	1.230	31.11	382	1.450	55.03	798
1.020	3.03	31	1.240	32.28	400	1.460	55.97	817
1.030	4.49	46	1.250	33.43	418	1.470	56.90	837
1.040	5.96	62	1.260	34.57	435	1.480	57.83	856
1.050	7.37	77	1.270	35.71	454	1.490	58.74	876
1.060	8.77	93	1.280	36.87	472	1.500	59.70	896
1.070	10.19	109	1.290	38.03	490	1.510	60.65	916
1.080	11.60	125	1.300	39.19	510	1.520	61.59	936
1.090	12.99	142	1.310	40.35	529	1.530	62.53	957
1.100	14.35	158	1.320	41.50	548	1.540	63.43	977
1.110	15.71	175	1.330	42.66	567	1.550	64.26	996
1.120	17.01	191	1.340	43.74	586	1.560	65.08	1015
1.130	18.31	207	1.350	44.82	605	1.570	65.90	1035
1.140	19.61	223	1.360	45.88	624	1.580	66.71	1054
1.150	20.91	239	1.370	46.94	643	1.590	67.59	1075
1.160	22.19	257	1.380	48.00	662	1.600	68.51	1096
1.170	23.47	275	1.390	49.06	682	1.610	69.43	1118
1.180	24.76	292	1.400	50.11	702	1.620	70.32	1139
1.190	26.04	310	1.410	51.15	721	1.625	70.74	1150
1.200	27.32	328	1.420	52.15	740			
1.210	28.58	346	1.430	53.11	759			

[부표 4] 염산(HCl)의 비중과 농도

비중(진공) 15°/4°	HCl %	HCl g/l	비중(진공) 15°/4°	HCl %	HCl g/l	비중(진공) 15°/4°	HCl %	HCl g/l
1.000	0.16	1.6	1.070	14.17	152	1.140	27.66	315
1.005	1.15	12	1.075	15.16	163	1.145	28.61	328
1.010	2.14	22	1.080	16.15	174	1.150	29.57	340
1.015	3.12	32	1.085	17.13	186	1.155	30.55	353
1.020	4.13	42	1.090	18.11	197	1.160	31.52	366
1.025	5.15	53	1.095	19.06	209	1.165	32.49	379
1.030	6.15	64	1.100	20.01	220	1.170	33.46	392
1.035	7.15	74	1.105	20.97	232	1.175	34.42	404
1.040	8.16	85	1.110	21.92	234	1.180	35.39	418
1.045	9.16	96	1.115	22.86	255	1.185	36.31	430
1.050	10.17	107	1.120	23.82	267	1.190	37.23	443
1.055	11.18	118	1.125	24.78	278	1.195	38.16	456
1.060	12.19	129	1.130	25.75	291	1.200	93.11	469
1.065	13.19	141	1.135	26.70	303			

[부표 5] 질산(HNO_3)의 비중과 농도

비중(진공) 15°/4°	HNO_3 %	HNO_3 g/l	비중(진공) 15°/4°	HNO_3 %	HNO_3 g/l	비중(진공) 15°/4°	HNO_3 %	HNO_3 g/l
1.000	0.10	1	1.180	29.38	347	1.360	57.57	783
1.010	1.90	19	1.190	30.88	367	1.370	59.39	814
1.020	3.70	38	1.200	32.36	388	1.380	61.27	846
1.030	5.50	57	1.210	33.82	409	1.390	69.23	879
1.040	7.26	75	1.220	35.28	430	1.400	65.30	914
1.050	8.99	94	1.230	36.78	452	1.410	67.50	952
1.060	10.68	113	1.240	38.29	475	1.420	69.80	991
1.070	12.33	132	1.250	39.82	498	1.430	72.17	1032
1.080	13.95	151	1.260	41.34	521	1.440	74.68	1075
1.090	15.53	169	1.270	42.87	544	1.450	77.28	1121
1.100	17.11	188	1.280	44.41	568	1.460	79.98	1168
1.110	18.67	207	1.290	45.95	593	1.470	82.90	1219
1.120	20.23	227	1.300	47.49	617	1.480	86.05	1274
1.130	21.77	246	1.310	49.07	643	1.490	89.60	1335
1.140	23.31	266	1.320	50.71	669	1.500	94.09	1411
1.150	24.84	286	1.330	52.37	697	1.510	98.10	1481
1.160	26.36	306	1.340	54.07	725	1.520	99.67	1515
1.170	27.88	326	1.350	55.79	753			

[부표 6] NaOH 와 KOH 용액의 비중과 농도

비 중 (15°/4℃)	NaOH		KOH		비 중 (15°/4℃)	NaOH		KOH		비 중 (15°/4℃)	NaOH		KOH	
	%	g/l	%	g/l		%	g/l	%	g/l		%	g/l	%	g/l
1.007	0.61	6	0.9	9	1.142	12.64	144	16.5	183	1.320	28.83	381	32.7	432
1.014	1.20	12	1.7	17	1.152	13.55	156	17.6	203	1.332	29.93	399	33.7	449
1.022	2.00	21	2.6	26	1.162	14.37	167	18.6	216	1.345	31.22	420	34.9	469
1.029	2.70	28	3.5	36	1.171	15.13	177	19.5	228	1.357	32.47	441	35.9	487
1.036	3.35	35	4.5	46	1.180	15.91	188	20.5	242	1.370	33.69	462	36.9	506
1.045	4.00	42	5.6	58	1.190	16.77	200	21.4	255	1.383	34.96	483	37.8	522
1.052	4.64	49	6.4	67	1.200	17.67	212	22.4	269	1.397	36.25	506	38.9	543
1.060	5.29	56	7.4	78	1.210	18.58	225	23.3	282	1.410	37.47	528	39.9	563
1.067	5.87	63	8.2	83	1.220	19.58	239	24.2	295	1.424	38.80	553	40.9	582
1.075	6.55	70	9.2	99	1.231	20.59	253	25.1	309	1.438	39.99	575	42.1	605
1.083	7.31	79	10.1	109	1.241	21.42	266	26.1	324	1.453	41.41	602	43.4	631
1.091	8.00	87	10.9	119	1.252	22.64	283	27.0	338	1.468	42.83	629	44.6	655
1.100	8.68	95	12.0	132	1.263	23.67	299	28.0	353	1.483	44.38	658	45.8	679
1.108	9.42	104	12.9	143	1.274	24.81	316	28.9	368	1.498	46.15	691	47.1	706
1.116	10.06	112	13.8	153	1.285	25.80	332	29.8	385	1.514	47.60	721	48.3	731
1.125	10.97	123	14.8	167	1.297	26.83	348	30.7	398	1.530	49.02	750	49.4	756
1.134	11.84	134	15.7	178	1.308	27.80	364	31.8	416					

[부표 7] 암모니아수의 비중과 농도

비 중 (15℃)	NH_3 %	NH_3 g/l	비 중 (15℃)	NH_3 %	NH_3 g/l	비 중 (15℃)	NH_3 %	NH_3 g/l
0.996	0.91	9.1	0.944	14.46	136.5	0.904	26.98	243.9
0.992	1.84	18.2	0.940	15.63	146.9	0.902	27.65	249.4
0.986	3.30	32.5	0.936	16.82	157.4	0.900	28.33	255.0
0.980	4.80	47.0	0.932	18.03	168.1	0.898	29.01	260.5
0.970	7.31	70.9	0.926	19.87	184.2	0.894	30.37	271.5
0.966	8.33	80.5	0.920	21.75	200.1	0.890	31.75	282.6
0.962	9.35	89.9	0.914	23.68	216.3	0.886	33.25	294.6
0.958	10.47	100.3	0.910	24.99	227.4	0.882	34.95	308.3
0.952	12.17	115.9	0.908	25.65	232.9			
0.948	13.31	126.2	0.906	26.31	238.3			

[부표 8] 산·알칼리의 비중과 규정도

비 중 (진 공) 15°/4°	용 액 의 규 정 도						비 중 (진 공) 15°/4°	규정도
	H_2SO_4	HCI	HNO_3	KOH	NaOH	Na_2CO_3		NH_3
1.010	0.324	0.593	0.305	0.213	0.239	0.198	0.995	0.666
1.020	0.634	1.155	0.599	0.413	0.464	0.383	0.990	1.224
1.030	0.951	1.337	0.899	0.616	0.700	0.571	0.985	1.934
1.040	1.264	2.328	1.197	0.822	0.939	0.762	0.980	2.637
1.050	1.578	2.929	1.497	1.032	1.182	0.956	0.975	3.343
1.060	1.896	3.544	1.796	1.246	1.431	1.153	0.970	4.043
1.070	2.223	4.158	2.092	1.462	1.684	1.353	0.965	4.740
1.080	2.555	4.784	2.389	1.682	1.942	1.556	0.960	5.453
1.090	2.887	5.414	2.685	1.903	2.205	1.762	0.955	6.208
1.100	3.219	6.037	2.985	2.128	2.472	1.971	0.950	6.966
1.110	3.556	6.673	3.287	2.356	2.744	2.183	0.945	7.722
1.120	3.885	7.317	3.594	2.586	3.021	2.408	0.940	8.480
1.130	4.219	7.981	3.902	2.819	3.302	2.626	0.935	9.251
1.140	4.559	8.648	4.215	3.046	3.588	2.847	0.930	10.03
1.150	4.903	9.327	4.531	3.292	3.878	3.071	0.925	10.81
1.160	5.249	10.03	4.850	3.532	4.173		0.920	11.59
1.170	5.600	10.74	5.174	3.778	4.472		0.915	12.39
1.180	5.958	10.45	5.499	4.023	4.776		0.910	13.19
1.190	6.319	12.15	5.828	4.272	5.084		0.905	13.99
1.200	6.685	12.87	6.159	4.523	5.397		0.900	14.80
1.210	7.052		6.490	4.776	5.714		0.895	15.61
1.220	7.424		6.827	5.030	6.039		0.890	16.42
1.230	7.803		7.175	5.288	6.365		0.885	17.30
1.240	8.162		7.531	5.550	6.693		0.880	18.26
1.250	8.521		7.894	5.811	7.032			
1.260	8.882		8.261	6.075	7.375			
1.270	9.248		8.635	6.341	7.722			
1.280	9.623		9.016	6.609	8.078			
1.290	10.00		9.401	9.882	8.432			
1.300	10.39		9.792	7.152	8.795			
1.310	10.78		10.20	7.423	9.166			
1.320	11.17		10.62	7.704	9.542			
1.330	11.57		11.05	7.981	9.921			
1.340	11.95		11.49	8.264	10.09			
1.350	12.34		11.95	8.547	10.704			

[부표 9] (a) 질소 1cc에 대한 아미노태질소의 중량(mg)

온 도(℃) \ 기 압(mm)	750	751	752	753	754	755	756	757	758	759	760	761
11	0.5855	0.5863	0.5870	0.5877	0.5885	0.5895	0.5900	0.5909	0.5915	0.5925	0.5935	0.5942
12	0.5830	0.5836	0.5845	0.5852	0.5860	0.5865	0.5875	0.5884	0.5890	0.5899	0.5909	0.5915
13	0.5805	0.5817	0.5820	0.5862	0.5835	0.5847	0.5850	0.5857	0.5865	0.5873	0.5880	0.5881
14	0.5775	0.5784	0.5790	0.5800	0.5805	0.5815	0.5825	0.5831	0.5840	0.5846	0.5885	0.5862
15	0.5750	0.5757	0.5765	0.5773	0.5780	0.5789	0.5795	0.5804	0.5810	0.5820	0.5830	0.5836
16	0.5725	0.5731	0.5740	0.5747	0.5755	0.5762	0.5770	0.5778	0.5785	0.5793	0.5800	0.5809
17	0.5695	0.5704	0.5710	0.5720	0.5730	0.5736	0.5745	0.5751	0.5760	0.5766	0.5775	0.5782
18	0.5670	0.5678	0.5685	0.5692	0.5700	0.5709	0.5715	0.5724	0.5730	0.5740	0.5745	0.5755
19	0.5645	0.5651	0.5660	0.5666	0.5675	0.5681	0.5690	0.5697	0.5705	0.5712	0.5720	0.5728
20	0.5615	0.5623	0.5630	0.5638	0.5645	0.5654	0.5660	0.5668	0.5675	0.5684	0.5690	0.5700
21	0.5590	0.5596	0.5605	0.5611	0.5620	0.5626	0.5635	0.5641	0.5650	0.5656	0.5665	0.5677
22	0.5560	0.5568	0.5575	0.5584	0.5590	0.5598	0.5605	0.5615	0.5620	0.5629	0.5635	0.5644
23	0.5530	0.5539	0.5545	0.5555	0.5560	0.5570	0.5575	0.5585	0.5595	0.5600	0.5610	0.5615
24	0.5505	0.5511	0.5520	0.5526	0.5535	0.5541	0.5550	0.5556	0.5565	0.5571	0.5580	0.5586
25	0.5475	0.5482	0.5490	0.5498	0.5505	0.5512	0.5520	0.5528	0.5535	0.5543	0.5550	0.5558
26	0.5445	0.5453	0.5446	0.5468	0.5475	0.5483	0.5490	0.5497	0.5505	0.5513	0.5520	0.5528
27	0.5415	0.5423	0.5430	0.5438	0.5445	0.5453	0.5460	0.5468	0.5475	0.5483	0.5490	0.5498
28	0.5385	0.5393	0.5400	0.5431	0.5415	0.5423	0.5430	0.5438	0.5445	0.5453	0.5460	0.5468
29	0.5355	0.5364	0.5370	0.5379	0.5385	0.5392	0.5400	0.5408	0.5415	0.5423	0.5430	0.5438
30	0.5325	0.5333	0.5340	0.5347	0.5355	0.5362	0.5370	0.5377	0.5385	0.5392	0.5400	0.5407

(b)

온 도(℃) \ 기 압(mm)	762	763	764	765	766	767	768	769	770	771	772	773	774
11	0.5950	0.5957	0.5965	0.5972	0.5980	0.5988	0.5995	0.6004	0.6010	0.6020	0.6030	0.6037	0.6044
12	0.5925	0.5933	0.5940	0.5947	0.5955	0.5962	0.5970	0.5978	0.5985	0.5994	0.6000	0.6010	0.6018
13	0.5895	0.5904	0.5910	0.5921	0.5930	0.5937	0.5945	0.5952	0.5960	0.5967	0.5975	0.5933	0.5991
14	0.5870	0.5878	0.5885	0.5893	0.5900	0.5913	0.5915	0.5925	0.5935	0.5941	0.5950	0.5956	0.5964
15	0.5848	0.5851	0.5860	0.5867	0.5875	0.5881	0.5890	0.5898	0.5905	0.5913	0.5920	0.5929	0.5937
16	0.5815	0.5824	0.5830	0.5840	0.5850	0.5856	0.5865	0.5871	0.5880	0.5886	0.5895	0.5902	0.5910
17	0.5790	0.5797	0.5805	0.5813	0.5820	0.5828	0.5835	0.5844	0.5850	0.5859	0.5865	0.5875	0.5882
18	0.5765	0.5771	0.5780	0.5786	0.5795	0.5806	0.5810	0.5817	0.5825	0.5833	0.5840	0.5848	0.5856
19	0.5735	0.5743	0.5750	0.5758	0.5765	0.5774	0.5780	0.5789	0.5795	0.5803	0.5810	0.5820	0.5828
20	0.5705	0.5716	0.5725	0.5731	0.5740	0.5746	0.5755	0.5761	0.5770	0.5776	0.5785	0.5796	0.5800
21	0.5680	0.5688	0.5695	0.5702	0.5710	0.5718	0.5725	0.5733	0.5740	0.5748	0.5755	0.5763	0.5771
22	0.5650	0.5659	0.5665	0.5675	0.5680	0.5690	0.5695	0.5705	0.5715	0.5720	0.5730	0.5735	0.5743
23	0.5625	0.5631	0.5640	0.5648	0.5655	0.5661	0.5670	0.5676	0.5685	0.5691	0.5700	0.5706	0.5714
24	0.5595	0.5601	0.5610	0.5617	0.5625	0.5632	0.5640	0.5647	0.5655	0.5662	0.5670	0.5677	0.5685
25	0.5565	0.5573	0.5580	0.5587	0.5595	0.5603	0.5610	0.5618	0.5625	0.5633	0.5640	0.5648	0.5656
26	0.5535	0.5543	0.5550	0.5558	0.5565	0.5573	0.5580	0.5588	0.5595	0.5603	0.5610	0.5618	0.5640
27	0.5505	0.5513	0.5520	0.5528	0.5535	0.5543	0.5550	0.5558	0.5565	0.5573	0.5580	0.5588	0.5596
28	0.5475	0.5483	0.5490	0.5498	0.5505	0.5513	0.5520	0.5528	0.5535	0.5542	0.5550	0.5557	0.5565
29	0.5445	0.5453	0.5460	0.5468	0.5475	0.5483	0.5490	0.5497	0.5505	0.5512	0.5520	0.5527	0.5535
30	0.5415	0.5421	0.5430	0.5436	0.5445	0.5451	0.5460	0.5466	0.5475	0.5481	0.5490	0.5496	0.5503

[부표 10] Berrand 당류정량표 (a)

당 류 (mg)	각 당류에 상당하는 동중량 mg					당 류 (mg)	각 종류에 상당하는 동중량 mg				
	전화당	포도당	galactose	맥아당	유 당		전화당	포도당	galactose	맥아당	유 당
10	20.6	20.4	19.3	11.2	14.4	36	70.3	70.1	66.8	39.8	50.1
11	22.6	22.4	21.2	12.3	15.8	37	72.2	72.0	68.6	40.9	51.4
12	24.6	24.3	23.0	13.4	17.2	38	74.0	73.8	70.4	41.9	52.7
13	26.5	26.3	24.9	14.5	18.6	39	75.9	75.7	72.1	43.0	54.1
14	28.5	28.3	26.7	15.6	20.0	40	77.7	77.5	73.9	44.1	55.4
15	30.5	30.2	28.6	16.7	21.4	41	79.5	79.3	75.6	45.2	56.7
16	32.5	32.2	30.5	17.8	22.8	42	81.2	81.1	77.4	46.3	58.0
17	34.5	34.2	32.3	18.9	24.2	43	83.0	82.9	79.1	47.4	59.3
18	36.4	36.2	34.2	20.0	25.6	44	84.8	84.7	80.8	48.5	60.6
19	38.4	38.1	36.0	21.1	27.0	45	86.5	86.4	82.5	49.5	61.9
20	40.4	40.1	37.9	22.2	28.4	46	88.3	88.2	84.3	50.6	63.3
21	42.3	42.0	39.7	23.3	29.8	47	90.1	90.0	86.0	51.7	64.6
22	44.2	43.9	41.6	24.4	31.1	48	91.9	91.8	87.7	52.8	65.9
23	46.1	45.8	43.4	25.5	32.5	49	93.6	93.6	89.6	53.9	67.2
24	48.0	47.7	45.2	26.6	33.9	50	95.4	95.4	91.2	55.0	68.5
25	49.8	49.6	47.0	27.7	35.2	51	97.1	97.1	92.9	56.1	69.8
26	51.7	51.5	48.9	28.9	36.6	52	98.8	98.9	94.6	57.1	71.1
27	53.6	53.4	50.7	30.0	38.0	53	100.6	100.6	96.3	58.2	72.4
28	55.5	55.3	52.3	31.1	39.4	54	102.2	102.3	98.0	59.3	73.7
29	57.4	57.2	54.4	32.2	40.7	55	104.0	104.1	99.7	60.3	74.9
30	59.3	59.1	56.2	33.3	42.1	56	105.8	105.7	101.5	61.4	76.2
31	61.1	60.9	58.0	34.4	43.4	57	107.6	107.4	103.2	62.5	76.2
32	63.0	62.8	59.7	35.5	44.8	58	109.2	109.3	104.9	63.5	78.8
33	64.8	64.6	61.5	36.5	46.1	59	110.9	111.1	106.6	64.6	80.1
34	66.7	66.5	63.3	37.6	47.4	60	112.6	112.8	108.3	65.7	81.7
35	68.5	68.3	65.0	38.7	48.4	61	114.3	114.5	110.0	66.8	82.8

(b)

당 류 (mg)	각 당류에 상당하는 동중량 mg					당 류 (mg)	각 종류에 상당하는 동중량 mg				
	전화당	포도당	galactose	맥아당	유 당		전화당	포도당	galactose	맥아당	유 당
62	115.9	116.2	111.6	67.9	83.9	88	157.9	158.8	154.3	95.8	116.6
63	117.6	117.9	113.3	68.9	85.2	89	159.5	160.4	156.0	96.9	117.9
64	119.6	119.6	115.0	70.0	86.5	90	161.1	162.0	157.6	98.0	119.1
65	120.9	121.3	116.6	71.1	87	91	162.6	163.6	159.2	99.0	12.3
66	122.6	123.0	118.3	72.2	89.0	92	164.2	165.2	160.8	100.1	122.8
67	124.2	124.7	120.0	73.8	90.3	93	165.7	166.7	162.4	101.1	122.8
68	125.9	126.4	121.7	74.3	91.6	94	167.3	168.3	164.0	102.2	124.0
69	127.5	128.1	123.3	75.4	94.1	95	168.8	169.9	165.6	103.2	125.2
70	129.2	129.8	125.0	76.5	94.1	96	170.3	171.5	167.2	104.2	126.5
71	130.8	131.4	126.6	77.6	95.4	97	171.9	173.1	168.8	105.3	127.7
72	132.4	133.1	128.3	78.6	96.9	98	173.4	174.6	170.4	106.3	128.9
73	134.0	134.7	130.0	79.7	98.3	99	175.0	176.2	172.0	107.4	130.2
74	135.6	136.3	131.5	80.0	99.1	100	176.5	177.8	173.6	108.4	131.4
75	137.2	137.9	133.1	81.8	100.4						
76	139.9	139.6	134.8	82.9	101.7						
77	140.5	141.2	136.4	84.0	102.9						
78	142.1	142.8	138.0	85.1	104.2						
79	143.7	144.5	139.7	86.1	105.4						
80	145.3	146.1	141.3	87.2	106.7						
81	146.9	147.7	142.9	88.3	107.9						
82	148.5	149.3	144.6	89.4	109.2						
83	150.0	150.9	146.2	90.4	110.4						
84	151.6	152.5	147.8	91.5	111.7						
85	153.2	154.0	149.4	92.6	112.9						
86	154.8	155.6	151.1	93.7	114.1						
87	156.4	157.2	152.7	94.8	115.4						

[부표 11] (a) Color reaction on dyed FiBERS by Various Reagents table (red color)

Coloring matter	C.1 No	strong hydrochloric acid	concentrated sulfuric acid	10% sodium hydroxide solution	Dilute ammonium hydroxide
Rhodmine. B	749	orange	yellow	Bluer	Bluer
Rose Bengal	779	almost decolorized	orange	no. change	no change
archil	1242	red	reddish Brown	Violet	Violet
magenta	677	yellowishBrown	yellowish Brown	Decolorized	Paler
acid magenta	692	almost decolorized	yellow	Decolorized	Decolorized
Palatine red	85	dark	Blue	Dull Brown	little change
Bordeax B	88	Violet	Blue	Brick red	little change
amaranth	184	slightly darker	Vilolet to Brownish	Brown to orange red	little change
Ozorubine A	179	little change	Violet	red	red
Erythrosin	773	orange yellow	orange yellow	no change	no change
Phloxine	774	yellow	orange	no change	no change
Ponceau 6RB	286	Blue	Blue	Dull Violet red	little change
Ponceau 6R	186	Violet red	Violet	Brown	Orange red
Crystal ponceau	89	red	Violet	Dull Brown	little change
Ponceau 3R	80	little change	little change	Dull Brown	little change
ponceau Sx	…	deeper red	deeper red	orange yellow	oranger yellow
Suden III	248	Violet than Brown	green	Violet red	little change
Safranine	841	greenish Blue	green	red	red
Brilliant scarlet	185	red	Violet red	yellowish Brown	Orange red
Ponceau 2R	79	little change	little change	Browish yellow	no change
Palatine scarlet	77	Daker	Violet red	Browish yellow	no change
Erythrosin G	772	yellow orange	yellowish orange	no change	no change
Eosin	768	yellowish orange	yellowish orange	no change	no change
Oil red xo (oil)		reddish chest nut	reddish chest nut	Dull yellow	no change

(b) Brown and orange

Coloring matter	C.1 No	strong hydrochloric acid	concentrated sulfuric acid	10% sodium hydroxide solution	Dilute ammonium hydroxide
Bismark Brown	331	dark	Browner	yellower	yellower
Orange I	150	Violet	Violet	red dark	red dark
Orange II	151	red	red	Dull red	no change
Crocein orange	26	Orange red	Orange	Dull Brownish red	no change
Orange G	27	little change	Orange	Dull Brownish red	no change
Orange SS	…	raddish chest nut	reddish chest nut	Dull yellow	no change
Bismark Brown. R	332	reddish dark	Browner	yellower	yellower

(c) Yellow

Coloring matter	C.1 No	strong hydrochloric acid	concentrated sulfuric acid	10% sodium hydroxide solution	Dilute ammonium hydroxide
Fluorescein	766	little change	little change	green fluorescent	green fluorescent
Metanil yellow	138	Violet red	Violet	no change	no change
Ozofilavine	145	Violet red	Violet red	Dull Brown	little change
Acid yellow	16	red	orange	little change	no change
Brilliant yellows	144	Violet red	Violet red	little change	little change
Jartarzine	640	slightly darker	slightly darker	little change	little change
Sunset yellow FC. F	…	Slightly redder	Slightly redder	Browner	no change
Naphthol yellow	10	almost decolorized	Pale Brown	no change	no change
Auramine	655	Decolorized	almost decolorized	Decolorized	paler
Turmeric	1238	red	Reddish Brown	orange	orange
Quinoline yellow	801	Slightly darker	Brownish yellow	Slightly paler	little change
Yellow A.B	22	red	Violet	little change	no change
Yellow O B	61	red	Violet	little change	no change
Suden G	23	Orange yellow	Brownish yellow	Orange yellow	no change
Butter yellow	19	Violet red	Orange yellow	little change	no change

(d) Green

Coloring matter	C.1 No	strong hydrochloic acid	concentrated sulfuric acid	10% sodium hydroxide solution	Dilute ammonium hydroxide
Naphtol green. B	5	Yellow	Brownish yellow	no change	no change
Guinea green. B	666	Pale orange yellow	Yellowish Brown	Decolorized	Decolorized
Lightgreen. S. F	670	Pale orange yellow	Yellowish Brown	Decolorized	decolorized
Malachite green	657	almost decolorized	almost decolorized	decolorized	decolorized
Erioglaucine. A	671	Yellow	Pale dull yellow or Brown	Slightly dark	decolorized little change
Fast green F. C. F	…	orange	green to Brown	Blue½	Blue
night green 2B	667	Pale orange yellow	yellowish Brown	Decolorized	Paler

(e) Blue and Violet

Coloring matter	C.I No	strong hydrochloric acid	concentrated sulfuric acid	10% sodium hydroxide solution	Dilute ammonium hydroxide
Brilliant Blue. F. C. F	…	yellow	yellow	no change	no change
Patent Blue	712	Pale orange yellow	green to Brown	little change	little change
Soluble Blue	707	Paler	Brown	Pale reddish	almost decolorized
indigotin	1180	Slightly darker	darker	greenish yellow	greenish Blue
methylen Blue	922	greenish Blue	green	Violet → dull yellow	no change
homil violet	697	dull yellowish orange	dull yellowish orange	decolorized	decolorized
methyl violet	680	yellowish	yellowish	decolorized	decolorized
Crystal Violet	681	yellowish orange	yellowish orange	decolorized	almost decolorized
acid violet	695	yellow	orange yellow	Dull color	Dull color
nigrosine soluble	865	Dull Bluish	Dull greenish	Browish red	Pale redish

Coloring matter	C.I No	Pigment of alcohol solution	Pigment of dyed silk (넨계)	Strong Hydrochloric acid	concentrated sulfuric acid	10% sodium hydroxide solution	Dilute ammonium hydroxide
Butter yellow	19	yellowish orange	yellowish orange	reddish Blue	yellowish orange	no change	no change
anillin yellow	15	yellow	yellowish orange	Brownish red	yellowish orange	almost no change	almost no change
oil red xo	–	yellowish red	reddish yellow	reddish chest nut	reddish chest nut	Dull yellow	no change
orangess	–	orange	orange	reddish chest nut	reddish chest nut	Dull yellow	no change
yellow AB	22	yellowish orange	yellowish Brown	red	Violet	almost no change	no change
yellow OB	61	yellowish orange	yellowish Brown	red	Violet	almost no change	no change
Suden I	24	yellowish orange	orange	reddish orange	red	red increase	almost no change
Suden II	73	reddish yellow	reddish orange	red	reddish chest nut	almost no change	no change

[부표 12] 완충용액

1. Hydrochloric Acid-potassium Chloride Buffer

50 mL 의 0.2 M KCl 용액(14.91 g / 1000 ml)에 다음에 적은 0.2 M KCl mL 를 가하고 증류수로 200 mL 까지 희석한다.

pH	1.0	1.1	1.2	1.3	1.4	1.5	1.6	1.7	1.8	1.9	2.0	2.1	2.2
HCl (mL)	97.0	78.0	64.5	51.0	41.5	33.3	26.3	20.6	16.6	13.2	10.6	8.4	6.7

2. Glycine-HCl Buffer

50 mL 의 0.2 M glycine 용액(15.01 g / 1000 mL)에 다음에 적은 0.2 M HCl mL 를 가하고 증류수로 200 mL 까지 희석한다.

pH	2.2	2.4	2.6	2.8	3.0	3.2	3.4	3.6
HCl (mL)	44.0	32.4	24.2	16.8	11.4	8.2	6.4	5.0

3. Aconitate Butter

20 mL 의 0.5 N aconitic acid 용액(87.05 g / 1000 mL)에 다음에 적은 0.2 M NaOH mL 를 가하고 증류수로 200 mL 까지 희석한다.

pH	NaOH (mL)	pH	NaOH (mL)	pH	NaOH (mL)
2.5	15.0	3.7	60.0	4.9	103.0
2.7	21.0	3.9	68.0	5.1	108.0
2.9	28.0	4.1	76.0	5.3	113.0
3.1	36.0	4.3	83.0	5.5	119.0
3.3	44.0	4.5	90.0	5.7	126.0
3.5	52.0	4.7	97.0		

4. Citrate Buffer

0.1 M 구연산(citric acid)용액(21.01 g / 1000 mL)과 0.1 M 구연산소다용액(29.41 g $C_6H_5O_7Na_3 \cdot 2H_2O$ / 1000 mL)을 다음과 같이 섞고 100 mL 까지 희석한다.

pH	Citric acid (mL)	Sod. citrate (mL)	pH	Citric acid (mL)	Sod. citrate (mL)	pH	Citric acid (mL)	Sod. citrate (mL)
3.0	46.5	3.5	4.2	31.5	18.5	5.4	16.0	34.0
3.2	43.7	6.3	4.4	28.0	22.0	5.6	13.7	36.3
3.4	40.0	10.0	4.6	25.5	24.5	5.8	11.8	38.2
3.6	37.0	13.0	4.8	23.0	27.0	6.0	9.5	41.5
3.8	35.0	15.0	5.0	20.5	29.5	6.2	7.2	42.8
4.0	33.0	17.0	5.2	18.0	32.0			

5. Acetate Buffer (walpole)

0.1 N 초산(acetic acid)용액과 0.1 N 초산소다(sod. acetate)용액을 다음 표와 같은 비율로 섞는다.

pH	0.1 N acetic acid (mL)	0.1 N sod. acetate (mL)	pH	0.1 N acetic acid (mL)	0.1 N sod. acetate (mL)
3.6	185	15	4.8	80	120
3.8	176	24	5.0	59	141
4.0	164	36	5.2	42	158
4.2	147	53	5.4	29	171
4.4	126	74	5.6	19	181
4.6	102	98			

6. Citrate-phosphate Buffer

0.1 M 구연산용액(citric acid 19.21 g / 1000 mL)과 0.2 M 인산제 2 소다용액($Na_2HPO_4 \cdot 7H_2O$ 53.65 g 혹은 $Na_2HPO_4 \cdot 12H_2O$ 71.7 g / 1000 mL)을 다음과 같이 섞고 100 mL 까지 희석한다.

pH	Citric acid (mL)	Sod. phosphate (mL)	pH	Citric acid (mL)	Sod. phosphate (mL)
2.6	44.6	5.4	5.0	24.3	25.7
2.8	44.2	7.8	5.2	23.3	26.7
3.0	39.8	10.2	5.4	22.2	27.8
3.2	37.7	12.3	5.6	21.0	29.0
3.4	35.9	14.1	5.8	19.7	30.3
3.6	33.9	16.1	6.0	17.9	32.1
3.8	32.3	17.7	6.2	16.9	33.1
4.0	30.7	19.3	6.4	15.4	34.6
4.2	29.4	20.6	6.6	13.6	36.4
4.4	27.8	22.2	6.8	9.1	40.9
4.6	26.7	23.3	7.0	6.5	43.6
4.8	25.2	24.8			

7. Succinate Buffer

25 mL 의 0.2 M 호박산(succinic acid 23.6 g / 1000 mL)용액에 다음에 적은 0.2 M NaOH mL 를 가하고 100 mL 까지 희석한다.

pH	3.8	4.0	4.2	4.4	4.6	4.8	5.0	5.2	5.4	5.6	5.8	6.0
NaOH (mL)	7.5	10.0	13.3	16.7	20.0	23.5	26.7	30.3	34.2	37.5	40.7	43.5

8. Phthalate-NaOH Buffer

50 mL 의 0. 2 M potassium acid phthalate(40. 84 g / 1000 mL) 용액에 다음에 적은 0. 2 M NaOH mL 를 가하고 증류수로 20 mL 까지 희석한다.

pH	4. 2	4. 4	4. 6	4. 8	5. 0	5. 2	5. 4	5. 6	5. 8	6. 0
NaOH (mL)	3. 7	7. 5	12. 2	17. 7	23. 9	30. 0	35. 5	39. 8	43. 0	45. 5

9. Maleate Buffer

50 mL 의 0. 2 M acid sod. maleate(NaOH 8. 0 g + maleic acid 23. 2 g 또는 maleic anhydride 19. 6 g / 1000 mL)용액에 다음에 적은 0. 2 M NaOH 를 가하고 200 mL 까지 희석한다.

pH	5. 2	5. 4	5. 6	5. 8	6. 0	6. 2	6. 4	6. 6	6. 8
NaOH (mL)	7. 2	10. 5	15. 3	20. 8	26. 9	33. 0	38. 0	41. 6	44. 4

10. Cacodylate Buffer

50 mL 의 0. 2 M sod. cacodylate($Na(CH_3)_2AsO_2 \cdot 3H_2O$ 42. 8 g / 1000 mL)용액에 다음에 적은 0. 2 M HCl mL 를 가하고 200 mL 까지 희석한다.

pH	5. 0	5. 2	5. 4	5. 6	5. 8	6. 0	6. 2	6. 4	6. 6	6. 8	7. 0	7. 2	7. 4
HCl (mL)	47. 0	45. 0	43. 0	39. 2	34. 8	29. 6	23. 8	18. 3	13. 3	9. 3	6. 3	4. 2	2. 7

11. Phosphate Buffer Ⅰ

0. 2 M 인산제 1 소다(monobasic sodium phosphate 27. 8 g / 1000 mL)용액과 0. 2 M 인산제 2 소다(dibasic sodium phosphate $Na_2HPO_4 \cdot 7H_2O$ 53. 5 g 또는 $Na_2HPO_4 \cdot 12\,H_2O$ 71. 7 g / 1000 mL)용액을 다음과 같이 섞고 200 mL 까지 희석한다.

12. Phosphate Buffer Ⅱ

pH	Phosphate monobasic (mL)	Phosphate dibasic (mL)	pH	Phosphate monobasic (mL)	Phosphate dibasic (mL)
5. 7	93. 5	6. 5	6. 9	45. 0	55. 0
5. 8	92. 0	8. 0	7. 0	39. 0	61. 0
5. 9	90. 0	10. 0	7. 1	33. 0	67. 0
6. 0	87. 7	12. 3	7. 2	28. 0	72. 0
6. 1	85. 0	15. 0	7. 3	23. 0	77. 0
6. 2	81. 5	18. 5	7. 4	19. 0	81. 0
6. 3	77. 5	22. 5	7. 5	16. 0	84. 0
6. 4	73. 5	26. 5	7. 6	13. 0	87. 0
6. 5	68. 5	31. 5	7. 7	10. 5	90. 5
6. 6	62. 5	37. 5	7. 8	8. 5	91. 5
6. 7	56. 5	43. 5	7. 9	7. 0	93. 0
6. 8	51. 0	49. 0	8. 0	5. 8	94. 7

1/15 M 인산제 2 소다($Na_2HPO_4 \cdot 2H_2O$ 11.876 g/1000 mL)용액과 1/15 M 인산제 1 칼륨(KH_2PO_4 9.07 g/1000 mL)용액을 다음 표와 같이 섞는다.

pH	M/15 Na_2HPO_4 (mL)	M/15 KH_2PO_4 (mL)	pH	M/15 Na_2HPO_4 (mL)	M/15 KH_2PO_4 (mL)
5.4	3.0	97.9	6.8	50.0	50.0
5.6	5.0	95.0	7.0	61.1	38.9
5.8	7.8	92.2	7.2	71.5	28.5
6.0	12.0	88.0	7.4	80.4	19.6
6.2	18.5	81.5	7.6	86.8	13.2
6.4	26.5	73.5	7.8	91.4	8.6
6.6	37.5	62.5	8.0	94.5	5.5

13. Tris-(hydroxymethyl) aminomethane-maleate (Tris-maleate) Buffer

50 mL 의 0.2 M tris acid maleate(Trishydroxy methyl aminomethane 24.2 g + maleic acid 23.2 g 또는 maleic anhydride 19.6 g/1000 mL)용액에 다음에 적은 0.2 M NaOH mL 를 가하고 200 mL 까지 희석한다.

pH	5.2	5.4	5.6	5.8	6.0	6.2	6.4	6.6	6.8
NaOH (mL)	7.0	10.8	15.5	20.5	26.0	31.5	37.0	42.5	45.0
pH	7.0	7.2	7.4	7.6	7.8	8.0	8.2	8.4	8.6
NaOH (mL)	48.0	51.0	54.0	58.0	63.5	69.0	75.0	81.0	86.5

14. Barbital Buffer

50 mL 의 0.2 M sodium barbital(Veronal 41.2 g/1000 mL)에 다음에 적은 0.2 M HCl mL 를 가하고 200 ml 까지 희석한다.

pH	6.8	7.0	7.2	7.4	7.6	7.8	8.0	8.2	8.4	8.6	8.8	9.0	9.2
HCl (mL)	45.0	43.0	39.0	32.5	27.5	22.5	17.5	12.7	9.0	6.0	4.0	2.5	1.5

15. Tris-(hudroxymethyl) aminomethane (Tris) Buffer

50 mL 의 tris-(hydroxymethyl) aminomethane(24.2 g/1000 mL)에 다음에 적은 0.2 M HCl mL 가하고 200 mL 까지 희석한다

pH	7.2	7.4	7.6	7.8	8.0	8.2	8.4	8.6	8.8	9.0
HCl (mL)	44.2	41.4	38.4	32.5	26.8	21.9	16.5	12.2	8.1	5.0

16. Boric acid-Borax Buffer

50 mL 0.2 M 붕산(boric acid 12.4 g / 1000 mL)용액에 다음에 적은 0.05 M 붕사(borax 19.05 g / 1000 mL ; 0.2 M 붕산소다용액에 해당)용액 mL 를 가하고 200 mL 까지 희석한다.

pH	7.6	7.8	8.0	8.2	8.4	8.6	8.7	8.8	8.9	9.0	9.1	9.2
Borax (mL)	2.0	3.1	4.9	7.3	11.5	17.5	22.5	30.0	42.5	59.0	83.0	115.0

17. 2-Amino-2 methyl-propanediol(Ammediol) Buffer

50 mL 의 2-amino-2-methyl-1, 3-propandiol(21.03 g / 1000 mL)용액에 다음에 적은 0.2 M HCl mL 를 가하고 200 mL 까지 희석한다.

pH	7.8	8.0	8.2	8.4	8.6	8.8	9.0	9.2	9.4	9.6	9.8	10.0
HCl (mL)	43.5	41.0	37.7	34.0	29.5	22.0	16.7	12.5	8.5	5.7	3.7	2.0

18. Glycine-NaOH Buffer

50 mL 의 glycine(15.01 g / 1000 mL)용액에 다음에 적은 0.2 M NaOH mL 를 가하고 200 mL 까지 희석한다.

pH	8.6	8.8	9.0	9.2	9.4	9.6	9.8	10.0	10.4	10.6
NaOH (mL)	4.0	6.0	8.8	12.0	16.8	22.4	27.2	32.0	38.6	45.5

19. Borax-NaOH Buffer

50 mL 의 붕사(borax 19.05 g / 1000 mL ; 0.2 M sod. borate 에 해당)에 다음에 적은 0.2 M NaOH mL 를 가하고 200 mL 까지 희석한다.

pH	9.28	9.35	9.4	9.5	9.6	9.7	9.8	9.9	10.0	10.1
NaOH (mL)	0.0	7.0	11.0	17.6	23.0	29.0	34.0	38.6	43.0	46.0

20. Carbonate-Bicarbonate Buffer

0.2 M 무수탄산나트륨(Na_2CO_3 21.2 g / 1000 mL)용액과 0.2 M 중탄산나트륨($NaHCO_3$ 16.8 g / 1000 mL)용액을 다음과 같이 섞고 200 mL 까지 희석한다.

pH	Sod. carb (mL)	Sod. bicarb (mL)	pH	Sod. carb (mL)	Sod. bicarb (mL)
9.2	4.0	46.0	10.0	27.5	22.5
9.3	7.5	42.5	10.1	30.0	20.0
9.4	9.5	40.5	10.2	33.0	17.0
9.5	13.0	37.0	10.3	35.5	14.5
9.6	16.0	34.0	10.4	38.5	11.5
9.7	19.5	30.5	10.5	40.5	9.5
9.8	22.0	28.0	10.6	42.5	7.5
9.9	25.0	25.0	10.7	45.0	5.0

참고 문헌

- 한국식품공업협회, "식품공전", 2016.
- 한국식품과학교수협의회, "식품(산업)기사실기",지구문화사, 2017.
- 채수규 외, "표준 식품분석학", 지구문화사, 2008.
- 식품위생관련법규 분석위원회, "NEW 식품위생관계법규", 지구문화사, 2017.
- 김정숙 외, "식품분석-이론과 실제-", 지구문화사, 2007년.
- 日本食品工業協會 食品分析編纂委員會 編, "食品分析法", 株式會社 光琳, 2005.
- 京都大學 食品工學教室 編, "食品工學實驗書", 養賢堂, 2003.
- 日本藥學會 編, "衛生試驗法註解", 金原出版株式會社, 2003.
- Association of Official Analycal Chemists : "Official Methods of Analysis 15 th ed." 2005.
- Willard H. Merritt L. Dean J. Settle F. : "Instrumental Methods of Analysis", D. Van Nostrand Co., 2001.
- GruenWedel D., Whitaker J. Settle F. : "Instrumental Methods of Analysis", D. Van Nostrand Co., 2001.
- Heftmann E. : "Chromatography", Van Nostand Reinhold Co., 2002.
- Joslyn, M. : "Methods in Food, Anakysis", Academic Press, 2005.
- Pearson, D. : "The Chemical Analysis of Food, 8 th ed.", Chemical Publishing Co., 2008.
- Pomeranz Y., Melon C. : "Food Analysis, Theory and practice", A VI Publishing Co., 2005.

찾아 보기

ㄱ

ㄴ

ㄷ

ㅁ

ㅂ

ㅅ

ㅇ

G

H

I

K

L

M

N

O

P

R

S

T

U

V

W

X

Z

[제3개정판]

NEW 식품분석
이론 및 실험

2010년 8월 30일 개정판 발행
2012년 6월 11일 제2개정판 발행
2013년 9월 1일 제2개정 2쇄 발행
2017년 7월 21일 개정 제3판 발행
2020년 9월 10일 개정 3판 2쇄 발행

저 자 금종화 / 김정숙 / 김지상 / 남진식 / 배지현 / 손흥수 / 오성훈
발행인 주 병 오
발행처 지구문화사 JIGU PUBLISHING Co.

경기도 파주시 회동길 209파주출판문화정보산업단지
영업부 (031) 955-7566 · 7577
편집부 (031) 955-7731
FAX (031) 955-7730

등록번호 1979년 7월 13일 제 9-57 호

ISBN 978-89-7006-823-7 가격 23,000 원